普通高等教育"十二五"规划教材

C语言及程序设计

（第2版）

杜忠友　刘浩　孙晓燕　张海林　娄晓红　编著

中国水利水电出版社
www.waterpub.com.cn

内 容 提 要

本书浓缩了作者多年教学改革的实践经验，以白皮书和CFC2008为指导，按照认识规律，对章节顺序进行了合理的安排，做到先易后难、循序渐进，语言叙述注重图文并茂，理论讲解注重结合实际应用和能力训练。本书主要内容包括：C语言概述，数据类型、运算符与表达式，顺序结构程序设计，选择结构程序设计，循环结构程序设计，数组与字符串，函数，编译预处理，指针，结构体、共用体和枚举类型，位运算，文件，实验与指导。对于例题，基本做法是：给出题目—题目分析—程序代码—运行结果—解释说明（必要时）—请思考，这样有助于培养分析问题、解决问题的能力。

本书内容全面、体系合理、讲解细致、题目丰富，可作为高等院校C语言程序设计课程的教材，也可作为高职高专、成人高等教育、社会培训的教材，还可作为C语言自学者的教材或参考书。

图书在版编目（CIP）数据

C语言及程序设计 / 杜忠友等编著. -- 2版. -- 北京：中国水利水电出版社，2014.7
普通高等教育"十二五"规划教材
ISBN 978-7-5170-2008-0

Ⅰ. ①C… Ⅱ. ①杜… Ⅲ. ①C语言－程序设计－高等学校－教材 Ⅳ. ①TP312

中国版本图书馆CIP数据核字(2014)第098860号

书　　名	普通高等教育"十二五"规划教材 C语言及程序设计（第2版）
作　　者	杜忠友　刘浩　孙晓燕　张海林　娄晓红　编著
出版发行	中国水利水电出版社 （北京市海淀区玉渊潭南路1号D座　100038） 网址：www.waterpub.com.cn E-mail：sales@waterpub.com.cn 电话：（010）68367658（发行部）
经　　售	北京科水图书销售中心（零售） 电话：（010）88383994、63202643、68545874 全国各地新华书店和相关出版物销售网点
排　　版	中国水利水电出版社微机排版中心
印　　刷	北京嘉恒彩色印刷有限责任公司
规　　格	184mm×260mm　16开本　23印张　545千字
版　　次	2014年7月新1版　2014年7月第1次印刷
印　　数	0001—3000册
定　　价	**43.00**元

凡购买我社图书，如有缺页、倒页、脱页的，本社发行部负责调换

第 2 版前言

计算机是在程序的控制下自动工作的。程序设计是理工农林财经等专业领域大学生的基本功，只有掌握了程序设计，才能深刻地理解计算机是如何工作的，才能更好地应用计算机开发应用程序解决各专业领域和生活中的实际问题。

“C 语言程序设计”在许多高校都作为程序设计语言的第一门课程进行教学。C 语言具有功能丰富、表达能力强、易于结构化、目标程序高效、可移植性好、使用灵活方便、应用面广以及直接控制硬件等特点，因而多数操作系统都采用 C 语言开发（如 Windows、Linux、UNIX、Mac、OS/2 等），还有很多新产生的语言是由 C 语言衍生出来的（如 C++、Java、C#、J#等），另外它也很适合开发应用软件。因此选择学习 C 语言是恰当的，具有代表性的；C 语言是一种通用语言（不特定于某个应用领域），想让计算机做的事，都可以用 C 语言来设计实现。它是几千种计算机语言中为数不多的什么都能做的语言。它能直接控制硬件、可进行底层开发，且是 C++、Java、C#等语言的基础，掌握了基础的、底层的和核心的 C 语言，再学习其他语言，会事半功倍，甚至几天就可以大功告成。

笔者从事 C 语言程序设计课程的教学 20 多年来，在不断融合课程发展趋势和从事教学改革实践的过程中，积累了许多教学经验，有不少收获和感悟。笔者感到有必要将其整理出来，与大家共享。本书在编写过程中，以教育部高等学校非计算机专业计算机基础课程教学指导分委员会《关于进一步加强高等学校计算机基础教学的意见暨计算机基础课程教学基本要求》（简称“白皮书”）和中国高等院校计算机基础教育改革课题教研组发布的《中国高等院校计算机基础教育课程体系 2008》（简称 CFC2008）为指导。

本课程向学习者介绍结构化（模块化）程序设计的基本思想和方法，通过学习结构化程序设计语言，了解用计算机解决问题的一般方法，掌握程序设计的思路和基本方法，掌握编写和调试简单应用程序的方法，使之养成利用计算机解决工作、生活中的实际问题的习惯，提高应用计算机的能力和素质。

本书的主要特色如下：

（1）以程序设计为主线，算法和语法紧密结合，面向实际应用，训练和培养学生解决实际问题的能力。

（2）按照认识规律，对章节顺序做了合理安排，做到由浅入深、循序渐进；叙述表达注重图文并茂、通俗易懂，理论讲解注重结合实际应用、能力（特别是编程能力和调试能力）训练；贯彻启发式、讨论式、探究式、趣味性教学，适时融入了分析、启发、引导性的内容和思考性的问题。这有助于学习者很快进入角色，进而对本书、本课程产生兴趣，易于教学，易于自学。

（3）内容的详与略、宏观总揽与细节说明的关系控制得当，提纲挈领、纲举目张，使得学习者思路清晰、概念清楚，容易把握程序设计的基本思想。

（4）对于例题，基本做法是：给出题目—题目分析—程序代码—运行结果—解释说明（必要时）—请思考。在"题目分析"这一部分，着重分析题目，启发形成思路、构造算法，引导选取语法结构和数据类型，或指出关键点、核心问题等，这有助于启发、引导学生逐步掌握程序设计的思想和方法。"解释说明"这一部分有助于学生理解程序内容和掌握关键点。"请思考"这一部分重在深化内容和拓宽范围，激发学生的学习兴趣和创新意识，引导学生举一反三、更进一步。

（5）例题、习题、实验题视野广阔、生动典型而有吸引力，能够使学习者在学习探求过程中"阅尽人间春色"，领略程序设计领域的经典题目，也会使学习者在吸引力、求知欲的作用下，在兴趣盎然的氛围中更好地领会、理解和掌握所学的语法规则、算法及程序设计的思想、方法、技巧，从而取得理想的学习效果。

（6）最后一章是实验与指导，这有助于结合实际，强化操作，加强实践环节，激励创新意识，增强上机实验的针对性，提高编程能力和调试能力。课本和实验融为一体，使得一书在手，课本实验全有，体现了全面性特色。

（7）本书配有教学课件，供教、学双方参考使用。课件可从中国水利水电出版社的网站 http: //www.waterpwb.com.cn/SoftDown/下载。

（8）做到提升学生的知识—能力—素质，把握教学的难度—深度—强度，体现基础—技术—应用，提供教材—实验—课件支持。

本版的改动主要有：

（1）各章的开篇语大部分进行了重写，以便更好地起到导入的作用。

（2）加强了"题目分析"，使之更好地起到启发思路、确定算法、引导学生的作用。

（3）改写了"请思考"，以便更好地起到激发兴趣、深化拓宽、举一反三的作用。

（4）增加了层层推进的讨论式、探究式的叙述，加强了分析、启发、引导和思考的内容。

（5）增加了算法的评价标准（第 1 章），增加了 Visual C++的数据类型（第 2 章），增加了用 Visual C++6.0 实现多文件程序的调试方法（第 7 章），指针深化了实际应用（第 9 章），增加了字符指针作函数参数（第 9 章），位运算增加了运用异或进行加密的程序（第 11 章）。

（6）考虑到目前上机实验多数采用 Visual C++6.0 环境，数据类型由 Turbo C2.0 为准改为以 Visual C++6.0 为准。

本书共分 13 章，内容包括：C 语言概述，数据类型、运算符与表达式，顺序结构程序设计，选择结构程序设计，循环结构程序设计，数组与字符串，函数，编译预处理，指针，结构体、共用体、枚举和用户定义的类型，位运算，文件，实验与指导。另外还有 7 个附录：ASCII 字符编码一览表，C 语言的关键字及其用途，C 语言运算符的优先级别和结合方向，C 语言库函数，转义字符及含义，printf 函数的附加格式说明字符（修饰符），scanf 函数的附加格式说明字符（修饰符）。

本书共有 162 个例题，所有程序均在 Visual C++6.0 和 Turbo C2.0 上调试通过。

本书是以 Visual C++6.0 和 Turbo C2.0 为开发环境的。一方面，Visual C++6.0 和 Turbo C2.0 均不支持 C99 对 C89 和 C11 对 C99 的扩展；另一方面，目前还未有完全支持 C99 和 C11 所有扩展的编译器，而声称支持 C99 和 C11 的编译器也只是实现了其中的一部分扩展；第三方面，C99 和 C11 的大部分扩展是为了满足大型复杂程序开发的需要而设置的，本书没有涉及大型复杂程序。由于这几个原因，本书没有涉及 C99 和 C11 的内容。

白皮书把计算机程序设计课程分成两个教学层次，即一般要求层次和较高要求层次。对于本课程，前一层次把前 8 章作为必学内容，后面的指针、结构体、文件作为选学内容；后一层次把前 8 章作为必学内容，后面的指针、结构体、文件也作为必学内容。各专业可根据自己的专业需求，参考某一个层次进行教学。

本书可作为高等院校 C 语言程序设计课程的教材，也可作为高职高专、成人高等教育、社会培训班的教材，还可作为 C 语言自学者的教材或参考书。

本书由山东建筑大学的杜忠友教授、刘浩教授、孙晓燕讲师、张海林讲师、济南市产品质量检验院的娄晓红高级工程师编著。为了集思广义，组织山东建筑大学的多位老师参与编写：赵欣副教授参与了第 1、第 2 章的编写，姜庆娜副教授参与了第 3、第 4 章的编写，姜玉波副教授参与了第 5、第 6 章的编写，靳天飞讲师参与了第 7、第 8 章的编写，解艳艳讲师参与了第 9 章的编写，夏传良教授参与了第 10 章的编写，李学东副教授参与了第 11 章的编写，李锋讲师参与了第 12 章的编写。

本书参考了大量的国内外文献，在此向这些文献的作者表示深深的敬意和衷心的感谢！

奉献给读者的这本书虽经反复修改，力求精益求精，但由于篇幅较大、问题复杂、个人水平等原因，难免会有疏漏、不妥甚至错讹之处，恳请各位专家和读者提出宝贵意见（E-mail:du-zy@163.com），以便再版时将您的意见纳入书中，使本书越来越精品化，成为一本经典教材，更好地为读者服务。

编　者

2014 年 3 月定稿于泉城济南

第 1 版 前 言

“C 语言程序设计” 在许多高校都作为程序设计语言的第一门课程进行教学。笔者从事 C 语言程序设计课程的教学已有 20 余年，在不断融合课程发展趋势和从事教学改革实践的过程中，积累了许多教学经验，有不少收获和感悟。笔者感到有必要将其整理出来，与大家共享。本书在编写过程中，以教育部高等学校非计算机专业计算机基础课程教学指导分委员会《关于进一步加强高等学校计算机基础教学的意见暨计算机基础课程教学基本要求》（简称 “白皮书”）和中国高等院校计算机基础教育改革课题教研组发布的《中国高等院校计算机基础教育课程体系 2008》（简称 CFC2008）为指导。这有利于体现新的教学思维和时代感。

本课程向学习者介绍结构化（模块化）程序设计的基本思想和方法，通过学习结构化程序没计语言，了解用计算机解决问题的一般方法，掌握程序设计的思路和基本方法，掌握编写和调试简单应用程序的方法，使之养成利用计算机解决工作、生活中的实际问题的习惯，提高应用计算机的能力和素质。

本书的主要特色如下:

（1）按照认识规律，对章节顺序做了合理安排，做到先易后难、循序渐进，叙述表达注重图文并茂、通俗易懂，理论讲解注重结合实际应用、能力（特别是编程能力和调试能力）训练，并适时融入了分析、启发、引导性的内容和思考性的问题，有助于学习者很快进入角色，进而对本书、本课程产生兴趣，易于教学，易于自学。

（2）内容的详与略、宏观总揽与细节说明的关系控制得当，提纲挈领、纲举目张，使得学习者思路清晰、概念清楚，容易把握程序设计的基本思想。

（3）例题、习题视野广阔、生动典型而有吸引力，能够使学习者在学习探求过程中 “阅尽人间春色”，领略程序设计领域的经典题目，也会使学习者在吸引力、求知欲的作用下，在兴趣盎然的氛围中更好地领会、理解和掌握所学的语法规则、算法及程序设计的思想、方法、技巧，从而取得理想的学习效果。

（4）最后一章是上机实验与指导，这有助于结合实际，强化操作，加强实践环节，激励创新意识，使学习者有针对性地进行上机实验，提高编程能力和调试能力。课本和实验融为一体，使得一书在手，课本实验全有，体现了全面性特色。

（5）本书配有教学课件，供教、学双方参考使用。课件可从 http: //edu.tqbooks.net/down Load 网站下载。

（6）做到提升学生的知识—能力—素质，把握教学的难度—深度—强度，体现基础—技术—应用，提供教材—实验—课件支持。

本书共分 13 章，内容包括：C 语言概述，数据类型、运算符与表达式，顺序结构程序设计，选择结构程序设计，循环结构程序没计，数组与字符串，函数，对函数的进一步讨论，指针，结构体、共用体、枚举和用户定义的类型，位运算，文件，上机实验与指导。另外还有 4 个附录：ASCII 字符编码一览表，C 语言的关键字及其用途，C 语言运算符的优先级别和结合方向，C 语言库函数。

本书适合作为高等院校 C 语言程序设计课程的教材，也可作为高职高专、成人高等教育、社会培训班的教材，还可作为 C 语言自学者的教材或参考书。

本书由山东建筑大学的刘浩教授、杜忠友教授、姜庆娜副教授、李学东副教授、徐遵义副教授编著。为了集思广义，组织山东建筑大学的多位老师参与编写：王晓闽老师参与了第 1 章的编写，孙晓燕老师参与了第 2 章的编写，张海林老师参与了第 3 章的编写，靳天飞老师和何淑娟老师参与了第 6 章的编写，姜玉波老师参与了第 7 章的编写，解艳艳老师参与了第 8 章的编写，李锋老师参与了第 11 章的编写，赵欣老师参与了第 12 章的编写，商学院的吴学霞老师参与了第 4 章的编写。

本书参考了大量的国内外文献，在此向这些文献的作者表示深深的敬意和衷心的感谢！

奉献给读者的这本书虽经反复修改，力求精益求精，但由于篇幅较大、问题复杂、个人水平等原因，难免会有疏漏、不妥甚至错讹之处，恳请各位专家和读者提出宝贵意见（E-mail: du-zy@163.com），以便再版时将您的意见纳入书中，使本书越来越精品化，更好地为读者服务。

编　者

2011 年 1 月

目　录

第 1 章 C 语言概述

计算机的发明改变了世界的面貌，也改变了人们工作和生活的面貌，例如可以用 Word 编辑稿件，用 Excel 处理电子表格，用 PowerPoint 制作演讲稿，用 IE 和搜索引擎来浏览、查找网络资源，用 QQ 上网交流，用 AutoCAD 绘制工程图纸，用 3dsmax 制作动画，使用物联网、智能手机，以及控制无人飞机、太空船、月球车、火星探测器等。

诸如此类的计算机所进行的工作都是由程序控制的，学习、掌握程序设计以后，就会深刻地理解计算机是如何工作的，就会进一步了解计算机的工作原理，通过掌握的用计算机处理问题的方法和分析问题、解决问题的能力，更深入地应用计算机开发应用程序为各专业领域中的工作以及生活服务。为此，本书讲授一种计算机程序设计语言——C 语言，并以 C 语言为开发平台讲授程序设计的思想和方法。

在本书中，读者将看到 C 语言程序设计对各种实际问题的处理方法和全部过程，从而开阔视野，增长才干。经过作者的长期多方努力，本书的例题、习题和实验题涵盖了程序设计领域生动有趣的经典题目，力求增强趣味性、吸引力和俯瞰全景，期望读者得到最大的收获。

为使读者对 C 语言有一个概括性的了解，本章将简单介绍 C 语言的发展史及特点、C 语言程序的结构及书写格式、C 语言程序的开发过程等内容。

1.1 C 语言的发展史及特点

20 世纪 60 年代，随着计算机科学的迅速发展，高级程序设计语言有了广泛的需求。但是，还没有一种可以用于编写操作系统和编译程序等系统程序的高级语言，人们不得不用汇编语言（或机器语言）来编写，但汇编语言存在着不可移植、可读性差、研制软件效率低等缺点，给编写程序带来了很多不便。为此，人们渴望开发出一种高级语言而进行系统程序设计。

1967 年，Martin Richards 首先开发出 BCP L（Basic Combined Programming Language，基本组合编程语言），作为软件人员开发系统软件的描述语言，BCPL 语言的突出特点是：

（1）结构化的程序设计。

（2）直接处理与机器本身数据类型相近的数据。

（3）具有与内存地址对应的指针处理方式。

1970 年，Ken Thompson 继承并发展了 BCPL 的上述特点，设计了 B 语言。当时，美国 DEC 公司的 PDP-7 小型机 UNIX 操作系统，就是使用 B 语言开发的。

由于 B 语言过于简单，缺乏数据类型，功能有限，因此 1972～1973 年，美国 Bell 实验室的 Dennis M. Ritchie 对 B 语言做了进一步的充实和完善，正式推出了 C 语言。C 语言既保留了 B 语言精练、接近硬件的优点，又克服了 B 语言过于简单、无数据类型的缺点。随后 Ken Thompson 和 D. M. Ritchie 用 C 语言重写了 UNIX 操作系统 90%以上的代码，即 UNIX 第 5 版，这一版本奠定了 UNIX 的基础，使其逐渐成为最重要的操作系统之一。

随着 UNIX 的成功和广泛流行，C 语言也引起了人们的注意，并迅速得到推广，1978 年以后，C 语言先后被移植到大、中、小型和微型计算机上。C 语言风靡世界，成为软件开发中应用最广泛的一种程序设计语言。随着 C 语言的广泛应用，出现了多种不同版本的 C 语言编译系统，1983 年，美国国家标准化协会（ANSI）制定了标准 ANSI C。1989 年，ANSI 又公布了 ANSI X.159-1989（C89）。1990 年，国际标准化组织（ISO）接受 C89 为 ISO C 的标准（ISO 9899：1990）。后来又修订产生了 C99（1999 年）和 C11（2011 年）。

1983 年，贝尔实验室在 C 语言的基础上又推出了 C++。C++扩充和完善了 C 语言，成为一种面向对象的程序设计语言。C++提出了一些更为深入的概念，它所支持的面向对象的概念易于将问题空间直接映射到程序空间，为程序员提供了一种与传统的结构化程序设计不同的思维方式和编程方法。因此，C 语言是 C++的基础，学完 C 语言再学习 C++，会收到事半功倍的效果。

1.2 C 语言的特点

C 语言把高级语言的特征同汇编语言的功能结合了起来，因此，C 语言具有许多独到的特点，以下仅从使用者的角度加以说明。

（1）C 语言短小精悍，基本组成部分紧凑、简洁。C 语言一共有 32 个标准的关键字（参见附录 B）、34 种运算符（参见附录 C）以及 9 种控制语句（见第 3 章），语句的组成精练、简洁，使用方便、灵活。

（2）C 语言运算符丰富，表达能力强。C 语言具有高级语言和低级语言的双重特点，其运算符包含的内容广泛，所生成的表达式简练、灵活，有利于提高编译效率和目标代码的质量。

（3）C 语言数据结构丰富、结构化好。C 语言提供了编写结构化程序所需要的各种数据结构和控制结构，这些丰富的数据结构和控制结构以及以函数调用为主的程序设计风格，保证了利用 C 语言所编写的程序结构化良好。

（4）C 语言提供了某些接近汇编语言的功能。如可以直接访问物理地址，能进行二进制位运算，可以直接对硬件进行操作。这为编写系统软件提供了方便条件。

（5）C 语言程序生成的目标代码质量高，程序执行效率高。C 语言程序所生成的目标代码的效率仅比用汇编语言描述同一个问题低10%～20%。

（6）C语言程序可移植性好。用C语言编写的程序能够很容易地从一种计算机环境移植到另一种计算机环境中。

当然，在这个世界上任何事物都有弱点，有时候优点本身就是弱点。C语言也是如此，其弱点有下述两点：

（1）运算符多，不易记忆。C语言运算符多，运算符有15种优先级，这使得C语言在具有运算和处理方便、灵活优势的同时，也具有不容易记忆的弱点。

（2）C语言的语法限制不太严格。例如，对数组下标越界不进行检查，由编程者自己保证程序正确；一些变量的数据类型可以通用，如整型数据与字符型数据及逻辑型数据；放宽了语法检查，这在增强了程序设计的灵活性的同时，相应检查错误的任务也部分地转到了编程者身上，这在一定程度上也降低了C语言的某些安全性，对编程人员提出了更高的要求。

1.3　简单的C语言程序、C语言程序的结构和书写格式

C语言是一种程序设计语言，也就是一种编写计算机程序的语言。

程序是问题处理的步骤描述，是一组计算机能识别和执行的指令（或代码）。计算机能自动按程序中所描述的方法步骤执行，完成指定的功能。

1.3.1　简单的C语言程序

下面看一个简单的C语言程序。

【例1.1】 从键盘输入两个整数，求这两个整数之和，并将结果在计算机屏幕上打印出来。

题目分析：

（1）将结果输出到计算机屏幕上，就是将结果显示或打印到计算机屏幕上。这里，输出、显示和打印的含义是一致的。

（2）两个整数求和，大家都会做。但这里是要求编写C语言程序让计算机来做。人做的过程是：给出两个被加数和加数的整数——求和——展示结果。编写C语言程序让计算机来做的过程是怎样的呢？

（3）应当如此：首先定义3个整型变量，其中两个用于存放两个整数的值，一个用于存放两个整数之和。然后用库函数 scanf 输入两个整数的值，求和，最后用库函数 printf 输出计算的结果。

（4）这与人做的过程有相同的地方，也有不相同的地方。相同的地方是都有给出整数——求和——展示结果这3步；不相同的地方是要定义变量，且输入数据、输出结果要用特定的库函数。

程序如下：

```
#include <stdio.h>
main()
```

```
{
    int a,b,sum;                          /*定义整型变量 a、b 和 sum*/
    scanf("%d%d",&a,&b);                  /*读入两个整数,存入变量 a 和 b 中*/
    sum=a+b;                              /*求 a 和 b 之和,结果赋给 sum*/
    printf("%d+%d=%d\n",a,b,sum);         /*输出两数之和 sum*/
}
```

某次运行结果：

输入为：

2316　29742↙　　　　(↙表示按【Enter】键)

输出为：

2316+29742=32058

解释说明：

此程序共有 8 行。下面逐行进行解释。

（1）第 1 行以“#”开头的是编译预处理命令，是指在编译代码之前由预处理程序处理的命令。本例中的#include <stdio.h>命令是将文件 stdio.h 找到并包含到程序中来，作为程序的一部分。用#include "stdio.h"命令（即用" "代替<>）也能完成这一功能。两者的区别在第 8 章介绍。

（2）第 2 行的 main 是主函数名，C 语言规定必须用 main 作为主函数名。其后的圆括号中间可以是空的，但这一对圆括号不能省略。main 是主函数的起始行。每个 C 语言程序都必须有一个并且只能有一个主函数。一个 C 语言程序总是从主函数开始执行。

（3）第 2 行之后的 6 行是主函数体。主函数体自“{”开始到“}”结束。其间可以有声明部分（即定义部分或说明部分）和执行语句。一个 C 语言程序总是执行到主函数体的最后一个语句结束。

（4）第 4 行的 a、b、sum 都是变量。这一行是定义部分，用 int 定义 a、b、sum 都是整型变量。int 是关键字，必须小写。

（5）第 5～7 行的 3 条语句是执行语句。执行语句必须放到变量定义之后。

（6）第 5 行的 scanf 是输入库函数，它要求从键盘上输入两个十进制整数（以空格等为分隔符），并将它们送到变量 a、b 的地址&a、&b 中，把这两个整数赋给变量 a、b。双引号中的两个%d 是十进制整数格式说明，指明变量 a、b 的格式要求是十进制整数。

（7）第 6 行是将 a 和 b 的值相加，相加的结果赋给变量 sum。

（8）第 7 行的 printf 是输出库函数，它的作用是按十进制整数的格式输出 a、b 和 sum 的值。“+”和“=”这两个字符原样输出；“\n”是换行符，即在输出完毕后，计算机屏幕上的光标位置移到下一行的开头。

所有这些语句都放在大括号“{}”之内，各语句之间用英文半角分号“;”隔开。

（9）第 4～7 行后面的部分是注释。注释的内容位于“/*”和“*/”之间，可用英文或中文进行书写。

（10）第 4～7 行属同一层次，缩进左对齐。其他 4 行属同一层次，左对齐。

下面再看一个 C 语言程序。

【例 1.2】 计算 s=1+2+3+…+100。

题目分析：

（1）本题用 1 个函数或 2 个函数均可达到求和的目标。为了表明 C 语言程序可由多个函数组成，这里用 2 个函数达到目标，其中 1 个是主函数 main，1 个是自定义函数 sum。

（2）main 函数调用 sum 函数。

（3）sum 函数用于求和，main 函数输出所求的结果。

程序如下：

```
#include "stdio.h"
int sum(int x)                                    /*自定义 sum 函数,求 1+2+3+…+x*/
{
    int i,y; y=0;
    for (i=1;i<=x;i++)
    y=y+i;
    return(y);
}

main()
{
    int n=100,s;
    s=sum(n);                                     /*函数调用,实参 n 的值传给形参 x*/
    printf("s=1+2+3+…+100=%d\n",s);               /*输出 s*/
}
```

运行结果：

```
s=1+2+3+…+100=5050
```

解释说明：

该程序中，sum 函数用于计算 1+2+3+…+x，x 为参数。程序运行时先调用 main 函数，数值 100 赋给 n，然后调用 sum 函数计算 1+2+3+…+n 并将所求之值 y 返回到调用函数 main，赋给变量 s，最后输出 s 的值。

通过上面两个程序，大家对 C 语言程序已经有了一个初步的认识。下面对 C 语言程序结构的特点进行简要总结：

（1）C 语言程序完全是由函数构成的，而且每个程序可由一个或多个函数组成。函数是 C 语言程序的基本单位。C 语言程序的函数式结构使得 C 语言程序非常容易实现结构化（模块化），便于阅读和维护。

（2）一个 C 语言源程序不论由多少个函数组成，有且只能有一个 main 函数，即主函数。

（3）一个 C 语言程序如有多个函数，main 函数可以放在程序的最前面，也可以放在程序最后面，或在某个函数之前，或在某个函数之后。

（4）一个 C 语言程序如有多个函数，不论 main 函数放在程序的什么位置，C 语言程序总是从 main 函数开始执行，在调用其他函数后，最后回到 main 函数中结束整个程序的执行。

（5）每一条语句都必须以分号结尾。但#include <stdio.h>是命令，不是语句，因此之后不能加分号。

（6）C 语言中没有专门的输入/输出语句，这里的输入/输出是通过 scanf 和 printf 两个库函数实现的。

1.3.2　C 语言程序的结构

前面，已对 C 语言程序结构的特点进行了简要总结，下面给出 C 语言的总体结构，其中 f1 到 fn 代表用户自定义的函数：

```
文件包含
宏定义
函数声明
条件编译
外部变量说明(即声明或定义)
结构体、共用体等的定义
main()
{
  声明部分
  语句部分
}

类型 f1(参数)
{
  声明部分
  语句部分
}

类型 f2(参数)
{
  声明部分
  语句部分
}
…
类型 fn(参数)
{
  声明部分
  语句部分
}
```

其中，main 函数之前的 6 个部分不一定每个程序都有。

1.3.3　C 语言程序的书写格式

C 语言程序的书写格式从上面的程序中可以看出一些。书写格式如下：

(1) 用 C 语言书写程序时较为自由，既可以一行写一条语句，也可以一行写多条语句，一条语句也可以分几行来写。为了增强可读性，一般一条语句占一行，并可适当增加一些注释或空行。

（2）注释以“/*”开头，以“*/”结束，注释的内容写在“/*”和“*/”之间。注释并不是程序中必须出现的内容，也就是说，编译系统并不理睬注释信息。注释信息是给编程者看的，作为备忘录以便备忘；同时也是给阅读者看的，以便使之更快地理解、读懂程序。

（3）每条语句用英文“;”结尾。

（4）C 语言程序要求关键字都使用小写字母。在 C 语言中，小写字母和大写字母是不同的。例如，小写的 int 是关键字，大写的 INT 则不是。关键字在 C 语言中不能用做其他目的，不能用做变量或函数的名字。

（5）{　}必须成对出现。

（6）C 语言程序是结构化程序设计语言，为了层次结构分明，不同结构层次的语句从不同的起始位置开始书写，同一层次中的语句缩进左对齐，即锯齿形。例如：

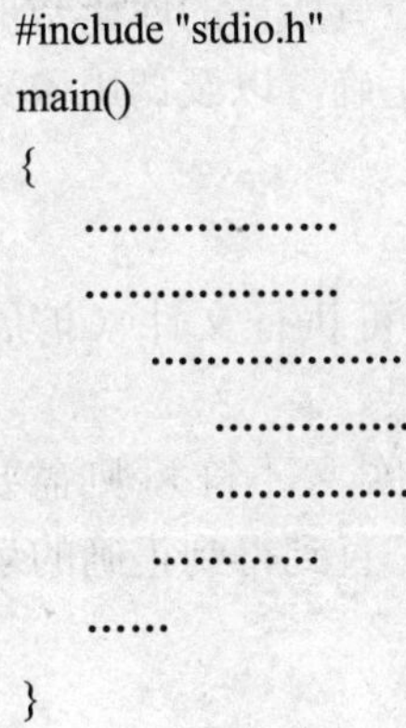

```
#include "stdio.h"
main()
{
    ..................
    ..................
        ..................
            ...............
            ...............
        ............
    ......
}
```

1.4　C 语言程序的开发过程及开发环境

1.4.1　C 语言程序的开发过程

在计算机上开发 C 语言程序通常包括 4 个步骤，即编辑、编译、连接和运行。

1．编辑源程序（Edit）

用 C 语言编写的程序称为源程序。编辑源程序是指使用某种编辑软件，如记事本、Word、编译系统自带的编辑功能等对源程序进行编辑（如输入、修改、保存等）的过程。

源程序经编辑由键盘输入后，形成源程序文件以文本文件的形式存储在外存储器（如内存盘或硬盘）中。源程序文件的名称由用户选定，但扩展名为.c（即源程序文件均带有扩展名.c）。

2．编译源程序（Compile）

在程序运行之前，必须用系统提供的编译程序对源程序文件进行编译。编译程序要进行语法检查，若没有发现错误，则编译后产生目标文件。目标文件是由“目标代码”组成的，目标代码是二进制指令代码。目标文件的主文件名和源程序的主文件名一致，但扩展名为.obj。

若编译程序有错误，则输出错误信息，此时程序员应对程序进行再编辑，改正程序错误后，再次进行编译，直到编译正确为止。

3. 连接目标文件及库文件（Link）

源程序经编译后产生的目标文件尽管由二进制指令代码组成，但它还不能直接在计算机上运行，因为编译所生成的目标文件（*.obj）是相对独立的模块，需要通过连接程序把它和其他目标文件以及系统所提供的库函数进行连接装配。连接装配生成可执行文件后就可运行了。可执行文件的主文件名和源程序、目标程序的主文件名一致，但扩展名为.exe，并自动将它保存到磁盘上作为可执行文件。

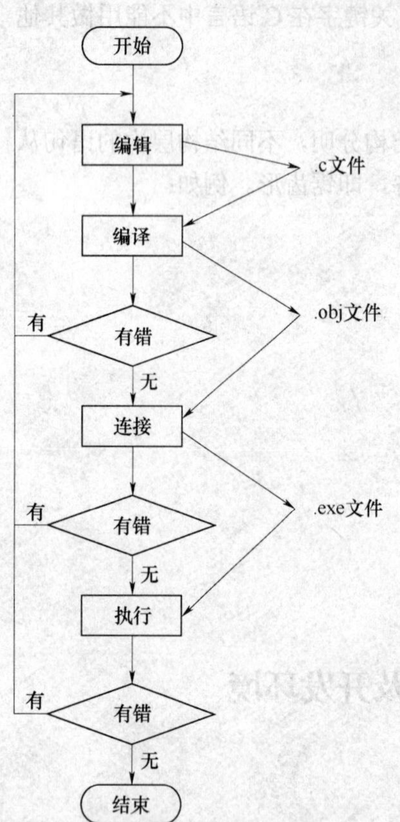

图 1.1　C 语言程序的开发过程

连接时如果出现错误，则应查看所需的库函数的目标文件是否存在，库函数名是否正确，以及调用函数名与被调函数名是否一致等。

4. 运行程序（Run）

运行经过编译连接后产生的可执行文件（扩展名为.exe），便可得到程序的运行结果。

如果运行结果错误（与预期的结果不符），则需要对算法进行检查，重新编辑源程序，直到得到正确的运行结果。

这 4 个步骤如图 1.1 所示。

1.4.2 Turbo C 集成开发环境及其使用

Turbo C 为程序员提供了功能强大、使用方便的程序设计与调试环境。

1. Turbo C2.0 的安装和环境设置

要使用 Turbo C 需要先进行安装。可将 Turbo C 安装到硬盘的某一目录下，例如放在 C 盘根目录的下一级子目录 tc 下。tc 子目录中存放着 Turbo C 系统程序 tc.exe 和其他文件，通过运行该程序就可以进入到 Turbo C 的集成开发环境。

在 Options 菜单中有几个环境参数选项直接影响到 Turbo C 的工作。它们位于 Options 菜单下的 Directories 命令中，Directories 命令用来设定编译器和连接器的文件查找和存放目录。在设置头文件查找目录选项 Directories/Include directories 中应设置为 c:\tc\include；在设置库文件查找目录选项 Directories/Library directories 中应设置为 c:\tc\lib。

2. Turbo C2.0 的窗口

正确安装后，在桌面上依次选择“开始”→“程序”→“附件”→“命令提示符”命令，进入命令提示符界面；

再输入 cd\，按【Enter】键；

输入 cd tc，按【Enter】键，进入 c:\tc 子目录；

然后从键盘输入 tc，按【Enter】键，便可进入 Turbo C 集成开发环境窗口，如图 1.2 所示。

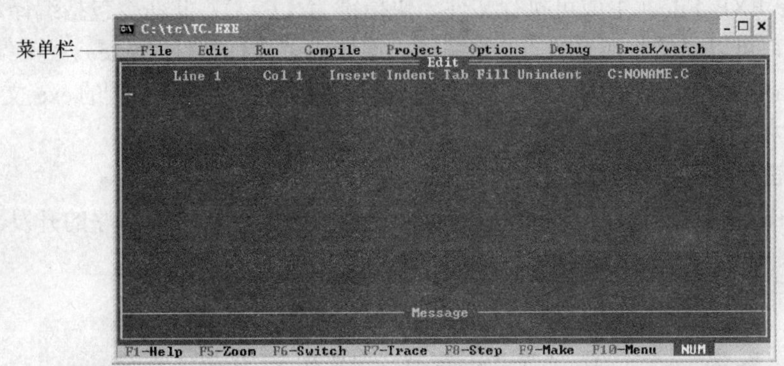

图 1.2 Turbo C 2.0 集成开发环境窗口

按【Alt+Enter】组合键可以将窗口转换为全屏幕方式。

菜单栏中共有 8 个菜单项，功能如下：

- File：文件操作。
- Edit：编辑程序。
- Run：运行程序。
- Compile：编译连接程序。
- Project：多文件项目的程序管理。
- Options：设置集成工作环境。
- Debug：在线调试、监视或跟踪程序的运行过程。
- Break/Watch：设置/消除断点，在线监视和跟踪表达式。

按【F10】键可以使光标在主菜单和编辑窗口之间切换。按左右箭头键可以移动光标到 8 个菜单项中的任何一个菜单项，按【Enter】键选中。按上下箭头键可以移动光标到需要的子菜单（8 个菜单项除了 Edit 菜单项外都有子菜单），按【Enter】键选中。

下面仅就常用的命令：File、Edit、Compile、Run 进行简单介绍。

（1）File 命令。File 主菜单中包含多个子命令，其中常用的有：

- Load（载入）：从磁盘调入一个文件到当前编辑窗口。
- Save（保存，快捷键为【F2】）：保存当前正在编辑的文件，若文件名是默认的 NONAME.C，则询问是否要输入新的文件名。
- Write（写入）：保存当前正在编辑的文件，每选择一次，都要输入一个文件名。
- Quit（退出）：退出 Turbo C，返回命令提示符界面。

（2）Edit 命令。在 Turbo C 中，只要光标位于编辑窗口内，就可以编辑程序。选择 Edit 命令也可以进入编辑状态。

（3）Compile 命令。Compile 菜单中包含多个子命令，其中常用的有以下几个：

- Compile to OBJ（编译生成目标代码）：此命令将源文件（.c）编译成目标文件（.obj）。为了得到可执行文件（.exe），还需要执行 Link EXE File 命令。
- Link EXE File（连接生成可执行文件）：将目标文件（.obj）连接成可执行文件（.exe）。
- Make EXE File（生成可执行文件，快捷键为【F9】）：此命令包括编译和连接两个过程，可以直接将源文件（.c）编译、连接成可执行文件（.exe）。

（4）Run 命令（快捷键为【Ctrl+F9】组合键）。经过上述操作得到的.exe 文件可用 Run 命令运行，也可在 DOS 命令提示符下直接运行。

3．C 语言程序开发的步骤

进入 Turbo C 集成开发环境窗口后，可按下列步骤进行 C 语言程序的开发。

（1）编辑源程序。输入源程序，如图 1.3 所示。

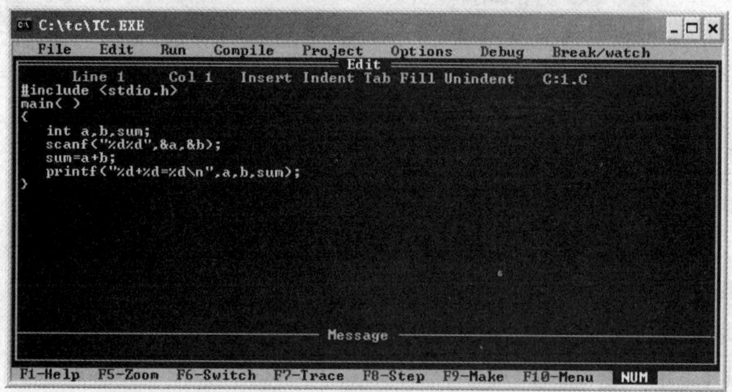

图 1.3 编辑源程序窗口

可以利用上、下、左、右箭头键移动光标，对程序进行修改。

源程序无误后，进行保存。保存时只输入主文件名即可，系统会自动保存为.c 文件。如果要输入扩展名，则必须是.c。

（2）编译和连接。执行“Compile”→“Compile to OBJ（编译生成目标代码）”命令，编译生成目标文件（.obj）。

编译完成后的窗口如图 1.4 所示。

执行“Compile”→“Link EXE File（连接生成可执行文件）”命令，将目标文件（.obj）连接成可执行文件（.exe）。

连接完成后的窗口如图 1.5 所示。

或者执行“Compile”→“Make EXE File（生成可执行文件）”命令，直接将源文件（.c）编译连接成可执行文件（.exe）。

（3）运行程序。执行 Run 命令运行程序。

按【Alt+F5】组合键查看运行结果，如图 1.6 所示。按【Enter】返回。

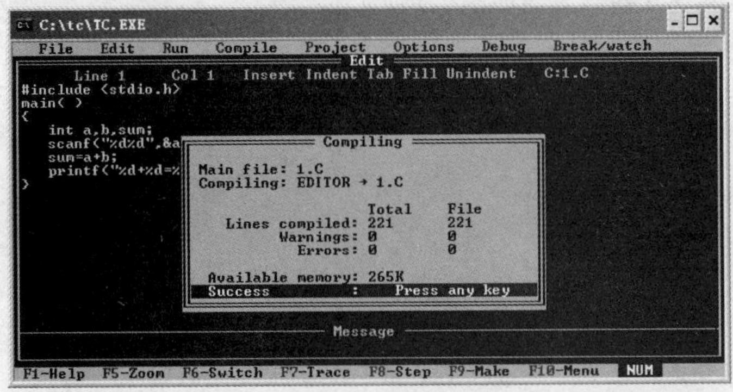

图 1.4　编译完成后的窗口

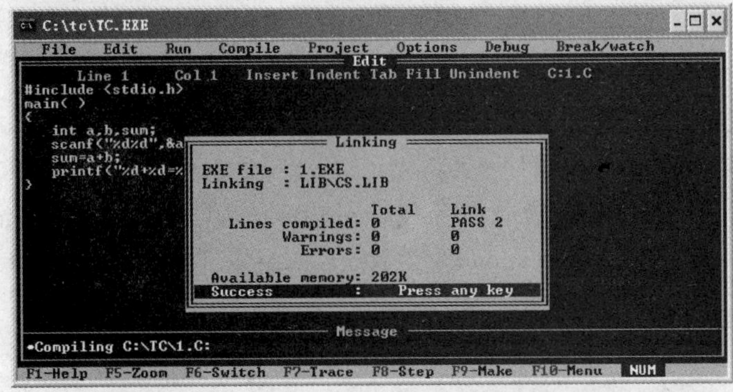

图 1.5　连接完成后的窗口

图 1.6　运行结果显示窗口

说明：在 TC 集成环境中通过按【Ctrl+F9】组合键或执行 Run 命令，可对源程序完成编译、连接与运行。

1.4.3　Visual C++开发环境及其使用

Visual C++是一种可视化的集成环境，主要面向 C++语言进行开发，同时也兼容 C 语言。下面简单介绍 Visual C++ 6.0（简称 VC++ 6.0）的开发环境及使用方法。

1．启动 VC++6.0

双击 Windows 桌面上的 Microsoft Visual C++ 6.0 图标或在桌面上依次选择“开始”→“程序”→“Microsoft Visual Studio 6.0”→“Microsoft Visual C++ 6.0”命令即可运行。

启动后的 VC++ 6.0 初始界面如图 1.7 所示。

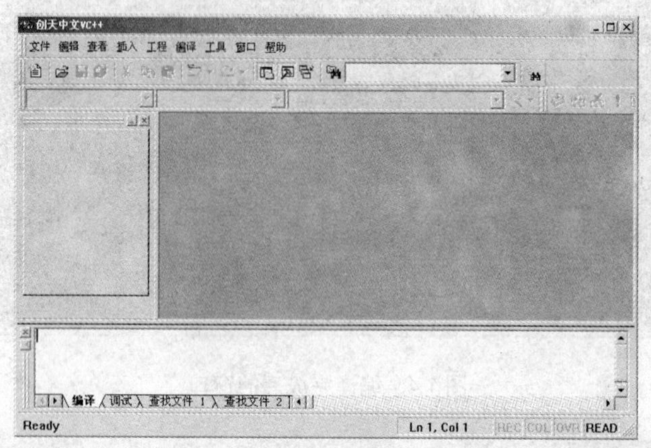

图 1.7　VC++ 6.0 初始界面

2．在指定位置（如 d:\）创建 C 源程序文件

依次选择菜单“文件（File）”→“新建（New）”命令，打开“新建（New）”对话框，选择“文件（Files）”选项卡，选中 C++ Source File 选项，在“文件（File）”文本框输入文件名（如 a.c），在“目录（Location）”文本框输入目录（如 d:\），如图 1.8 所示。然后单击“确定（OK）”按钮。

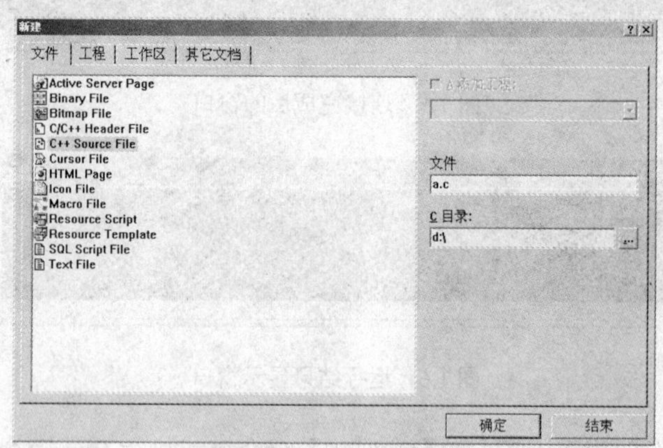

图 1.8　“新建”对话框

注意：输入文件名时，必须指定扩展名.c，否则 VC++ 6.0 会自动以 C++的.cpp 作为扩展名。

3．编辑源程序

输入源程序，如图 1.9 所示。

4．编译

选择菜单“编译（Build）”→“编译（Compile）”命令，将源程序编译成目标文件（扩展名为.obj），如图 1.10 所示。

系统将询问是否建立默认工作区和保存程序，如图 1.11 所示，均单击“是”按钮。

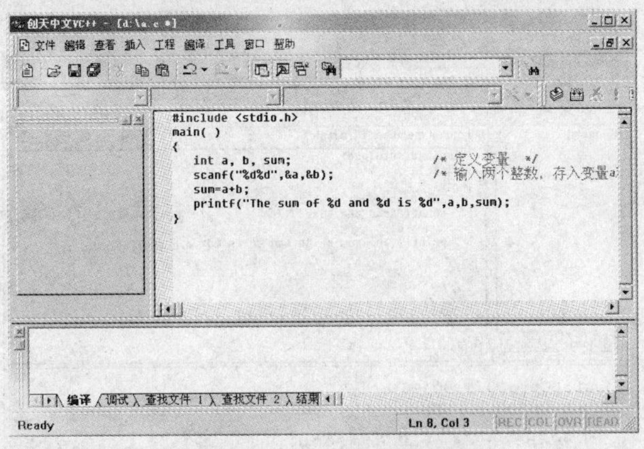

图 1.9 编辑源程序窗口

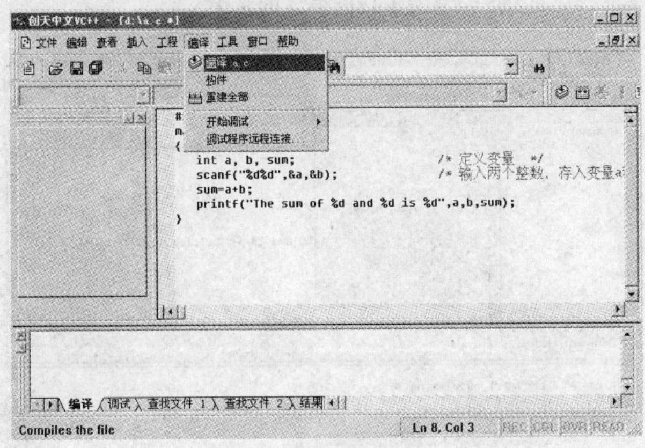

图 1.10 编译窗口

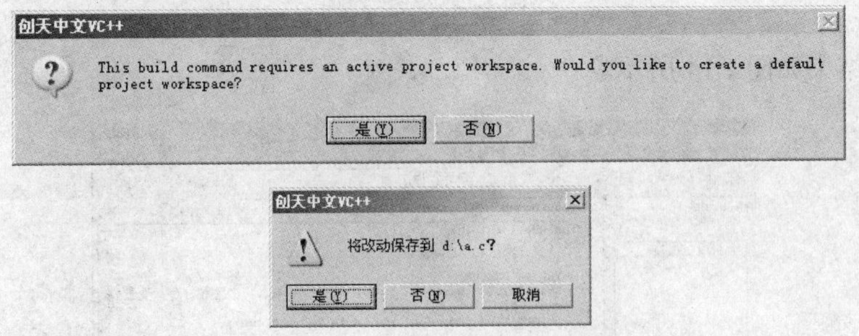

图 1.11 询问是否建立默认工作区和保存文件

编译的结果如图 1.12 所示。

在编译过程中，将所发现的错误显示在屏幕下方的“编译”窗口中。根据错误提示，修改程序后再重新编译，如果还有错误，再继续修改、编译，直到没有错误为止。

5．连接

依次选择菜单“编译（Build）”→“构件（Build）”命令，将目标文件（扩展名为.obj）与系统文件连接成可执行文件（扩展名为.exe），如图 1.13 所示。

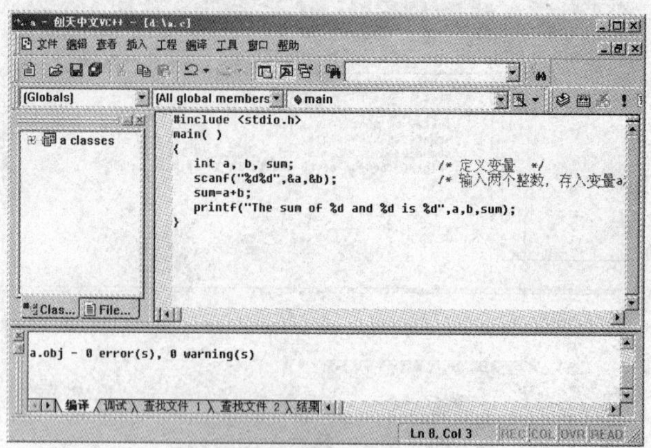

图 1.12　编译的结果

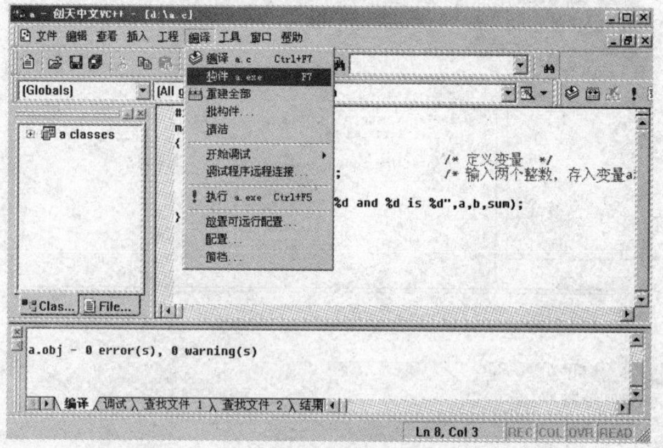

图 1.13　连接窗口

连接的结果如图 1.14 所示。

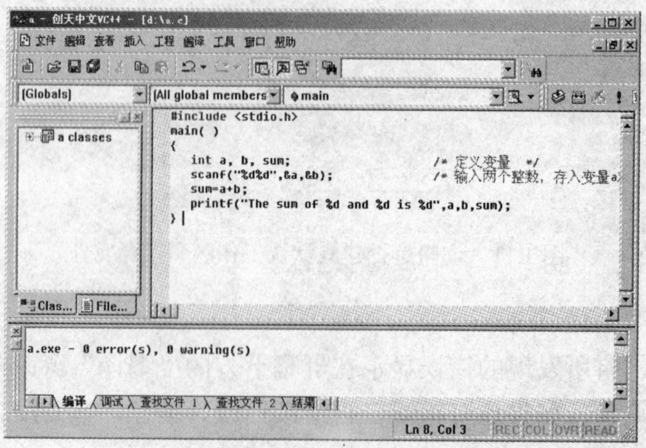

图 1.14　连接的结果

同样，对出现的错误要进行更改，直到编译、连接无误为止。

6．运行程序

依次选择“编译（Build）”→“执行（Ececute）”命令，运行程序，如图 1.15 所示。按【Enter】键返回。

图 1.15　程序运行结果

7．关闭工作区

依次选择“文件（File）”→“关闭工作区（Close Workspace）”命令即可关闭工作区，如图 1.16 所示。

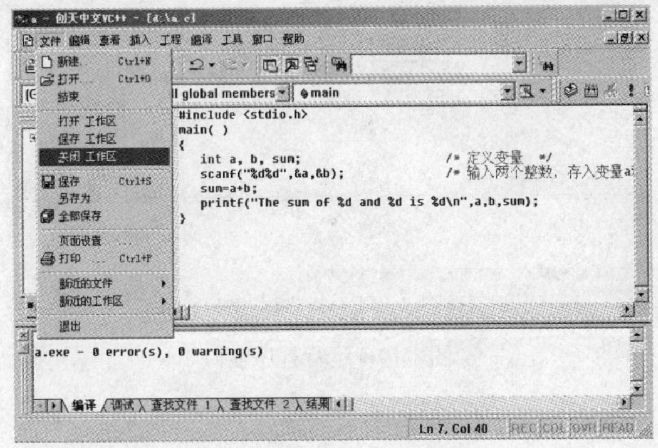

图 1.16　关闭工作区窗口

关闭工作区后，可以创建下一个 C 语言程序。

创建多个程序后，如何运行已创建的某个程序呢？方法是依次选择菜单“文件（File）”→“打开工作区（Open Workspace）”命令，如图 1.17 所示；再选择对应的扩展名为.dsw 的文件，如图 1.18 所示；然后依次选择“编译”→“执行”命令，如图 1.19 所示。

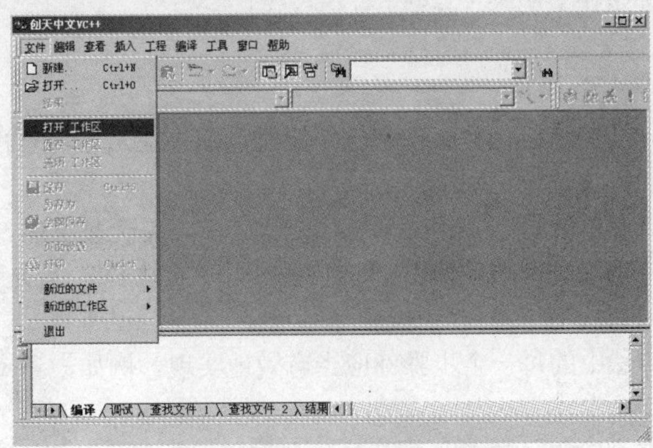

图 1.17　打开工作区窗口

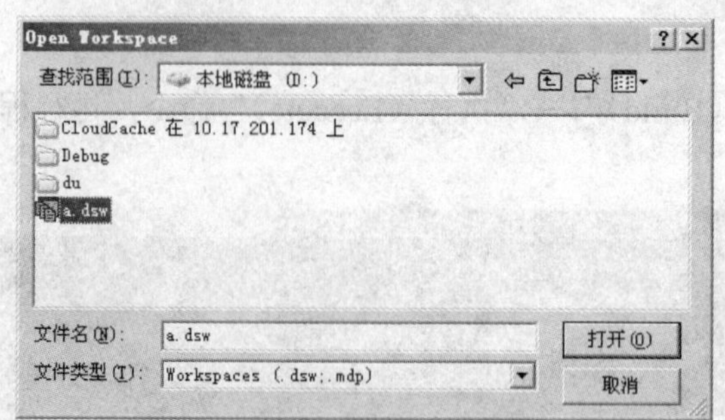

图 1.18　打开工作区对话框

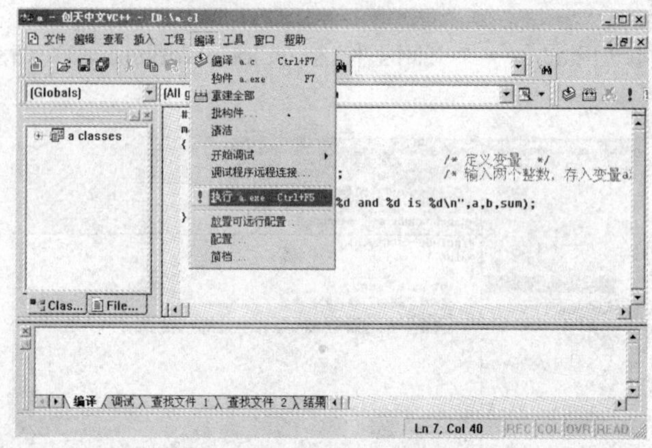

图 1.19　运行程序窗口

1.5　算法和结构化（模块化）程序设计

1.5.1　算法

算法就是求解问题的方法，是为解决某个问题所使用的操作步骤。无论是形成解题思路还是编写程序，都是在实施某种算法。

1．算法的特性

算法有下列 5 个特性。

（1）有穷性。一个算法应包含有限个操作步骤，而不能是无限个。无限个操作步骤永无结束之时，这样的算法是不正确的。

（2）确定性。算法中的每一个步骤都应该是确定的，是无歧义的、精确定义的，而不能是含糊的、模棱两可的。例如，输出“成绩好的同学的姓名”，就是含糊的，不准确的。“成绩好”的含义不明确。

（3）有效性。算法中的每一个步骤都应当有效地实现。例如，当 y=0 时，x/y 是不能有效实现的。

（4）有零个或多个输入。输入是指从外界获取必要的已知信息（数据等）。算法中要操作的数据可以来自于键盘，也可以来自于其他文件或函数参数，或直接定义给变量（如 int n=100；）。

输入可以有零个或多个。例如，例 1.1 中有两个输入，下面的程序则有零个输入。

```
#include "stdio.h"
main ()
{
    printf("I am writing C program.\n");
}
```

该程序是在计算机屏幕上输出文字“I am writing C program.”。

（5）有一个或多个输出。一个算法必须要有输出。如果没有输出，则用户无法知道程序运行的结果。所做的工作无意义。

2．算法的评价标准

对一个问题进行程序设计往往会有多种算法。用什么标准去评价一个算法的好坏呢？目前有 4 个标准。

（1）正确性。一个好算法必须达到预先规定的功能和性能要求。

（2）可读性。算法不仅是让计算机来执行的，也是让人来阅读的，一个算法应当思路清晰、层次分明、易读易懂。可读性好的算法有助于调试程序、发现错误和修改错误，以及有助于软件功能的维护和扩展。

（3）健壮性。好的算法能够对误操作和非法的输入做出适当的反应和合理的处理，不至于产生严重的后果。

（4）高效率和低存储量。高效率指的是算法的执行速度快、运行时间短。低存储量是指占用的存储空间少。

3．算法的表示

描述算法的方法很多，常用的有流程图、N-S 图、自然语言、PAD 图、伪代码等。这里只介绍流程图、N-S 图与自然语言法。

（1）用流程图表示算法。流程图是用不同的几何图形表示各种操作，用箭头（即流程线）表示操作之间的先后执行顺序。常用的流程图符号如表 1.1 所示。

表 1.1　　　　常用的流程图符号及功能

流程图符号	功　能	流程图符号	功　能
⬭	开始、结束	▱	输入、输出
▭	处理	↑↓ ⇄	流程方向
◇	判断		

［例 1.1］的流程图如图 1.20 所示。

（2）用 N-S 图表示算法。这种方法是美国学者 I.Nassi 和 B.Shneiderman 于 1973 年提出的，故称为 N-S 图（用两人名字的首字母命名）。N-S 图去掉了流程线，全部算法写在一个大矩形框内，大矩形框内还可以包含从属于它的矩形框，把各矩形框按照执行的先后顺序自上而下连接在一起。［例 1.1］的 N-S 图如图 1.21 所示。

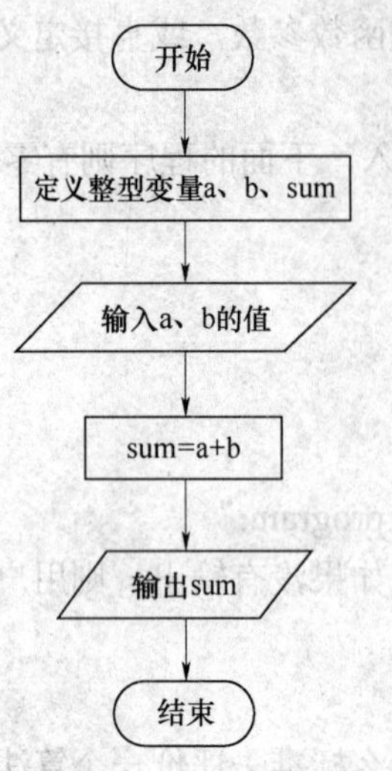

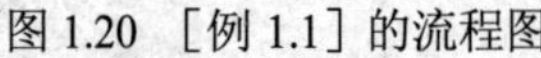
图 1.20 ［例 1.1］的流程图

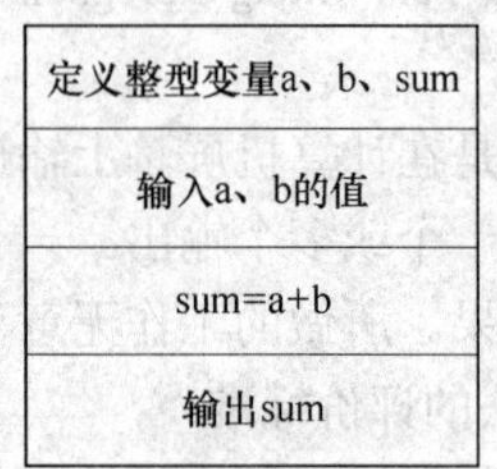

图 1.21 ［例 1.1］的 N-S 图

（3）用自然语言表示算法。自然语言就是人们日常使用的语言，可以是汉语、英语等。用自然语言表示算法的优点是通俗易懂，缺点是难以描述复杂的算法（例如选择结构和循环结构中较复杂的问题）。因此只对简单问题使用自然语言表示算法。

［例 1.1］是一个简单问题，可以用自然语言来描述算法。其算法为：

1）定义 3 个整型变量 a、b、sum。

2）输入 a、b 的值。

3）用 sum=a+b 计算 sum 的值。

4）输出 sum。

用流程图、N-S 图、自然语言等表示的算法是供人编写程序而使用的，计算机无法识别。人们要根据算法用某种程序设计语言（如 C 语言）编写出程序，才能在计算机上运行。

算法是程序设计的核心、灵魂，语法是外壳、工具，两者缺一不可。因此程序设计一要通过分析确定解题思路，学会构造算法。有了算法，再用编程语言实现，就简单了。构造不出算法，没有解题思路，语法再熟也编写不出程序。二要学会语法，用语法实现算法。只会算法，不会语法，同样编写不出程序。

1.5.2　结构化（模块化）程序设计

20 世纪 60 年代，随着计算机软件规模和复杂性的不断增加，在软件开发中出现了质量低下、可靠性差、进度推迟、成本超预算等问题。这严重影响了计算机技术的发展，造成了软件危机。软件危机出现以后，人们开始考虑如何提高软件生产和维护的效率、降低软件成本等问题，逐渐形成了结构化程序设计的思想。

结构化程序设计也称模块化程序设计。结构化程序设计采用“模块化”和“自顶向下、逐步细化”的设计方法。

模块化的思想就是“分而制之”，解决一个复杂的问题，往往不可能一开始就清楚问题的全部细节，只能把一个复杂的问题分解成若干个较小的子问题，然后再继续考虑，把每个子问题又分解成很多个更小的子问题，如此进行下去，直到每个更小的子问题只有单一的功能为止，这里的每个子问题就是一个子模块，各个子模块的集合实现总的功能。在C语言中，模块用函数来描述。主模块对应于main函数，子模块由其他自定义函数来描述。

自顶向下是指模块的划分要从问题的顶层向下逐层分解。

逐步细化是指把子模块分解成更小的子模块，一层层地分解，直到子模块具有单一的功能为止。这与写文章时，先拟提纲，再写每个段落的过程相一致。

结构化程序设计化解了大的任务，控制了程序设计的复杂性，降低了程序的复杂度；各模块相互独立，接口简单；结构化的程序结构清晰，容易阅读，易于修改、调试和维护。

1.5.3 简单程序的设计

对于较小的简单问题，其程序设计的一般步骤如下：

（1）分析问题。

已知：题目告诉了哪些已知条件。

所求：要解决的问题是什么。

解决方法：解决问题的方法和途径。

（2）确定算法。

确定算法：确定一步步解决问题的操作步骤。

（3）编写程序、调试、运行程序。

根据确定的算法编写程序。在计算机上对编写的程序进行调试，发现错误，纠正错误，运行程序。

下面举个例子，说明这一步骤。

已知矩形的长度和宽度，求矩形的周长和面积。

（1）分析问题。

已知：矩形的长度和宽度。

所求：矩形的周长和面积。

解决方法：矩形的周长和面积由下面的公式求出：

```
c=2*(a+b)
s=a*b
```

（2）确定算法。

1）定义实型变量a，b，c和s。

2）输入矩形的长度a、宽度b。

3）用下面的公式计算矩形的周长和面积：

```
c=2*(a+b)
s=a*b
```

4）输出矩形的周长和面积（c 和 s）。

（3）编写程序，调试、运行程序。

```
#include "stdio.h"
main()
{
    float a,b,c,s;                          /*定义变量*/
    scanf("%f%f",&a,&b);                    /*输入长和宽*/
    c=2*(a+b);                              /*计算周长*/
    s=a*b;                                  /*计算面积*/
    printf("c=%f,s=%f\n",c,s);              /*输出周长和面积*/
}
```

某次运行结果：

输入为：

9.5　3.6↙

输出为：

c=26.200001,s=34.199999

习　题　1

一、填空题

1. C 语言程序开发过程包括的 4 个步骤是______、______、______和______。

2. C 语言源程序文件的扩展名为______，经过编译后产生的目标文件的扩展名为______，经过连接后产生的可执行文件的扩展名为______。

二、选择题

1. 在一个源程序中，main 函数的位置（　　）。

A. 必须在最前面　　B. 必须在最后面

C. 必须在系统调用的库函数的后面　　D. 可以任意

2. 以下叙述中不正确的一项是（　　）。

A. 一个 C 语言程序必须包含一个 main 函数

B. 一个 C 语言程序可以由多个函数组成

C. C 语言程序的基本组成单位是函数

D. C 语言程序中的注释必须位于一条语句的后面

三、编程题

1. 下列 C 语言程序中有许多错误，请全部改正。

```
/*The program is error! */
#include <stdio.h>
Main();
{
  INT x,y,z,sum
```

```
    x=1;y=2;z=3;
    SUM=X+Y+Z;
    Printf("sum=%d",sum)
  }
```

2. 用 Visual C++6.0 或 Turbo C2.0 开发环境将例 1.1 和例 1.2 的程序进行编辑、编译、连接和运行。

3. 参照本章例题，编写一个 C 语言程序，求两个整数 a、b 的差 c。

第 2 章 数据类型、运算符与表达式

程序设计是用计算机语言来描述程序，它包括以下两方面的内容：

（1）对数据的描述——在程序中要指定数据的类型和组织形式。数据的组织形式即数据结构。

（2）对操作的描述——也就是操作步骤，即算法。

这体现为下面的公式：

数据结构+算法=程序

这个公式是著名计算机科学家沃思（Nikiklaus Wirth）提出的。

从第 1 章的几个简单程序中可以看到，程序中要用到不同的数据，并对这些数据进行操作。本章将介绍 C 语言描述数据的类型、形式以及对数据的基本操作。本章是 C 语言中很基础的内容，只有打好基础才能更好地学习本书的后续章节。

2.1 C 语言的数据类型

为什么要引入数据类型呢？这主要是为了按不同的方式和要求处理数据。数据的类型决定了数据占用内存的大小、合法的取值范围、可以参与的运算种类和数据表示形式等。对于内存而言，计算机的内存资源是很宝贵的，要节省资源，数值小的数就没有必要为它开辟大的存储空间。对于可以参与的运算种类来说，某些类型的数是不能参与某些运算的，例如实数和实数相除是不能求余数的，只有整数和整数相除（除数不能为 0）才有余数可言，即整数可以参与求余运算，而实数不可以。

C 语言提供的数据类型很丰富，如图 2.1 所示。

本章主要介绍基本类型（枚举类型除外），其他类型以后将陆续介绍。

表 2.1 列出了 C 语言的基本数据类型在计算机上的长度（占多少字节）及取值范围。

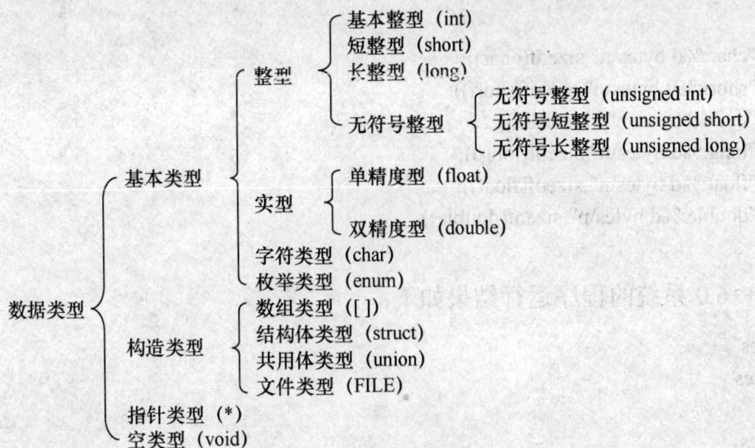

图 2.1　C 语言的数据类型

表 2.1*　　　C 语言的基本数据类型

类型	类型标识符	Visual C++6.0		Turbo C2.0	
		字节/B	取值范围	字节/B	取值范围
字符型	char	1	–128～127 即 -2^7～2^7-1	1	–128～127 即 -2^7～2^7-1
	unsigned char	1	0～255 即 0～2^8-1	1	0～255 即 0～2^8-1
整型	int	4	–2 147 483 648～2 147 483 647 即 -2^{31}～$2^{31}-1$	2	–32 768～32 767
	short	2	–32 768～32 767 即 -2^{15}～$2^{15}-1$	2	–32 768～32 767 即 -2^{15}～$2^{15}-1$
	long	4	–2 147 483 648～2 147 483 647 即 -2^{31}～$2^{31}-1$	4	–2 147 483 648～2 147 483 647 即 -2^{31}～$2^{31}-1$
	unsigned int	4	0～4 294 967 295 即 0～$2^{32}-1$	2	0～65 535
	unsigned short	2	0～65 535 即 0～$2^{16}-1$	2	0～65 535 即 0～$2^{16}-1$
	unsigned long	4	0～4 294 967 295 即 0～$2^{17}-1$	4	0～4 294 967 295 即 0～$2^{17}-1$
实型	float	4	0 及±（3.4×10^{-38}～3.4×10^{38}）	4	0 及±（3.4×10^{-38}～3.4×10^{38}）
	double	8	0 及±（1.7×10^{-308}～1.7×10^{308}）	8	0 及±（1.7×10^{-308}～1.7×10^{308}）

*　如无特别说明，本书中的所有数据类型均以 Visual C++6.0 为准。1 个字节是 8 个位，即 1Byte=8bit。

说明：

（1）实型数据无 unsigned 与 signed 之分，均带符号。

（2）C 语言提供的测试某一种类型数据所占存储空间长度的运算符为 sizeof。它的格式为 sizeof（类型标识符）。

【例 2.1】 用 sizeof 运算符测试 Visual C++6.0 系统或 Turbo C2.0 系统的 char 型、short 型、int 型、long 型、float 型和 double 型数据的长度（占的字节数）。

题目分析：

本题直接用 printf 函数输出结果。这里，测试的数据类型的长度等于 sizeof（数据类型）。

程序如下：

```
#include "stdio.h"
main()
```

```
{
    printf("char:%d bytes\n",sizeof(char));
    printf("short:%d bytes\n",sizeof(short));
    printf("int:%d bytes\n",sizeof(int));
    printf("long:%d bytes\n",sizeof(long));
    printf("float:%d bytes\n",sizeof(float));
    printf("double:%d bytes\n",sizeof(double));
}
```

Visual C++6.0 系统的程序运行结果如下：

```
char:1 bytes
short:2 bytes
int:4 bytes
long:4 bytes
float:4 bytes
double:8 bytes
```

Turbo C2.0 系统的程序运行结果如下：

```
char:1 bytes
short:2 bytes
int:2 bytes
long:4 bytes
float:4 bytes
double:8 bytes
```

（3）数据在内存中是以二进制补码形式存放的。正数的补码和其原码（二进制形式）相同，负数的补码等于该数绝对值的二进制形式各位取反后再加 1。例如 10 的补码为 0000000000001010，−10 的补码为 1111111111110110。−10 的补码的求解过程为：求 −10 的绝对值 10 的二进制形式 0000000000001010；各位取反 1111111111110101；加 1，为 1111111111110110。

（4）整型分为 3 种：基本整型、短整型和长整型。整型又可分为有符号整型和无符号整型。无符号整型指零和正整数，有符号整型包括负整数、零、正整数。

（5）实型也称为浮点型。分为单精度实型和双精度实型。单精度实型有 6～7 位有效数字，即只保证 6～7 位数字是准确的（因计算机系统而异）；双精度实型有 15 或 16 位有效数字（因计算机系统而异），即只保证 15 或 16 位数字是准确的。实型数据就是带小数的数。

2.2 常 量、变 量

2.2.1 常量

常量是指在程序运行过程中其值不变的量（即常数）。C 语言的常量有直接常量和符号常量。直接常量有整型常量、实型常量、字符常量、字符串常量。

1．整型常量

整型常量即整常数。在 C 语言中，整型常量可以用十进制、八进制、十六进制表示。

（1）十进制整数。由 0～9 共 10 个数组成，如 5234、−78、0 等。注意：5234 不能写成 5,234。

（2）八进制整数。八进制整数必须以数字 0 开头，组成八进制的数码为 0～7。如 0123、0101、0645、0763 等。0123 等于十进制数 83，0101 等于十进制数 65，0645 等于十进制数 421，0763 等于十进制数 499。

326、0892、05B2 都不是合法的八进制数。因为 326 前面无 0，0892 包含了非八进制数码，05B2 包含了非八进制数码。

八进制整数通常是无符号数。

（3）十六进制整数。十六进制整数以 0x 或 0X 开头（0 为数字），组成十六进制的数码为 0～9，A～F（a～f）。如 0x99A、0X97C、0x59ff 等。

91C、0x97G 都不是合法的十六进制数。91C 前面无 0x 或 0X、0x97G 含有非十六进制数码。

十六进制整数通常是无符号数。

另外，整型常量如果是长整型常量，在 Turbo C2.0 中后面还要加上 l（小写字母）或 L（大写字母），例如 2345L、38L（但在 Visual C++中由于对 int 和 long int 型数据都分配 4 个字节，就没有必要加上 l 或 L）；整型常量如果是无符号整型常量，后面还要加上 u（小写字母）或 U（大写字母），例如 2345u、38U、38Lu。

整型常量类型的确定方法如下：

1）根据其值所在范围确定其数据类型。例如 Visual C++6.0：在−32 768～+32 767 范围内，认为它是短整型；超出上述范围而在−2 147 483 648～2 147 483 647 范围内，认为它是基本整型或长整型。

2）加 L 和 l 表示该整型常量为长整型常量。例如 432L、86732L。

3）加 U 和 u 表示该整型常量为无符号整型常量。例如 432U、65530u。

2．实型常量

实型常量只能用十进制形式表示，不能用八进制或十六进制形式表示。

（1）十进制小数形式。十进制小数形式由数码 0～9 和小数点组成。例如 0.123、.123、0.0、0.1、−267.8230、0.、.0 等。

（2）十进制指数形式。由十进制数码，e 或 E（代表×10）组成。如 1e5、139.5E2、−1.99e−3（代表 1×105、139.5×102、−1.99×10−3）等。

注意：在字母 e（或 E）的前后以及数字之间不得插入空格。字母 e（或 E）之前要有数字；字母 e（或 E）之后也要有数字且必须为整数（正负皆可）。如 e2、.5e3.9、.e5，e 都不是合法的十进制指数形式。

实型常量类型的确定方法如下：

1）C 编译系统默认为 double 型（例如，认为 3.14、−1.234e−3、−0.1 为 double 型），在内存中分配 8 个字节存储。

2）如果数字后面加字母 f 或 F，则认为它是 float 型（例如，认为 1.0579F、1.0579f、1.2e15f、1.2e15F 是 float 型），在内存中分配 4 个字节存储。

3．字符常量

它是用一对单撇号括起来的一个字符（如'A'、'*'和'8'等）或转义字符。

转义字符以反斜线字符“\”开头，如前面用到过的“\n”就是转义字符，它代表一个换行符。

转义字符的意思是将反斜杠（\）后面的字符转换成另外的意义。例如'\n'中的“n”不代表字母 n 而作为换行符。

几个常用的以“\”字符开头的转义字符见附录 E。

字符常量的存放并不是把这个字符本身放到内存单元中，而是把这个字符对应的 ASCII 码放到内存单元中（占 1 字节）。

4．字符串常量

字符串常量是用一对双引号括起的字符序列。例如，"Great"、"How are you ! "、"&19.77"和"A"等。

不要将字符常量和字符串常量混淆。'A'是字符常量，"A"是字符串常量，二者是不同的。如果 p 被定义为字符常量：

```
char p;
p='A';
```

是对的。但是

```
p="A";
```

却是错的。

```
p="Great";
```

也是错的。一个字符串不能赋给一个字符变量。

字符串"Great"，在内存中的存储形式是：

G	r	e	a	t	\0

它在内存中不是占 5 字节而是占 6 字节的存储空间，最后 1 个字符'\0'是系统在存储字符串时自动加上的，以便系统根据它判断字符串是否结束。'\0' 的 ASCII 码为 0，是“空操作字符”，它不引起任何控制动作，也不被显示和输出。

同样，字符串常量"A"实际占 2 字节的存储空间，包括 2 个字符：'A'和'\0'。而'A'占 1 字节的存储空间。

注意：

（1）字符常量用单引号括起来，字符串常量用双引号括起来。

（2）字符常量只能是 1 个字符或 1 个转义字符序列，字符串常量则可以是含 1 个或多个字符的字符序列。

（3）字符常量占 1 字节的内存空间。字符串常量占的内存字节数等于组成字符串的字符个数（即字符串的长度）加 1，增加的 1 字节中存放字符'\0'。

5．符号常量

可以用一个符号来代表一个常量，但是这个符号的名称必须在程序中进行特别的定义。

定义格式为：

#define 标识符 常量

#define 命令行中定义的符号名叫做符号常量。

【例 2.2】 计算半径为 100.0 的圆的周长。

题目分析：

本题的已知数据是半径，所求是圆的周长，求周长的依据是圆周长的数学公式。算法如下：

（1）本题可先定义圆周率 PI 为 3.14159（写在 main 函数之前）。

（2）定义 float 型变量 r，c。r 为半径，c 为周长。

（3）给 r 赋值。

（4）利用公式 c=2×PI×r 计算 c 的值。

（5）输出 c 的值。

程序如下：

```
#include "stdio.h"
#define PI 3.141593                    /* 定义符号名 PI 为 3.141593 */
main()
{   float r,c;
    r=100.0;
    c=2*PI*r;
    printf("c=%f\n",c);
}
```

程序运行结果如下：

```
c=628.318600
```

解释说明：

（1）为使之比较醒目，符号常量通常用大写字母表示。

（2）用 define 进行定义时，必须用＃号作为一行的开头。

（3）用 define 进行定义时，标识符和常量之间不得有等号。例如，写成“#define PI=3.141593”是不正确的。

（4）在#define 命令行的最后不得加分号，因为它不是语句。

（5）程序中用#define 命令行定义 PI 代表一串字符 3.141593，在对程序进行编译时，凡本程序中出现 PI 的地方，编译程序均用 3.141593 来替换，本程序中，可以把 PI 视为 3.141593 的替身。有关#define 命令行的作用，将在第 8 章中介绍，现在可以先按上述方法简单地使用。

2.2.2 变量

1．变量的概念

在程序中其值可以发生变化的量称为变量。一个变量在内存中占据一定的存储单元。存储某变量的内存空间的首地址，称为变量的地址。

2．变量的命名规则

一个变量应该有一个名称——变量名。变量名是标识符之一。

用来标识程序中用到的变量名、函数名、数组名、文件名以及符号常量名等的有效字符序列称为标识符。简而言之，标识符就是一个名称。

C 语言规定标识符只能由英文字母（大、小写都可以，共计 52 个）、数字和下划线 3 种字符组成，且第一个字符必须是字母或下划线。如 year、data30、com_arg、x1 等。

标识符命名的规则如下：

（1）标识符要求中间不能使用空格。

（2）一般的 C 编译系统仅对其前 8 个字符作为有效字符处理。因此，student_name 和 student_number 将作为同一个标识符。

（3）标识符不能和 C 语言的关键字（保留字）重名。如 if、switch、int、float、con、printf 不能用做标识符。因为每个关键字都有固定的含义，用户不能改变关键字的用途，如果与关键字重名，可能出现意想不到的错误，编译能通过，但运行结果不对，且不容易检查出错误。

因此，下面的变量名是不合法的：

```
#123,￥100,99y,long,if
```

（4）在 C 语言中，大写字母和小写字母是有区别的，即作为不同字母来看待。如变量 RON、ron 将被作为不同的标识符。

（5）标识符的命名应做到"见名知意"。例如，使用 area、age、weight 作为面积、年龄、重量的标识符。

变量名作为标识符之一也遵守上述命名规则。

3．变量的定义

C 语言规定，对程序中用到的所有变量，都必须"先定义（说明），后使用"。定义后计算机会为变量开辟内存空间。在定义变量时，同一个函数内的变量不能同名。

变量定义的一般形式如下：

数据类型　变量名;

例如，下面给出了对变量 data、sum 和 c 的定义：

```
int data;
float sum;
char c;
```

具有相同数据类型的变量可以在一起说明，它们之间用逗号分隔。例如：

```
int count,i,j;
```

count、i、j 都是 int 型变量。

变量定义在程序的说明部分或函数的参数说明部分进行。

下面再对变量进行如下说明：

（1）整型变量、实型变量、字符型变量的分类见表 2.1。它们存储所占的字节数和取值范围也见表 2.1。

（2）short 型变量的最大允许值为 32 767，最小允许值为–32 768，无法表示小于–32 768、大于 32 767 的数，超过该值会发生“溢出”。“溢出”是指运算结果超出表示范围的一种错误状态。C 编译程序不检测这种错误。同样，int 型和 long 型变量只能表示在–2 147 483 648～2 147 483 647 范围的数，超过该值会发生“溢出”。

（3）float 型实型变量的有效数字为 6～7 位，double 型实型变量的有效数字为 15～16 位，超过这些位数将产生误差。即 float 型实型变量只有前 6～7 位是准确的，double 型实型变量只有前 15～16 位是准确的。例如，在 Visual C++6.0 中 float 型实型变量不能准确表示 123 456.789e5，而表示为 12 345 678 848.000 000。

（4）将一个字符常量存放到一个字符变量中时，并不是把这个字符本身放到内存单元中，而是把这个字符对应的 ASCII 码放到内存单元中。

2.2.3 变量赋初值

变量赋初值有两种方法。

（1）在定义变量的同时赋初值。

例如：

```
int a=100;
```

定义 a 为整型变量，初值为 100。

```
float h=15.386;
```

定义 h 为实型变量，初值为 15.386。

也可为定义的部分变量赋初值。例如：

```
int m,n,p=-200;
```

定义 m、n、p 为整型变量，只对 p 赋初值，其值为–200。

（2）先定义变量，再赋初值。

例如：

```
int m,n,p;
p=-200;
```

注意：若对几个变量赋同一个值，不能写成形如 int a=b=c=5; 的形式，而应写成形如 int a=5，b=5，c=5; 的形式，前一种写法是错误的。

2.3 C 语言的运算符和表达式

C 语言的运算符种类很多（见附录 C），按其在表达式中的作用，可分为：

（1）算术运算符：+、–、*、/、%。

（2）赋值运算符：简单赋值运算符（=）、复合算术赋值运算符（+=、–=、*=、/=、%=）和复合位运算赋值运算符（&=、|=、∧=、>>=、<<=）。

（3）逗号运算符：即逗号（,）。

（4）关系运算符：>、<、==、<=、>=、!=。

（5）逻辑运算符：!、&&、||。

（6）条件运算符：? :。

（7）指针运算符：*、&。

（8）下标运算符：[ ]。

（9）位运算符：<<、>>、~、|、^、&。

（10）求字节数运算符：sizeof。

（11）强制类型转换运算符：（类型）。

（12）分量运算符（取成员运算符）：.、–>。

（13）其他：如函数调用运算符()。

本节只介绍前 3 种运算符。

有些运算符只需 1 个运算对象（又称操作数），有些运算符需要 2 个运算对象，甚至还有的需要 3 个运算对象。

用运算符将运算对象连接起来，就构成表达式。表达式的种类很多，例如，算术表达式、赋值表达式、关系表达式和逻辑表达式等。表达式总是有值的。

2.3.1　算术运算符和算术表达式

1．算术运算符

（1）双目算术运算符。双目算术运算符是+、–、*、/、%。

它们分别为加、减、乘、除、求余运算符。这些运算符需要两个运算对象，因此称为双目运算符。

除求余运算符（%）外，运算对象可以是整型，也可以是实型。如 1+2、1.2*3。

求余运算符的运算对象只能是整型。在“%”运算符左侧的运算数为被除数，右侧的运算数为除数，运算结果是两数相除后所得的余数，而不管商的值是多少。例如：15%5 的结果为 0，3%5 的结果为 3。

当运算量为负数时，所得结果的符号随机器而不同，在 Turbo C 中，符号与被除数相同。例如：17%–3 的结果为 2，–17%3 的结果为–2。

这几个运算符的优先级为：*、/、%优先级相同，+、–优先级相同但低于*、/、%。它们的结合方向均为“自左至右”，即“左结合性”（所谓运算符的结合性，是指当一个表达式中出现两个或两个以上的优先级相同的运算符时，先执行哪一个运算符。结合性只用于表达式中出现两个或两个以上的优先级相同的运算符的情况），例如 x/y*z，运算符“/”和“*”的优先级相同，由于其结合方向自左至右，因此先执行左边的“/”，进行 x/y 的运算，然后再执行右边的“*”，进行乘以 z 的运算，即（x/y）*z。数学上理解为：x/y*z 中有乘有除，乘和除优先级相同，按从左到右的顺序执行，先除后乘。

说明：

1）当双目运算符两边运算数的类型一致时，所得结果的类型与运算数的类型一致。例如：1.0/2.0，其运算结果为 0.5；1/2，其运算结果为 0。

2）当双目运算符两边的运算数的类型不一致时，如一边是整型数，一边是实型数时，系统将自动进行类型转换，使运算符两边的类型达到一致后，再进行运算。双目运算中，两边运算数的类型不一致时，类型转换规律可参阅第 2.4 节。

3）在 C 语言中，所有实型数的运算均以双精度方式进行。若是单精度数，则在尾数部分补 0，使之转化为双精度数。

（2）自增、自减运算符。自增、自减运算符是++和--，其作用对象是变量，不能是常量或表达式，5++、++5 或(a+b)++都是非法的。它们用于使变量的值增 1 或减 1，注意下面两种情况的不同：

```
i++, i--;
++i, --i
```

第一种情况是使用 i 之后，i 的值加（减）1，即先使用，后加减。第二种情况是首先使 i 加（减）1，然后使用 i，即先加减，再使用。请看下面的例题。

【例 2.3】 编写一个程序输出 i++和++i 自加运算的结果，观察自增（自减）运算符在变量前与变量后的区别。

```
#include "stdio.h"
main()
{   int i=4;
    printf("%d\n",i++);              /*第 1 条输出语句*/
    printf("%d\n",i);                /*第 2 条输出语句*/
    printf("%d\n",++i);              /*第 3 条输出语句*/
    printf("%d\n",i);                /*第 4 条输出语句*/
}
```

输出结果为：

```
4
5
6
6
```

解释说明：

（1）本例题中共有 4 条输出语句，执行第 1 条输出语句，输出 i 的值 4 之后，i 加 1，此时 i 的值是 5（由第 2 条输出语句可知）；执行第 3 条输出语句，首先要对 i 当前的值 5 加 1（等于 6），然后再输出 i 的值；执行第 4 条输出语句，i 的值为 6。通过本例题，大家应该可以理解自增（自减）运算符在变量前与变量后的区别了。

（2）无论是 i++，还是++i，被执行后 i 的值都增加了 1。

（3）正负号运算符。正负号运算符为+（正号）和–（负号），它们是一目运算符。例如–5 和+6.5。它们的优先级高于*、/、%运算符。例如，–a*b 先使 a 变符号再乘以 b。它们的结合方向为“自右至左”。

2．算术表达式

用算术运算符将运算对象连接起来，并符合 C 语言语法规则的表达式称为算术表达式。

运算对象可以是常量、变量和函数等。例如 2+sqrt（c*b）。

在 C 语言中，算术表达式求值规律与数学中的四则运算的规律类似，其运算规则和要求如下：

（1）在算术表达式中，可使用多层圆括号，但左右括号必须配对。运算时从内层圆括号开始，由内向外依次计算表达式的值。

（2）在算术表达式中，若包含不同优先级的运算符，则按运算符的优先级由高到低进行，若表达式中运算符的优先级相同，则按运算符的结合方向进行。例如，表达式 a+b–c 中，加号和减号的优先级相同，它们的结合性为从左到右，因此先计算 a+b，然后从所得结果中减去 c。

2.3.2　赋值运算符和赋值表达式

在 C 语言中，“=”符号称为赋值运算符，由赋值运算符组成的表达式称为赋值表达式。它的形式如下：

变量名=表达式

赋值号的左边是一个代表某一存储单元的变量名，赋值号的右边是 C 语言中合法的表达式。

赋值运算的功能是先求出右边表达式的值，然后把此值赋给等号左边的变量，确切地讲，就是把数据放入以该变量为标识的存储单元中去。例如，“a=10”是将 10 赋给变量 a。

在程序中可以多次给一个变量赋值，该变量相应存储单元中的数据是以新代旧。例如，若 a 定义为 float 类型变量。

```
a=10.0;
a= –15.0;
a=20.0;
```

则内存中，a 当前的数值是 20.0。

说明：

（1）赋值运算符的优先级只高于逗号运算符，比其他任何运算符的优先级都低，且具有“自右向左”的结合性。

（2）赋值运算符的左侧只能是变量，不能是常量或表达式。

例如，a+b=c 是不合法的赋值表达式。

（3）赋值表达式的值等于右边表达式的值，而结果的类型由左边变量的类型决定。

这样一来，如果右边的值的类型与左边变量的类型不一致，就把右边值的类型转换成左边变量的类型。

（4）赋值运算可连续进行。例如，赋值表达式 a=b=7+1，按照运算的优先级，先算出 7+1=8，按照赋值运算符自右向左的结合性，将先把 8 赋给变量 b，然后再把变量 b 的值赋给变量 a。

注意：C 语言中的赋值号代表一种操作，不是数学公式中相等的概念。

2.3.3　复合的赋值运算符和赋值表达式

在赋值运算符之前加上其他运算符可以构成复合赋值运算符。

C 语言中规定可以使用 10 种复合赋值运算符，其中与算术运算符有关的复合运算符是

+=、-=、*=、/=和%=。

注意：两个符号之间不能有空格。

这些运算符是把“运算”和“赋值”两个动作结合在一起，作为一个复合运算符来使用。这样可以达到简化程序书写，提高编译效率的目的。

复合赋值运算符的优先级与赋值运算符的优先级相同。

复合赋值运算符的等价情况如下：

```
x+=2  等价于 x=x+2
x*=y+5  等价于 x=x*(y+5)
x%=y-10  等价于 x=x%(y-10)
```

从上述示例可以看出，复合赋值运算符右边的表达式应作为一个整体对待，也就是说，执行复合赋值运算的过程可以认为是：

（1）首先把“=”左边的变量和运算符移到“=”右侧表达式之前，原表达式一般用圆括号括起来。

（2）在“=”左侧补上变量名，例如：

```
x/=y+3
```

等价于

```
x=x/(y+3)
```

而写成：

```
x=x/y+3
```

是错误的。

说明：

复合赋值运算符作为赋值运算符的一部分，同样具有“自右向左”的结合性。例如，假设 a 的初值为 7，表达式 a+=a*=a/=2 的值和 a 的值是多少？

表达式中的 3 个复合赋值运算符优先级相同，具有自右向左的结合性，执行过程如下：

a/=2 等价于 a= a/2，这个表达式的值为 3，此时 a 的值也为 3；

a*=3 等价于 a= a*3，这个表达式的值为 9，此时 a 的值也为 9；

a+=9 等价于 a= a+9，这个表达式的值为 18，此时 a 的值也为 18。

因此，表达式 a+=a*=a/=2 的值和 a 的值都是 18。

2.3.4 逗号运算符和逗号表达式

在 C 语言中，逗号“,”的用法可以分为两种：一种是作为分隔符使用；另一种是作为运算符使用。

在变量说明语句中，逗号是作为变量之间的分隔符使用。例如：

```
float f1,f2,f3;
```

在函数调用时，逗号是作为参数之间的分隔符使用。例如：

```
scanf("%f%f%f",&f1,&f2,&f3);
```

除这样作为分隔符使用之外，逗号还可以作为运算符使用。将逗号作为运算符使用的情况，通常是将若干个表达式用逗号运算符连接成一个逗号表达式，它的一般形式如下：

表达式 1,表达式 2,…,表达式 n

其求解过程是：先求解表达式 1，再求解表达式 2，……，最后求解表达式 n，此逗号表达式的值为最右边表达式 n 的值。例如：

```
5+5,10+10,15+15
```

就是一个逗号表达式，其值为 15+15，即 30。

可以将逗号表达式的值赋给一个变量。如语句 x=(y=10,y+2);是将 12 赋给变量 x。

说明：

（1）需要特别注意的是，由于逗号运算符的优先级最低，所以，下面两个表达式的作用是不同的：

```
x=5+5,10+10
x=(5+5,10+10)
```

第一个表达式是逗号表达式，x 的值为 10，整个表达式的值是 20。而第二个表达式是赋值表达式，它是将一个逗号表达式(5+5,10+10)的值赋给变量 x，由于此逗号表达式的值是 10+10，所以 x 的值为 20。

（2）再举几个例子来理解逗号运算符和逗号表达式：

```
a=3*5,a*4
```

a 的值为 15，表达式的值为 60；

```
a=3*5,a*4,a+5
```

a 的值为 15，表达式的值为 20；

```
x=(a=3,6*3)
```

为赋值表达式，表达式的值为 18，x 的值为 18；

```
x=a=3,6*a
```

为逗号表达式，表达式的值为 18，x 的值为 3。

（3）在许多情况下，使用逗号表达式的目的仅仅是为了得到各个表达式的值，而不是一定要得到和使用整个逗号表达式的值。例如：

```
t=a,a=b,b=t;
```

是用逗号表达式语句交换 a 和 b 两个变量中的数值。

2.4　不同类型数据之间的转换

在内存中，字符是以系统中所使用的字符的编码值形式存储的。比如，在 IBM 个人计算机上是以 ASCII 码形式存储的，它的存储形式与整型数的存储形式相似。

因此，C 语言允许字符型数据和整型数据之间通用，规则如下：

（1）在 ASCII 码取值范围内，一个字符型数据，既可以字符型输出，也可以整型输出（有关输入/输出部分将在后续章节中介绍）。

（2）同时，字符型数据可以赋给整型变量，整型数据也可以赋给字符型变量，只是当整型数据的大小超过字符型变量的表示范围时，需要截取低位的有效位数。

除了上述字符型数据和整型数据之间可以通用之外，不同类型的数据在进行混合运算时，要进行类型转换。类型转换有两种方式：一种是自动类型转换（隐式类型转换）；另一种是强制类型转换（显式类型转换）。

2.4.1 自动类型转换

1. 一般算术转换

在 C 语言中，整型、单精度型和双精度型数据混合运算时，不同的数据类型首先要转换成同一种类型，再进行运算。

转换规则如下：

（1）当运算对象数据类型相近时，字节短的数据类型自动转换成字节长的数据类型，即：

char 字符型数据转换成 int 型；

short 型数据转换成 int 型；

float 型数据转换成 double 型。因为系统将所有 float 型数据先转换成 double 型，再进行运算。

（2）当运算对象数据类型不同时，则：

对于 Visual C++6.0，如果是 int 型与 float 或 double 型数据进行运算，先将 int 型和 float 型数据转换成 double 型，再进行运算，运算结果为 double 型。

这些转换都是系统自动完成的，用户不必过问，如图 2.2 所示。

对于 Turbo C2.0，如果是 int 型与 unsigned 型进行运算，将 int 型转换成 unsigned 型，运算结果为 unsigned 型；如果是 int 型与 double 型进行运算，将 int 型直接转换成 double 型，运算结果为 double 型；同理，如果 int 型与 long 型进行运算，运算结果为 long 型。

如图 2.3 所示。

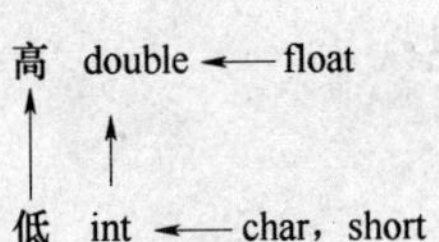

图 2.2 Visual C++6.0 的混合运算数据类型转换图

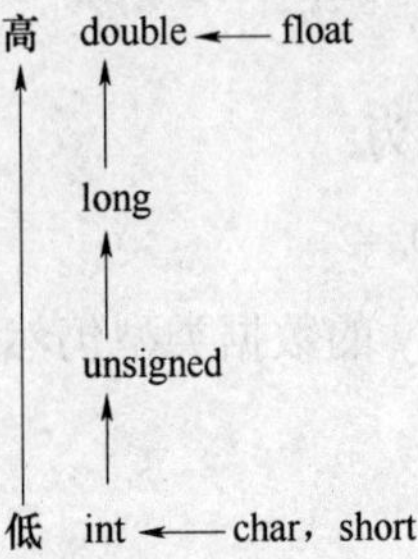

图 2.3 Turbo C2.0 的混合运算数据类型转换图

2. 赋值运算中的类型转换

在赋值运算中，如果赋值号右侧表达式的类型与左侧变量类型一致，则赋值操作把赋值号右侧表达式的值赋给赋值号左边的变量。

如果赋值运算符两侧的数据类型不一致，则在赋值前，系统先自动求得右侧表达式的数值，按赋值号左边变量的类型进行转换，再赋给赋值号左边的变量。但这种转换仅限于数值数据之间，通常称为“赋值兼容”，对于另外一些数据，例如后面将要讨论的地址值就不能赋给一般的变量，称为“赋值不兼容”。

2.4.2 强制类型转换

当自动类型转换达不到目的时，可以利用强制类型转换。例如，当除法运算符“/”的两个运算对象都是整型数据时，其运算将按照整型运算规则进行，即舍弃结果的小数部分。如果希望按照实型运算规则运算，就必须首先把其中某个运算对象的数据类型强制转换为实型，然后再进行运算。

强制类型转换的一般形式如下：

(类型名) (表达式)

例如，(int)(x+y)是将 x+y 的结果强制转换成 int 型。又如，(double)x/y 是将 x 强制转换成 double 型后，再进行除法运算。

需要注意的是，经强制类型转换后，得到的是一个所需类型的中间变量，原来变量的类型并没有发生任何变化。例如：

```
(int)y
```

如果 y 原指定为 float 型，进行强制类型转换后得到一个 int 型的中间变量，它的值等于 y 的整数部分，而 y 的数据类型不变，仍然为 float 型。

【例 2.4】 输出下面程序的运行结果，观察 y 的数据类型有无变化。

```
#include "stdio.h"
main()
{
    float y;
    int i;
    y=2.1;
    i=(int)y;
    printf("y=%f,i=%d\n",y,i);
}
```

输出结果为：

```
y=2.100000,i=2
```

很明显，y 的数据类型仍然为 float 型，其值仍然为 2.1。

习 题 2

一、选择题

1. 下面（　　）是合法的变量。

A. _1_2_3　　B. A–9　　C. 3m　　D. float

2. 下面（　　）是合法的常量。

A. 0.64e−7.2　　B. '\n'　　C. 0x5GE　　D. 'ab'

3. C 语言中，下面不正确的表达式是（　　）。

A. 5.0*2.0　　B. 5.0/2.0　　C. 2.0−5.0　　D. 5.0%2.0

4. 若已定义 a 和 b 为 double 类型，则表达式 a=2，b=a+7/2 的值是（　　）。

A. 5.500000　　B. 5　　C. 5.000000　　D. 6

5. C 语言中若有：int a；char b；float c；double d；则表达式 a*b−c/d 值的数据类型是（　　）。

A. float　　B. double　　C. int　　D. char

二、给出运行结果题

1．#include "stdio.h"

```
main()
{
    int m=13,n;
    n=++m;
    n+=m;
    printf("n1=%d\n",n);
    n=m--;
    n+=m;
    printf("n2=%d\n",n);
```

2．#include "stdio.h"

```
main()
{
    int x=66,y=37,z=7,p,q;
    p=(x-y)/z;
    q=(x-y)%z;
    printf("p=%d,q=%d\n",p,q);
}
```

3．#include "stdio.h"

```
main()
{
    int x,z;
    float y,w;
    x=(1+2,5/2,-2*4,17%4);
    y=(1.+2.,5./2.,-2.*4.);
    z=(1+2,5/2,-2*4,-17%4);
    w=(1+2,-2*4 ,-17%4,5/2);
    printf("x=%d,y=%f,z=%d,w=%f\n",x,y,z,w);
}
```

4．#include "stdio.h"

```
main()
{
    int s;
    s=-7+8*9-10;
```

```
    printf("s1=%d\n",s);
    s=7+8%9-10;
    printf("s2=%d\n",s);
}
```

5．#include "stdio.h"

```
main()
{
    float n;
    n=4+3*(float)3/6-5;
    printf("%f\n",n);
    n=4+3*(float)(3/6)-5;
    printf("%f\n",n);
}
```

第 3 章 顺序结构程序设计

本章介绍顺序结构程序的设计，并介绍如何在程序设计中控制第 2 章讲述的 C 语言的数据类型——整型、实型、字符型数据的输入、输出的格式。

按顺序处理问题的情况在实际生活中是大量存在的，在程序设计中含有顺序结构的问题也是大量存在的。例如，春→夏→秋→冬，上小学→上初中→上高中→上大学，已知某个班各学生的年龄→求平均年龄，等。

顺序结构、选择结构和循环结构是程序设计的 3 种基本结构。经证明，用这 3 种基本结构就能描述程序设计的任何算法和问题。这 3 种基本结构是结构化程序设计的理论基础。

3.1 顺序结构程序的简单示例及特点

【例 3.1】 求输入的两个整数的乘积。

题目分析：

（1）本题与［例 1.1］类似。

（2）本题的算法是什么呢？是不是：定义变量→输入已知数据→求乘积→输出结果？根据此算法编写程序。

程序如下：

```
#include "stdio.h"
main()
{
    int a,b,product;                      /*定义整型变量 a、b 和 product*/
    printf("Enter two numbers a b:");     /*提示输入数据 a 和 b,两个数之间用空格分隔*/
    scanf("%d%d",&a,&b);                  /*输入两个十进制整数给 a 和 b*/
    product=a*b;                          /*计算 a 和 b 的乘积,结果赋给 product*/
    printf("product=%d\n",product);       /*输出 product 的值*/
}
```

运行结果为：

```
Enter two numbers a    b:30␣25↙
product=750
```

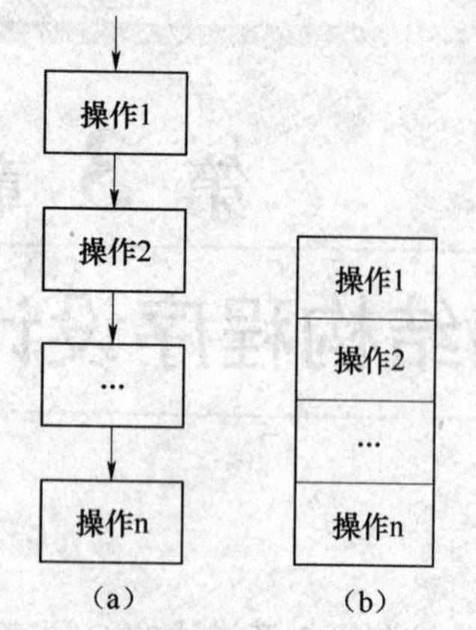

图 3.1 顺序结构的流程图和 N-S 图

(a) 流程图；(b) N-S 图

解释说明：

这里，“␣”表示空格，“↙”表示按【Enter】键。

该程序在执行时，函数体（即“{”和“}”之间的部分）中的语句是按顺序从上到下，一句一句地被依次执行的。这种按语句在程序中出现的顺序逐条执行的程序结构就称为顺序结构。

顺序结构程序的流程图和 N-S 图如图 3.1 所示。

顺序结构程序的特点如下：

(1) 程序一般由下面几部分组成：

- 定义变量；
- 输入数据或赋初值；
- 中间处理（例如计算）；
- 输出结果。

(2) 顺序结构的程序在执行过程中严格按照语句书写的先后顺序一句一句地执行。每个语句都会被执行到，并且只执行一次。

(3) 顺序结构的程序可读性强，易于理解。

3.2 C 语言的语句概述

C 语言的语句分为 5 类，分别为复合语句、空语句、表达式语句、控制语句和函数调用语句。

下面重点介绍复合语句、空语句和表达式语句，简单介绍控制语句和函数调用语句。控制语句和函数调用语句在后续章节再重点学习。

3.2.1 复合语句

C 语言把由一对花括号（{ }）括起来的一组语句，称为复合语句。

例如：

```
{
    t=a;
    a=b;
    b=t;
}
```

一个复合语句在语法上等同于一个语句。因此在程序中，凡是单个语句能够出现的地方复合语句都可以出现。

复合语句作为一个语句又可以出现在其他复合语句的内部，并且复合语句中也可以定义变量，但所定义的变量仅在本复合语句中有效。

例如：

```
#include "stdio.h"
main()
{
    char c;
    …
    {   double x;
        …
        {   double   y;
            scanf("%lf",&y);
            printf("x+y=%lf",x+y);
        }
      …
    }
    …
}
```

注意：复合语句以右花括号作为结束标志。因此，在复合语句右花括号的后面不必加分号。

3.2.2 空语句

在程序设计中，特别是在复杂程序的调试过程中，往往需要加一个或若干个空语句来表示存在某个或某些语句。

所谓空语句，就是一个不含其他内容而仅含分号的语句。

例如：

```
#include "stdio.h"
main()
{
    …
    ;              /* 空语句 */
    …
}
```

注意：对空语句的使用一定要慎重，因为随意加分号极易导致逻辑上的错误。

3.2.3 表达式语句

任何一个表达式的后面加上一个分号就构成了表达式语句。例如：

```
x+y
```

是表达式，而

```
x+y;
```

是表达式语句，执行表达式语句就是计算表达式的值，但是计算的结果不能保留（x+y 的和不赋给另一个变量），无实际意义。

最典型的是由一个赋值表达式加分号构成一个赋值语句。例如：

```
x=80
```

是赋值表达式，而

```
x=80;
```

是赋值语句。

3.2.4　控制语句

用来实现一定的控制功能的语句称为控制语句。C 语言中有 9 种控制语句，它们是：

- if…else…　　条件语句。
- switch　　多分支选择语句。
- while…　　循环语句。
- do…while　　循环语句。
- for…　　循环语句。
- break　　中止执行 switch 语句或循环语句。
- goto　　转向语句。
- continue　　结束本次循环语句。
- return　　从函数返回语句。

这些控制语句将在第 4 章、第 5 章、第 7 章讲解。

3.2.5　函数调用语句

由一次函数调用加一个分号构成了函数调用语句。例如：

```
printf("Please Input a,b:");
r=max(p,q);
```

是两个函数调用语句（函数调用语句将在第 7 章中大量使用）。

3.3　数据输入/输出

数据输入是把计算机需要的数据从外部输入设备（通常是键盘）输入给计算机。数据输出是把计算机内存中的某些数据送到外部设备上，如把变量的值、表达式的运算结果送到显示器（屏幕）上。在 C 语言中，没有输入/输出语句，输入和输出操作是通过库函数的调用来完成的。

C 语言中的标准输入/输出库函数有 printf（格式输出）、scanf（格式输入）、putchar（输出字符）、getchar（输入字符）、puts（输出字符串）、gets（输入字符串）等。本节介绍前 4 个最基本的输入/输出函数。

注意：使用标准输入/输出库函数时，要用到“stdio.h”头文件。因此在调用标准输入/输出库函数时，程序开头应有以下编译预处理命令：

#include <stdio.h> 或 #include "stdio.h"

stdio 是 standard input（输入）& output（输出）的缩写。

3.3.1 格式输出函数——printf 函数

1. printf 函数的一般格式

printf 函数的一般格式如下：

printf(格式控制字符串,输出表列);

例如：

```
printf("Welcom!");
printf("The numbers:%d,%f\n",k,y);
```

说明：

（1）格式控制字符串必须用双引号括起来。格式控制字符串由 3 类不同的内容组成：

第一类是普通字符。函数将它们原样输出到屏幕上。

第二类是转义字符。在输出时按其含义完成相应的功能。

第三类是格式说明。由“%”和格式字符组成，如%d、%f 等。它指定要输出的数据格式。

（2）输出表列是需要输出的变量、常量、表达式等，输出表列中参数的个数可以是 0 个或是若干个，当超过一个时，用逗号分隔。输出表列和格式说明在个数和类型上要一一匹配。

下面是对普通字符、转义字符、格式说明以及个数和类型一一匹配关系进行说明的一个例子：

【例 3.2】 对普通字符、转义字符、格式说明以及个数和类型一一匹配关系的说明。

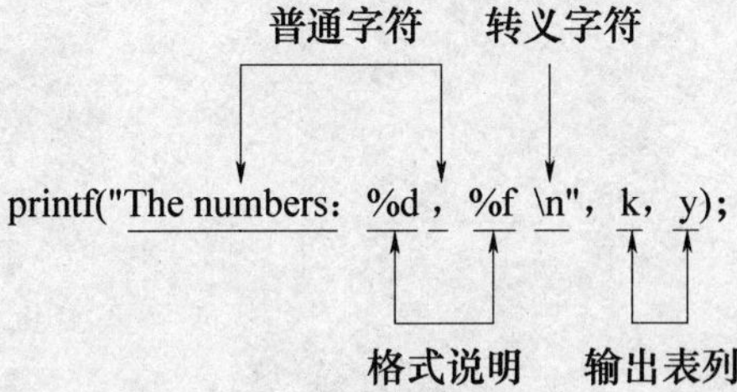

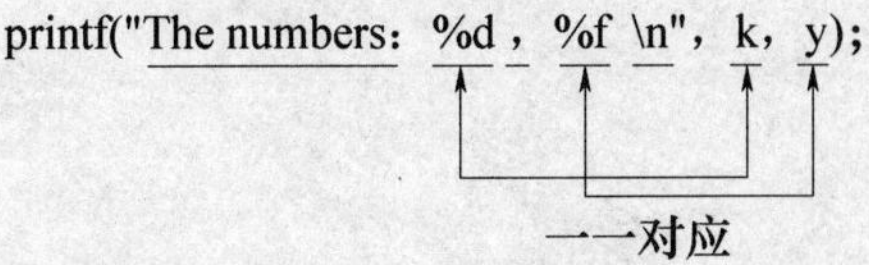

如果 k=100，y=15.6，则输出结果为：

```
The numbers:100,15.600000
```

2. printf 函数的格式字符

不同的数据用不同的格式字符。printf 函数中的格式字符如表 3.1 所示。

表 3.1　　**printf 函数的格式字符**

输出类型	格式字符	说　明
整型数据	d，i	输出带符号的十进制整数（正数不输出正号）
	o	输出无符号的八进制整数（不输出前缀 0）
	u	输出无符号的十进制整数
	x，X	输出无符号的十六进制整数（不输出前缀 0x），用 x 输出十六进制整数时的 a～f 以小写形式输出，用 X 时以大写字母形式输出
	p	以十六进制输出变量的地址
字符型数据	c	输出一个字符
	s	输出一个字符串
实型数据	f	以小数形式输出单、双精度实数，隐含输出 6 位小数
	e，E	以指数形式输出实数，用 e 时指数以“e”表示（如 1.6e+03），用 E 时指数以“E”表示（如 1.6E+03）
	g，G	自动选用%f 和%e 中输出宽度较短的一种形式输出实数，且不输出无意义的 0。用 G 时，若以指数形式输出，则指数以大写表示

［例 3.2］就是应用了格式字符 d 和 f，即格式说明%d 和%f。

对于格式字符，下面再说明几种情况。

（1）输出实数。当使用格式说明%f 输出时，整数部分全部如数输出，小数部分按 6 位小数输出。但并非全部数字都是有效数字，float 型实数的有效数字是前 7 位，double 型实数的有效数字是前 15 位或 16 位。float 型和 double 型实数均用%f 输出。

【例 3.3】 输出单精度实数，观察有效位数。

题目分析：

单精度实型变量用 float 定义，输出使用格式说明%f。

程序如下：

```
#include "stdio.h"
main()
{
    float a,b;
    a=111111.111;
    b=333333.333;
    printf("a+b=%f\n",a+b);
}
```

运行结果为：

```
444444.453125
```

很明显，只有前 7 位是有效数字（给出 6 位小数）。不要认为打印出来的数字都是准确的。

【例 3.4】 输出双精度实数，观察有效位数。

题目分析：

双精度实型变量用 double 定义，输出仍然使用格式说明%f。

程序如下：

```
#include "stdio.h"
main()
{
    double a,b;
    a=1111111111111.111111111;
    b=3333333333333.333333333;
    printf("a+b=%f\n",a+b);
}
```

运行结果为：

```
4444444444444.444300
```

显然，只有前 16 位是有效数字（给出 6 位小数）。最后 3 位小数超过了 16 位，无意义。

（2）输出八进制整数和十六进制整数。

【例 3.5】 已知十进制整数，输出与其相等的八进制整数和十六进制整数。

题目分析：

八进制整数输出使用格式说明%o，十六进制整数输出使用格式说明%x 或%X。

程序如下：

```
#include "stdio.h"
main()
{
    int a=198;
    printf("8jinzhi=%o\n",a);
    printf("16jinzhi=%x\n",a);
    printf("16jinzhi=%X\n",a);
}
```

运行结果为：

```
8jinzhi=306
16jinzhi=c6
16jinzhi=C6
```

（3）输出一个字符。一个字符既可以作为一个字符输出，也可以作为一个整数（该字符对应的 ASCII 码）输出；反之，一个整数，只要它在 0～255 范围内，也可以将该整数作为 ASCII 码的相应字符输出。

【例 3.6】 输出字符举例。

题目分析：

字符输出使用格式说明%c。

程序如下：

```
#include "stdio.h"
main()
{
    char c='M';
    int j=81;
```

```
    printf("%c,%d\n",c,c);
    printf("%c,%d\n",j,j);
}
```

运行结果为：

```
M,77
Q,81
```

（4）输出字符串。

【例 3.7】 输出字符串举例。

题目分析：

字符串输出使用格式说明%s。

程序如下：

```
#include "stdio.h"
main()
{
    printf("%s%s\n","CHINA"," IS A GREAT COUNTRY!");
}
```

运行结果为：

```
CHINA IS A GREAT COUNTRY!
```

输出的字符串不包括引号。

3．printf 函数的附加格式说明字符

在格式说明中，%和上述格式字符之间可以带有附加格式说明字符（又称修饰符）。

printf 函数的附加格式说明字符（修饰符）列于附录 F。这里只介绍常用的下述两点，其他可查阅附录 F。

（1）%md 表示输出十进制整数的最小宽度为 m 位，即输出字段的宽度至少占 m 列，右对齐，数据少于 m 位则在左端补空格（或 0）使之达到 m 位；数据超过 m 位则 m 不起作用，按数据的实际位数输出，以保证数据的正确性。数据前要补 0，则在 m 前面加个 0。

例如：若 k=18，p=31689，则：

```
printf("%6d",k);          输出结果为:␣␣␣␣18
printf("%4d",p);          输出结果为:31689
```

类似地还有%mc、%mo、%mu、%ms 等。

（2）%m.nf 表示输出数据为小数形式，m 为总宽度（包括小数点），n 为小数部分的位数。小数长度不够则补 0，小数部分超过 n 位，则 n+1 位向 n 位四舍五入；整个数据小于 m 位左补空格，超过 m 位，则 m 不起作用，按数据的实际位数输出。

例如：若 x=123.45，y=123.456，z=－123.45，则：

```
printf("x=%10.4f",x);     输出结果为:x=␣␣123.4500
printf("y=%10.2f",y);     输出结果为:y=␣␣␣␣123.46
printf("z=%4.2f",z);      输出结果为:z=-123.45
```

4. 使用 printf 函数时的注意事项

使用 printf 函数时需要注意以下几点：

（1）在格式控制字符串中，格式说明与输出表列中的参数个数应该相同。若格式说明的个数少于参数的个数，多余的参数不予输出；若格式说明的个数多于参数的个数，则多余的参数将输出不定值或零值。

（2）在格式控制字符串中，格式说明与输出表列中的参数从左到右在类型上必须一一匹配。若不匹配将导致数据不能正确输出（输出数据的类型由格式说明确定），这时，系统并不报错。例如：

【例 3.8】 格式说明与输出表列不匹配的情况举例。

```
#include "stdio.h"
main()
{
    char c='M';
    int j=81;
    printf("%d\n",c);
    printf("%c\n",j);
}
```

运行结果为：

```
77
Q
```

解释说明：

- 定义变量 c 为 char 型，输出时应以%c 的格式输出，用%d 的格式则不匹配。
- 定义变量 j 为 int 型，输出时应以%d 的格式输出，用%c 的格式则不匹配。

（3）在格式控制字符串中，可以包含任意的合法字符（包括转义字符），这些字符在输出时将原样输出。

（4）若想输出字符“%”，则需在格式说明中用连续的两个“%”表示，例如：

```
printf("%f%%\n",25.3);
```

输出结果为：

```
25.300000%
```

3.3.2 格式输入函数——scanf 函数

1. scanf 函数的一般格式

scanf 函数的一般格式如下：

scanf (格式控制字符串,地址表列);

例如：

```
scanf("%d,%f",&a,&b);
```

说明：

（1）格式控制字符串必须用双引号括起来。格式控制字符串由两类不同的内容组成。

第一类是普通字符。输入数据时，必须在对应位置上原样输入。

第二类是格式说明。scanf 函数中的格式说明与 printf 函数类似，由“%”和格式字符组成（也可以在其中间加入修饰符），如%d 等。它指定要输入的数据的格式。

（2）地址表列是接收输入数据的变量的存储单元地址，或字符串的首地址。变量的地址由“&”加变量名组成，如上例中的&a 和&b，这里 scanf 函数的作用是将从键盘输入的数据存入变量地址中。地址表列中地址的个数超过一个时用逗号分隔。地址表列和格式说明在个数和类型上要一一匹配。

下面是一个输入的例子：

```
scanf("%d,%f",&a,&b);
```

若从键盘上输入：

```
18,22.567↙
```

则 18 存入变量 a 的地址中（a 得到 18），22.567 存入变量 b 的地址中（b 得到 22.567）。

2．scanf 函数的格式字符和附加格式说明字符

scanf 函数中的格式字符如表 3.2 所示。scanf 函数的附加格式说明字符（修饰符）列于附录 G。

表 3.2　　scanf 函数的格式字符

输入类型	格式字符	说　明
整型数据	d，i	输入带符号的十进制整数
	o	输入无符号的八进制整数（可以带前缀 0，也可以不带）
	u	输入无符号的十进制整数
	x，X	输入无符号的十六进制整数（可以带前缀 0x 或 0X，也可以不带），大小写作用相同
字符型数据	c	输入一个字符
	s	输入一个字符串，将字符串送到一个字符数组中。输入时以非空白字符开始，以第一个空白字符结束。字符串以串结束标志‘\0’作为其最后一个字符
实型数据	f	以小数形式或指数形式输入实数
	e，E，g，G	与 f 作用相同，e 与 f、g 可以互相替换（大小写作用相同）

说明：

（1）当从键盘输入数据（不是字符型数据）时，如无普通字符，输入数据之间可用隐含分隔符隔开。隐含分隔符有空格（一个或多个）、Enter 键、Tab 键。

例如，假设 a、b、c 为整型变量，要使它们分别得到值 10、20、36。使用以下输入语句：

```
scanf("%d%d%d",&a,&b,&c);
```

可从键盘进行如下输入：

```
a.	10␣20␣36↙
b.	10↙
	20␣36↙
c.	10␣␣20↙
```

36↙

d. 10(按【Tab】键)20↙

36↙

e. 10↙

20↙

36↙

注意：其中空格“␣”可以是一个也可以是若干个。

（2）若在格式控制字符串中插入其他字符（例如逗号等），则在输入时，要求按一一对应的位置原样输入这些字符。

例如，若有以下输入语句：

scanf("%d,%d",&a,&b);

可从键盘输入：

10,20↙

而输入：

10␣20↙或 10:20↙

是错误的。

（3）关于输入字符型数据时，转义字符和隐含分隔符的使用问题。

1）字符和字符之间不能使用转义字符和隐含分隔符。在用“%c”输入多个字符型数据时，数据之间不可以使用转义字符和隐含分隔符（空格键、【Enter】键、【Tab】键），因为系统此时会把转义字符、隐含分隔符作为字符型数据送给字符变量。例如：

scanf("%c%c",&x,&y);

使 x 得到 a，y 得到 b。若输入：

ab↙

则正确。若输入：

a␣b↙

则不正确。此时，x 得到 a，y 得到␣。

2）数字和字符之间能不能使用转义字符和隐含分隔符，要视情况而定。例如：

scanf("%d%c",&x,&y);

使 x 得到 68，y 得到 b。若输入：

68b↙

则正确。若输入：

68␣b↙

则不正确。此时，x 得到 68，y 得到␣。

scanf("%c%d ",&x,&y);

使 x 得到 b，y 得到 68。输入：

b␣68↙或 b68↙

都正确。为保险起见，字符和字符之间、数字和字符之间不要使用转义字符和隐含分隔符。

（4）如果指定了输入数据的宽度，系统将自动按此宽度截取所需的数据。例如：

```
scanf("%3d%3d%2d",&a,&b,&c);
```

输入：

12345678↙

则 123 赋给 a，456 赋给 b，78 赋给 c。

但是，在输入实数时，不能规定小数位。例如：

```
scanf("%10.4f",&p);
```

是错误的。

（5）一个格式说明中出现“*”时，表示读入该类型的数据不赋给某个变量（相当于跳过该数据）。

【例 3.9】 “*”的使用举例。

```
#include "stdio.h"
main()
{
    int a,b;
    scanf("%3d%*2d%4d",&a,&b);
    printf("a=%d,b=%d\n",a,b);
}
```

输入：

987654321↙

运行结果为：

a=987,b=4321

解释说明：

变量 a 得到 987，65 跳过，变量 b 得到 4321。

（6）输入数据时，遇到下述情况认为该数据结束。

1）遇到空格键、【Enter】键或【Tab】键。

2）按指定的宽度结束，例如%4d，只取 4 列。

3）遇到非法输入。例如：

```
scanf("%d%c%f",&a,&b,&c);
```

若输入：

5678p345o.79↙　　(o 是字母,不是数字 0)

则变量 a 得到 5678，变量 b 得到字符 p，变量 c 得到 345（没有得到应该得到的 3450.79）。字母 o 在这里非法。

（7）若有确定数据的最大位数的修饰符 m，当输入数据的位数少于该数 m 时，程序等待输入，直到满足要求或遇到非法字符为止；当输入数据位数多于该数 m 时，多余数据将作为下一个数据读入其他变量。例如：

```
scanf("%3d%3d",&a,&b);
```

输入：

12345↙　　　　(输入数据的位数少于 3+3 位)

则变量 a 得到 123，变量 b 得到 45（遇【Enter】键）。若输入

1␣2345↙

则变量 a 得到 1（遇空格）而不是 12、102 或 123，变量 b 得到 234。例如：

```
scanf("%3d%3d%3d",&a,&b,&c);
```

输入：

1234␣6789↙　　　(输入数据 1234 的位数 4 多于 a 要求的 3 位)

则变量 a 得到 123，后面的 4 读入 a 的后一变量 b（b 读入 4 后遇空格结束），变量 b 得到 4，变量 c 得到 678。

（8）当一行内输入的数据个数小于格式控制字符串的个数时，光标会出现在下一行，等待用户继续输入。C 语言允许在一行内输入的数据个数大于格式控制字符串的个数，这时会把多余的数据留给后面的 scanf 函数使用。

（9）输入长整型数据和 double 型数据时，在%和格式字符之间加 l，如%ld、%lf 等。

3．使用 scanf 函数时的注意事项

使用 scanf 函数时需要注意以下几点：

（1）scanf 函数在格式控制字符串中不使用“\n”等转义字符，例如 scanf("%d%d\n",&x,&y);是错误的。

（2）scanf 函数中用到的是变量的地址而不是变量名。例如 scanf("%d%d",x,y);是错误的。

（3）scanf 函数没有计算功能，输入的数据只能是常量，而不能是表达式。

（4）格式说明和地址表列在类型上要一一匹配。若不匹配，系统并不报错，但不可能得到正确的结果。

（5）格式说明和地址表列在个数上要相同。若格式说明的个数少于地址表列的个数，则 scanf 函数结束输入，多余的地址表列并没得到新数据；若格式说明的个数多于地址表列的个数，则 scanf 函数等待输入。

3.3.3　字符输出函数——putchar 函数

putchar 函数的作用是向屏幕（显示器）输出一个字符。

putchar 函数的一般调用格式如下：

putchar(c);

它将 c 输出到屏幕上。c 既可以是常量，也可以是字符变量、整型变量或表达式。

【例 3.10】 字符数据的输出举例。

```
# include <stdio.h>
main()
{
    char a='y',b='e',c='s';           /* 字符变量*/
    putchar(a);putchar(b);putchar(c);
    putchar('\n');                    /* 转义字符,换行*/

    putchar('P');                     /* 字符常量*/
    putchar(81);                      /* 整型常量,ASCII 码值为 81 的字符 Q */
    putchar('\36');                   /* ASCII 码用八进制表示为 36(十进制为 30)的字符▲*/
    putchar('K'+2);                   /* 表达式,即输出字符 M */
}
```

运行结果为：

```
yes
PQ▲M
```

解释说明：

（1）程序中，将'y'、'e'、's'这 3 个字符分别赋给字符型变量 a、b、c，用 putchar 分别输出这 3 个字符。

（2）执行 putchar('\n');，换行。

（3）执行 putchar('P');，输出大写字母 P。

（4）执行 putchar(81);，输出 ASCII 码值为 81 的字符 Q。

（5）执行 putchar('\36');，输出 ASCII 码用八进制表示为 36（十进制为 30）的字符▲。

（6）执行 putchar('K'+2);，输出 ASCII 码中 K 后的第 2 个字符 M。

3.3.4 字符输入函数——getchar 函数

getchar 函数的作用是接收从键盘输入的一个字符。当程序执行到 getchar 函数时，将等待用户从键盘输入一个字符。

其一般调用格式如下：

getchar();

注意：括号()中间无参数。getchar 函数只接收一个字符。

【例 3.11】 从键盘输入一个字符，把它存入字符型变量 x 中，并输出。

题目分析：

（1）定义变量 x 为 char 型变量。

（2）用 getchar 函数输入，用 putchar 函数输出。当然也可以用 scanf 函数输入，用 printf 函数输出，但不如用 getchar 和 putchar 函数简捷。

程序如下：

```
# include <stdio.h>
main()
{
    char x;
    x=getchar();
```

```
    putchar(x);            /*用 putchar 函数输出*/
}
```

输入：

y↙

运行结果为：

y

解释说明：

getchar 函数得到的字符可以赋给一个字符变量或整型变量，也可以不赋给任何变量，而作为表达式的一部分。

【例 3.12】 从键盘输入一个字符，不赋给任何变量，直接输出举例。

题目分析：

输入后不借助任何变量中转，直接输出，可用 putchar（getchar()）实现。

程序如下：

```
# include <stdio.h>
main()
{
    putchar(getchar());
}
```

输入：

9↙

运行结果为：

9

在这里，9 是一个字符。

请思考：

语句 putchar(getchar());可以用 printf("%c",getchar());代替吗？

3.3.5　数据输入/输出的常用格式

第 3.3.1～第 3.3.4 小节介绍了数据输入/输出的多种格式，但经常用到的格式并不多。大家可以只掌握下述几点，其他的在需要时查阅即可。

（1）printf 掌握：

1）%d，%md，%ld——输出整数，m 位的整数，长整数。

2）%f，%7.2f——输出六位小数的单（双）精度实型数，2 位小数的单（双）精度实型数。

3）%c：输出一个字符。

4）%s：输出一个字符串。

（2）scanf 掌握：

1）%d，%md——输入整数，m 位的整数。

2）%f，%lf——输入单精度实型数，双精度实型数。

3）%c：输入一个字符。

4）%s：输入一个字符串。

（3）putchar：输出一个字符。

（4）getchar：输入一个字符。

3.4 赋 值 语 句

赋值语句属于第 3.2 节中的表达式语句。

赋值语句由赋值表达式加上一个分号构成。例如：

```
a=3.14159
```

是赋值表达式，而

```
a=3.14159;
```

则是赋值语句。

```
a=1,b=2
```

是两个赋值表达式，而

```
a=1,b=2;
```

则是赋值语句。

C 语言中可由形式多样的赋值表达式构成赋值语句，用法非常灵活。例如：

```
i++;a+=3; x/=y-8;x%=(y+3);
```

等都是合法的赋值语句。

要注意变量定义中赋初值和赋值语句的区别：在变量定义中，不允许连续给变量赋初值，而赋值语句允许连续赋值。例如：

```
int x=y=z=25;
```

是错误的声明方式（写成 int x=25,y=25,z=25;是正确的）。而

```
int x,y,z;
x=y=z=25;
```

则是正确的赋值方式。根据赋值运算符的自右至左的结合方向，赋值语句：

```
x=y=z=25;
```

相当于：

```
x=(y=(z=25));
```

3.5 应 用 举 例

【例 3.13】 编写一个程序，分别输入一个八进制、十进制和十六进制数，将这 3 个数

相加，以十进制的形式输出。

题目分析：

（1）前面学习了数据输入、输出的知识，大家已经知道如何输入八进制、十进制和十六进制数，也知道如何输出十进制数。本题可以根据前面所学的知识输入、输出。

（2）数据求和很简单，用加号即可。

（3）如何完成本题要求的目标？不要忘了，必须首先定义所需的变量，然后才是数据输入、计算（中间处理）、输出结果（数据输出）。

程序如下：

```
#include "stdio.h"
main()
{
    int a,b,c,d;
    printf("Please input three numbers %o %d %x: \n");    /*提示分别以八、十、十六进制输入 3 个数,3
                                                            个数之间用空格分隔*/
    scanf("%o%d%x",&a,&b,&c);
    d=a+b+c;
    printf("The Input is %o %d %x \n",a,b,c);          /*分别以八、十、十六进制输出 a、b、c 的值*/
    printf("%d   %d   %d\n",a,b,c);                    /*分别以十进制输出 a、b、c 的值*/
    printf("sum=%d\n",d);
}
```

某次输入为：

```
Please input three numbers:
12␣34␣7a↙
```

输出结果为：

```
The Input is 12 34 7a
10   34   122
sum=164
```

【例 3.14】 从键盘输入一个大写字母，把它转化为小写字母后输出。

题目分析：

（1）数据输入、输出类似于［例 3.13］。

（2）本题的关键是获得小写字母和大写字母的 ASCII 码值之差。查附录 A 可知，小写字母在大写字母之后，且同一个字母的 ASCII 码值小写字母比大写字母大 32，若大写字母用变量 c1 表示，小写字母用变量 c2 表示，则 c2=c1+32，这是一种方式；另一种方式是 c2=c1+'a' –'A'，请考虑这是为什么？

程序如下：

```
#include "stdio.h"
main()
{
    char c1,c2;
    printf("Please input c1:\n");          /*提示给 c1 输入值*/
    scanf("%c",&c1);
```

```
    c2=c1+'a'-'A';                    /*'a'-'A'为同一个小写字母和大写字母的ASCII码之差*/
    printf("Upper=%c,Lower=%c",c1,c2);
}
```

运行结果为：

```
E↙
Upper=E,Lower=e
```

请思考：

如果从键盘输入一小写字母，把它转化为大写字母后输出，程序应怎样改动？

【例3.15】 输入三角形的3条边长，求三角形的面积（这里假设输入的3条边能构成三角形）。结果保留2位小数。

题目分析：

（1）在第1章的开篇语中曾说过，要通过学习程序设计语言，了解用计算机解决问题的一般方法，掌握程序设计的思路和基本方法，掌握编写和调试简单应用程序的方法，养成利用计算机解决工作、生活中的实际问题的习惯，提高计算机方面的能力和素质。本题目就是一个简单的工作、生活中的实际问题。这个问题如何通过C语言程序设计解决呢？

（2）首先要明确三角形面积的计算公式。从数学知识可知，三角形面积的一个计算公式如下：

$$s=(a+b+c)/2$$

$$area=\sqrt{s(s-a)(s-b)(s-c)}$$

（3）从数学知识可知，并不是任意长度的3条边都能构成三角形，但受目前所学的C语言知识的限制，还不能在程序中检查3条边能否构成三角形。因此，这里需要假设输入的3条边能构成三角形。

（4）由面积公式可知，需要开平方。C语言如何开平方呢？由附录D可知，开平方的数学函数是sqrt。

程序如下：

```
#include <stdio.h>
#include <math.h>                                   /*sqrt 函数要求*/
main()
{
    float a,b,c,s,area;
    printf("Please input a,b,c:\n");                /*提示给 a,b,c 输入值,值之间用逗号分隔*/
    scanf("%f,%f,%f",&a,&b,&c);
    s=(a+b+c)/2;
    area=sqrt(s*(s-a)*(s-b)*(s-c));
    printf("a=%6.2f,b=%6.2f,c=%6.2f\n",a,b,c);      /*以 2 位小数的格式输出结果*/
    printf("area=%6.2f\n",area);                    /*以 2 位小数的格式输出结果*/
}
```

某次运行结果为：

```
Please input a,b,c:
3,4,6↙
```

```
a=   3.00,b=   4.00,c=   6.00
area=   5.33
```

由于 sqrt 函数的原型在 math.h 头文件中。因此必须在程序头部使用文件包含命令#include "math.h"或#include <math.h>。

请思考：

（1）area=sqrt(s*(s–a)*(s–b)*(s–c));可以写成 area=sqrt(s(s–a)(s–b)(s–c));吗？

（2）程序中定义 a，b，c 3 个变量为 float 型，为什么运行时输入 3，4，6 这 3 个 int 型数仍然可行？

习　题　3

一、给出下列程序段的输出结果

1．
```
int m=15,n=96;
printf("m=%d,n=%d%%\n",m,n);
```

2．
```
float m=–7.68;
printf("m=%5.2f,|m|=%6.2f\n",m,–m);
```

3．
```
double x=123.456789;
printf("x=%8.6f,x=%8.2f,x=%14.8f,x=%14.8lf\n",x,x,x,x);
```

二、分析下列程序，并给出运行结果

1．
```
#include "stdio.h"
main()
{   int a,b;
  float x;
  scanf("%d,%d",&a,&b);            /*输入 45,21*/
  x=(a+b)/(a–b);
  printf("x=%f",x);
}
```

2．
```
#include "stdio.h"
main()
{   char c1,c2;
  scanf("%c%c",&c1,&c2);           /*输入 M 和 S*/
  ++c1;
  ––c2;
  printf("c1=%c,c2=%c",c1,c2);
  c1++;
  c2––;
  printf("c1=%c,c2=%c",c1,c2);
}
```

三、编程题

1. 编写程序，输入长方体的边长，输出其表面积和体积。
2. 编写程序，输入实数 a 和 b 的值，将其立方差输出。

3. 编写程序，输入某学生 5 门课的成绩，求出平均成绩。要求平均成绩保留小数点后2位。

4. 输入两个正整数，求它们相除所得的商，商的整数部分、小数部分及余数。例如17除以2，其商为8.5，商的整数部分为8，小数部分为0.5，余数为1。

5. 1海里=1852千米，已知广州到新加坡约1530海里，其距离是多少千米？

6. 输入x，求 $y=(2x+3.5)(3x^3+6x^2+8.3)$ 的值。

7. 求一个4位正整数的后两位数值。例如，对于4位正整数5678，后两位数值是78。

第 4 章 选择结构程序设计

在程序设计中含有选择结构的问题是大量存在的。例如，如果考试成绩大于等于 60 分，则该课程考试通过；如果小于 60 分，则该课程需要补考。如果考试成绩大于等于 90 分，则该课程成绩为优秀；如果大于等于 80 分且小于 90 分，则该课程成绩为良好；如果大于等于 70 分且小于 80 分，则该课程成绩为中等；如果大于等于 60 分且小于 70 分，则该课程成绩为及格；如果小于 60 分，则该课程成绩为不及格。再例如，如果月工资扣除三险一金（养老保险、失业保险、医疗保险和住房公积金）后高于 3500 元，要纳税，否则不纳税。

再例如，

$$y = |x| + |x-3| = \begin{cases} 2x-3 & (当x \geqslant 3) \\ 3 & (当0 \leqslant x < 3) \\ 3-2x & (当x < 0) \end{cases}$$

以及求一元二次方程的根等。

在程序设计中，当需要根据实际情况进行分支选择的时候就用到选择结构。为了进行选择，需要弄清下面两个方面：

（1）用合法表达式正确地描述判断条件（例如描述上面的 $x \geqslant 3$、$0 \leqslant x<3$ 和 $x<0$），看条件是否成立，而为了描述条件，就要进行关系运算和逻辑运算。

要弄清关系运算符和逻辑运算符有哪些，如何进行关系运算和逻辑运算。

（2）运用分支选择的控制语句。要弄清控制语句有哪些，各适合于什么情况。

因此，本章先介绍关系运算和逻辑运算的有关内容，再介绍 if 语句、switch 语句等选择结构的语法规则，然后运用它们解决实际问题。

4.1 关系运算符和关系表达式

关系运算是逻辑运算中比较简单的一种。关系运算就是比较运算。

4.1.1　关系运算符及其优先顺序

C 语言中的关系运算符共有 6 种，它们是：

- <　小于
- <=　小于等于
- >　大于
- >=　大于等于
- ==　等于
- !=　不等于

以上关系运算符都是双目运算符，具有“自左至右”的结合性。

关于优先次序：

（1）以上运算符中，前 4 种运算符的优先级相同，后 2 种的优先级相同，且前 4 种的优先级高于后 2 种。

（2）关系运算符的优先级低于算术运算符（+、–、*、/、%）。

（3）关系运算符的优先级高于赋值运算符（=）。优先级次序如图 4.1 所示。

算术运算符（高）

关系运算符

赋值运算符（低）

图 4.1　优先级的高低

例如：

```
c<a+b      等价于  c<(a+b)
a<b= =c    等价于  (a<b)= =c
a= =b<c    等价于  a= =(b<c)
a=b>c      等价于  a=(b>c)
```

这里需要注意的是，不要把关系运算符“==”和赋值运算符“=”混淆。其中，“==”是关系运算符，仅用于比较操作，不进行赋值运算，而“=”是赋值运算符，主要用于赋值操作。

4.1.2　关系表达式

由关系运算符将两个表达式连接起来的有意义的式子称为关系表达式。例如，u>v、x+y<=z、a–b>=9.8、a!=b+c 等都是合法的关系表达式。

关系表达式的值是一个逻辑值，即“真”或“假”。C 语言编译系统在给出表达式运算结果时，以 1 表示“真”，以 0 表示“假”。例如，关系表达式–7.8<=5 为“真”，其表达式的值（运算结果）为 1；关系表达式 6>18 为“假”，其表达式的值为 0。

可以将关系表达式的运算结果（0 或 1）赋给一个整型变量或一个字符型变量。例如，当整型变量 x=100，y=200 时，下面的赋值语句将 1 赋给整型变量 c：

```
c=x<y;
```

需要注意的是，在判断两个浮点数 a、b 是否相等时，由于存储上的误差，有可能得出错误的结果，因此 a、b 相等一般不写为 a==b，而写为：

fabs(a–b) <1e–5 或 fabs(a–b) <1e–6

其中，fabs 是求绝对值的函数。

4.2 逻辑运算符和逻辑表达式

关系运算只能解决简单的逻辑问题，例如，a<=5.0。但对复杂的逻辑问题，例如，0≤x<3却无能为力。对该问题只能用逻辑运算来解决，例如，0≤x<3 可表示为 0<=x && x<3。

4.2.1 逻辑运算符及其优先顺序

C 语言提供了如下 3 种运算符：

&& 逻辑与
|| 逻辑或
! 逻辑非

“&&”和“||”结合性“自左至右”，“!”结合性“自右至左”。

“&&”和“||”是双目运算符，有两个操作数（运算对象），如(a<b)&&(x>y)、(a<b)||(x>y)。“!”是单目运算符，有一个操作数，如!(a<b)。

（1）上述运算符的运算规则如下：

1）a&&b：当 a、b 都为“真”时，则 a&&b 为“真”，其他情况运算结果都为“假”。

2）a||b：只有当 a、b 都为“假”时，运算结果才为“假”，其他情况运算结果都为“真”。

3）!a：当 a 为“真”时，运算结果为“假”，当 a 为“假”时，运算结果为“真”。

见表 4.1 给出了上述 3 种逻辑运算的真值表。用它表示 a 和 b 为不同组合时，各种逻辑运算所得到的值，其中 a、b 是两个操作数。

表 4.1　　逻辑运算的真值表

a	b	!a	!b	a && b	a || b
真	真	假	假	真	真
真	假	假	真	假	真
假	真	真	假	假	真
假	假	真	真	假	假

（2）关于优先级别如下：

1）“!”高于“&&”，“&&”高于“||”。

2）优先级由高到低依次为“!”、算术运算符、关系运算符、“&&”、“||”和赋值运算符，如图 4.2 所示。

! （高）
算术运算符
关系运算符
&&
||
赋值运算符（低）

图 4.2　优先级的高低

例如：

```
a<b&&x>y      等价于(a<b)&&(x>y)
a==b||x==y    等价于(a==b)||(x==y)
!a||a>b       等价于(!a)||(a>b)
```

4.2.2 逻辑表达式

用逻辑运算符将关系表达式或逻辑量连接起来的有意义的式子称为逻辑表达式。

逻辑表达式的值是一个逻辑值，即“真”或“假”。C 语言编译系统在给出逻辑运算结果时，以 1 表示“真”，以 0 表示“假”；但在判断一个量（运算量，例如表达式）是否为“真”时，以非 0 表示“真”（即将一个非 0 的数值作为“真”），以 0 表示“假”。例如，在逻辑表达式(3+5)&&(6−6)中，3+5 是 8，为非 0，作为“真”，6−6 是 0，作为“假”。表达式(3+5)&&(6−6)的左端为“真”，右端为“假”，根据运算规则（表 4-1），其为“假”，值（运算结果）为 0。

可以将逻辑表达式的运算结果（0 或 1）赋给整型变量或字符型变量。例如，当 a=1、b=2、c=3、d=3 时，下面的赋值语句是将 1 赋给整型变量 f:

```
f=(a<=b)&&(c<=d);
```

注意：

（1）在一个“&&”表达式中，若“&&”的左端为 0，则不必再计算其右端。例如，

0&&a==0

（2）在一个“||”表达式中，若“||”的左端为 1，则不必再计算其右端。例如，

1||a==1。

4.3 if 语 句

if 语句有 3 种格式，分别是 if 语句、if…else 语句、else…if 语句。另外还有 if 语句的嵌套。

4.3.1 if 语句与单分支结构

if 语句的格式如下：

if(表达式) 语句

其中“语句”可以是一条语句，也可以是多条语句，如果是多条语句，需要用“{ }”括起来，成为复合语句。

其执行过程为：首先计算 if 后面的圆括号中的表达式的值，如果表达式的值为非零（“真”），则执行其后的语句，然后去执行 if 语句的下一条语句。如果表达式的值为零（“假”），则跳过 if 语句，直接执行 if 语句后的下一条语句。

流程图和 N-S 图如图 4.3 所示。

【例 4.1】 比较两个不相等的整数的大小，将较大的输出。

题目分析：

（1）本题从哪里开始考虑呢？比较两个不相等的整数 a 和 b 的大小，只有 a>b 和 a<b 两种情况。

（2）本题要求输出较大的整数，用单分支结构（即 if 语句）就能实现。如何实现呢？if 语句如何书写？是不是“if(a<b)…”或“if(a>b)…”？

（3）本题需要先给 a，b 赋初值（或用 scanf 函数输入），再比较，后输出。要注意赋

初值（或用 scanf 函数输入）之前必须先定义变量。

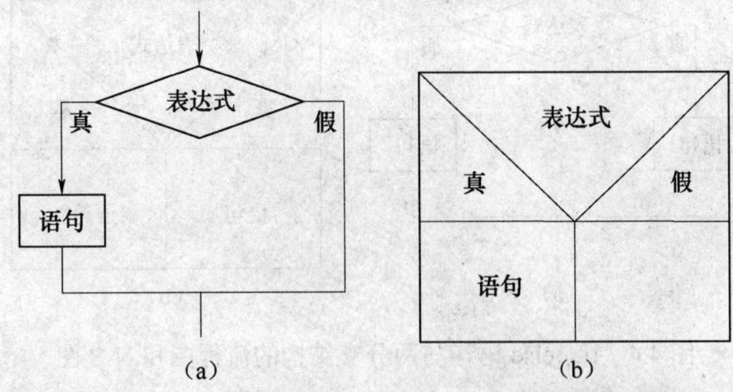

图 4.3 if 语句与单分支结构的流程图和 N-S 图

（a）流程图；（b）N-S 图

程序如下：

```
#include "stdio.h"
main()
{   int a,b,max;
    printf("please input a  b: ");
    scanf("%d%d",&a,&b);          /*这里用 scanf 输入的办法给 a,b 赋值*/
    max=a;                        /*假设 a 为较大者,存入 max 中*/
    if(a<b) max=b;                /*将较大者存入 max 中*/
    printf("The maxnum=%d\n",max);
}
```

某次运行结果为：

```
85  208↙
The maxnum=208
```

请思考：

（1）输入 a 和 b 的数值时，输入 85，208↙对不对？

（2）printf 语句中 The maxnum=的作用是什么？

4.3.2 if...else 语句与两分支结构

if…else 语句的格式如下：

if(表达式) 语句 1
else 语句 2

其执行过程为：首先计算 if 后面的圆括号中的表达式的值，如果表达式的值为非零（“真”），则执行其后的语句 1，否则执行语句 2，然后去执行 if 语句的下一条语句。

流程图和 N-S 图如图 4.4 所示。

【例 4.2】 到银行取出以前的存款时，都要求客户输入存款时设置的密码。当输入密码正确时，显示“Ok!”；否则显示“Error!”，并响铃一声。假定存款时设置的密码是 123890。

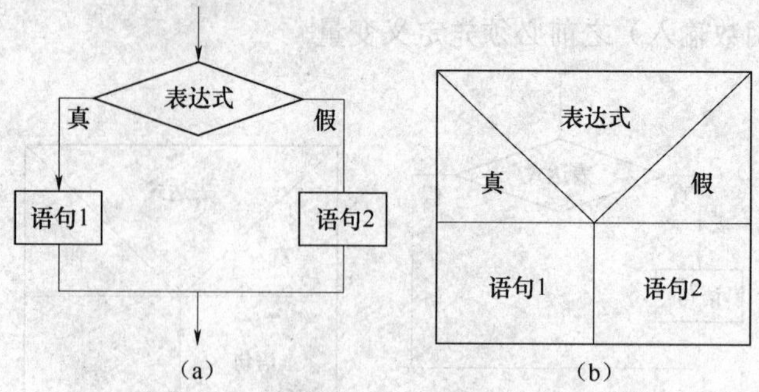

图 4.4　if…else 语句与两分支结构的流程图和 N-S 图

(a) 流程图；(b) N-S 图

题目分析：

(1) 怎样让计算机响铃？由附录 A 和附录 E 可知，响铃可用 printf ("\07")、printf ("\a")、putchar ('\07')或 putchar ('\a')实现。

(2) 本题是哪两个分支呢？显然一个分支是表达式为真，另一个分支是表达式为假。if…else 语句如何书写呢？请自己先写出来，然后参考下面的程序。

程序如下：

```
#include "stdio.h"
main()
{   int key=123890,password;              /*这里用赋初值的办法给 key 值*/
    printf("please input password: ");
    scanf("%d",&password);                /*这里用输入的办法给 password 值*/
    if(key == password)
       printf("Ok!\n");                   /*密码正确,输出 Ok!*/
    else
       printf("Error!\07\n");             /*密码错误,输出 Error!并响铃一声!*/
}
```

第一次运行结果为：

```
123890↙
Ok!
```

第二次运行结果为：

```
123898↙
Error!
```

请思考：

用两分支结构重做【例 4.1】。

4.3.3　else…if 语句与多分支结构

else…if 语句又称多分支 if…else 语句，其格式如下：

```
if(表达式 1) 语句 1
  else if(表达式 2) 语句 2
    else if(表达式 3) 语句 3
```

```
…
else if(表达式 n) 语句 n
    else  语句 n+1
```

其执行过程为：按从上到下的次序逐个进行判断，一旦发现表达式值为非零（“真”），就执行与它有关的语句，并跳过其他剩余的语句结束本 if 语句。若逐一判断却没有一个表达式的值为非零（真），则执行最后一个 else 语句。假如没有最后的 else 语句，那么，将什么也不执行。

流程图和 N-S 图如图 4.5 所示。

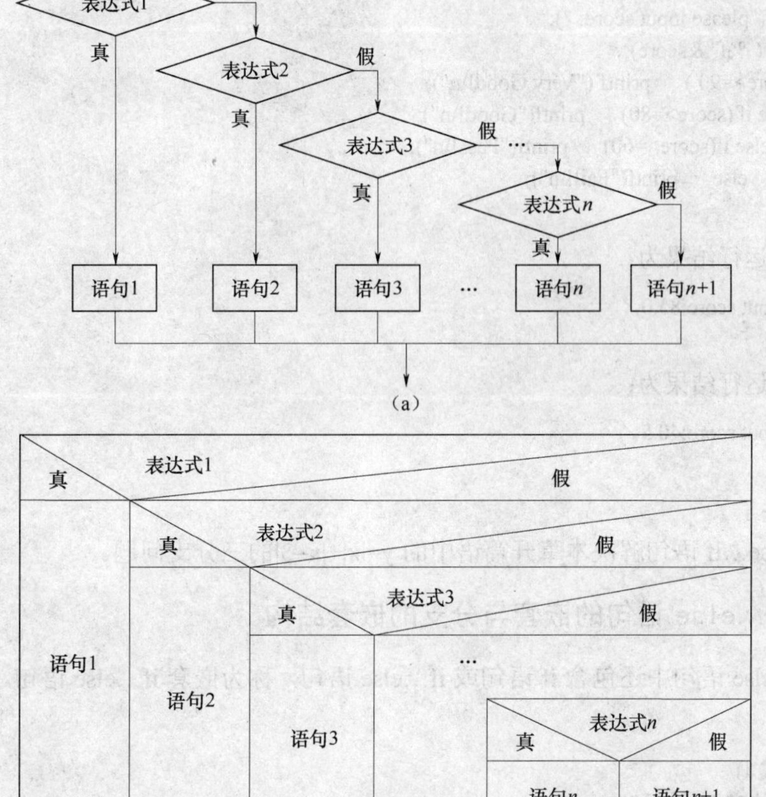

图 4.5 else…if 语句与多分支结构流程图和 N-S 图

（a）流程图；（b）N-S 图

这里需要注意的是：

（1）在 else…if 语句中，程序每运行一次，仅有一个分支的语句能够得到执行。

（2）各个表达式所表示的条件必须是互相排斥的。也就是说，只有表达式 1 为零（“假”）时才会判断表达式 2，只有表达式 2 为零（“假”）时才会判断表达式 3，其余依此类推，只有所有表达式都为零（“假”）时才执行最后的 else 语句。

【例 4.3】 输入一个学生的英语成绩：当成绩≥90.0 时，打印“Very Good!”；当 80.0≤成绩<90.0 时，打印“Good!”；当 60.0≤成绩<80.0 时，打印 Pass；当成绩<60.0 时，打印 Fail!。

题目分析：

显然，这是一个多分支结构，需要使用 else…if 语句。请思考本题的 else…if 语句如何书写？请自己写出来，然后参考下面的程序。

程序如下：

```
#include "stdio.h"
main()
{   float score;
    printf("please input score: ");
    scanf ("%f",&score);
    if(score>=90 )      printf ("Very Good!\n");
       else if (score>=80)      printf("Good!\n");
          else if(score>=60)      printf("Pass!\n");
             else      printf("Fail!\n");
}
```

第一次运行结果为：

```
please input score:85.0↙
Good!
```

第二次运行结果为：

```
please input score:40.5↙
Fail!
```

请思考：

请用 else…if 语句解决本章开篇语中的 y=|x|+|x–3|的三分支问题。

4.3.4　if...else 语句的嵌套与分支的嵌套结构

在 if…else 语句中还包含 if 语句或 if…else 语句，称为嵌套 if…else 语句。其一般格式如下：

```
if(表达式 1)
    if(表达式 2) 语句 1    }
    else 语句 2            }
else
    if(表达式 3) 语句 3    }
    else 语句 4            }
```

它有多种变形的形式。下面只是其中的几种：

（1）if…else 语句嵌套在 if 子句中。

```
if(表达式 1)
    if(表达式 2) 语句 1    }
    else 语句 2            }
else 语句 3
```

（2）if…else 语句嵌套在 else 子句中。

```
if(表达式 1) 语句 1
else
   if(表达式 2) 语句 2
   else 语句 3
```

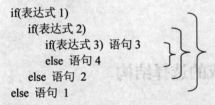

（3）if 语句嵌套在 if 子句中。

```
if(表达式 1)
   {if(表达式 2) 语句 1}
else 语句 2
```

（4）if 语句嵌套在 else 子句中。

```
if(表达式 1) 语句 1
else
   {if(表达式 2) 语句 2}
```

（5）多层嵌套。

```
if(表达式 1)
   if(表达式 2)
      if(表达式 3) 语句 3
      else 语句 4
   else 语句 2
else 语句 1
```

在这些嵌套结构中，一定要注意 if 与 else 的配对关系，即从最内层开始，else 总是与它上面最近的未配对的 if 配对。如果 if 与 else 数目不一样，为了达到程序完成的功能，可以使用“{ }”确定配对关系。例如：

```
if(表达式 1)
   { if(表达式 2) 语句 1 }
else 语句 2
```

这里的 else 与 if(表达式 1) 配对。

如果去掉“{ }”,成为:

```
if(表达式 1)
   if(表达式 2) 语句 1
else 语句 2
```

则 else 与 if（表达式 2）配对，因为 else 与 if（表达式 2）而不是与 if（表达式 1）最近。

注意：为了使嵌套的层次清晰，建议把程序的书写格式写成如上面所示的锯齿状（缩进左对齐）层次格式。

【例 4.4】 将［例 4.3］用 if…else 语句的嵌套来实现。

题目分析：

编写程序时，必须先定义变量，这要养成习惯。定义变量后，接下来才应该进行输入、中间处理、数据输出这些步骤。

程序如下：

```
#include "stdio.h"
main()
{   float score;
    printf("please input score:");
    scanf("%f",&score);
    if(score>=80)
       if(score>=90) printf("Very Good!\n");
       else   printf("Good!\n");
    else
       if(score>=60) printf("Pass!\n");
       else   printf("Fail !\n");
}
```

第一次运行结果为：

```
please input score:85↙
Good!
```

第二次运行结果为：

```
please input score:95↙
Very Good!
```

4.4　条件表达式构成的选择结构

4.4.1　条件运算符

条件运算符“? :”是 C 语言特有的运算符，也是唯一的三目运算符，即运算对象有 3 个。条件运算符的结合方向是“自右至左”。

条件运算符的优先级高于赋值运算符，而低于逻辑运算符、关系运算符和算术运算符。

4.4.2　条件表达式与两分支结构

用条件运算符将表达式连接起来的有意义的式子称为条件表达式。其一般格式如下：

表达式 1 ?表达式 2 :表达式 3

其含义是：先求表达式 1 的值，如果为真（非零），则求表达式 2 的值，并把它作为整个表达式的值；如果表达式 1 的值为假（零），则求表达式 3 的值，并把它作为整个表达式的值。

流程图和 N-S 图如图 4.6 所示。

例如：

```
x=10;
y=x>9 ? 20 : 30;
```

在上述的第二个语句中，条件运算符优先于赋值运算符，=的优先级低，后执行=，所以 y=后面的内容是条件表达式，条件表达式要先执行，表达式 1 即 x>9，因为 x 为 10，所以条件为真，因此取表达式 2 的值 20 作为条件表达式的值并赋给 y。因此 y=x>9 ? 20 : 30;

相当于 y=（x>9 ? 20 : 30）;。

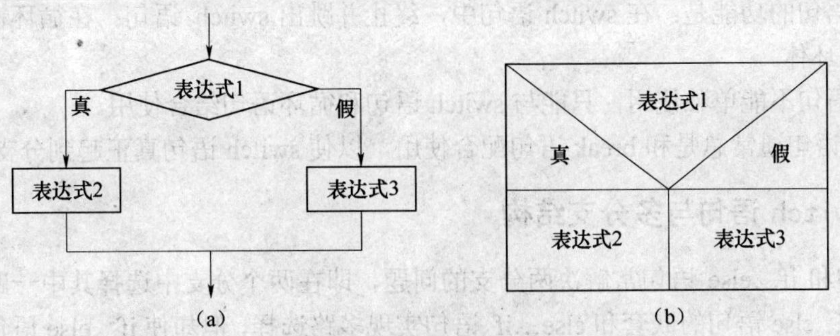

图 4.6 表达式与两分支结构的流程图和 N-S 图

（a）流程图；（b）N-S 图

条件运算符结合性为自右至左，例如：

y=a>b? a:c>d ? c:d;相当于 y=a>b? a:(c>d? c:d);

这也表明可以嵌套，即条件表达式中某个表达式可以是另一个条件表达式。

条件表达式中表达式 1、表达式 2、表达式 3 的类型可以不同。例如：

x>y? 3 : 5.8

该条件表达式中表达式 2、表达式 3 的类型不同，一个是整型，一个是实型。此时表达式的值的类型取二者中较高的类型——实型。如果 x≤y，则条件表达式的值为 5.8；如果 x>y，则条件表达式的值应为 3，由于 5.8 是实型，比整型高，所以将 3 转换成实型值 3.0。

【例 4.5】 给出下列程序的执行结果。

```
#include "stdio.h"
main()
{   int x=100,y=200;
    printf("%d\n",(x>y)?x:y);
}
```

运行结果为：

200

请思考：

（1）这个程序的功能是什么？

（2）如果是求 3 个数的最大值，程序应如何修改？

4.5 switch 语 句

4.5.1 break 语句

break 语句的格式如下：

break;

break 语句的功能是：在 switch 语句中，终止并跳出 switch 语句；在循环语句中，终止并跳出循环体。

break 语句不能单独使用，只能与 switch 语句和循环语句结合使用。

switch 语句通常总是和 break 语句配合使用，以使 switch 语句真正起到分支的作用。

4.5.2 switch 语句与多分支结构

if 语句和 if…else 语句常解决两分支的问题，即在两个分支中选择其中一路执行。虽然可通过 if…else 语句的嵌套和 else…if 语句实现多路选择，但却使 if…else 语句的嵌套层次太多，降低了程序的可读性。C 语言中的 switch 多分支结构，提供了更方便地进行多路选择的功能。

1. switch 语句的不常用格式（无 break）

switch 语句的不常用格式如下：

```
switch(表达式)
{
  case 常量表达式 1:语句 1
  case 常量表达式 2:语句 2
  …
  case 常量表达式 n:语句 n
  default:语句 n+1
}
```

流程图和 N-S 图如图 4.7 所示。

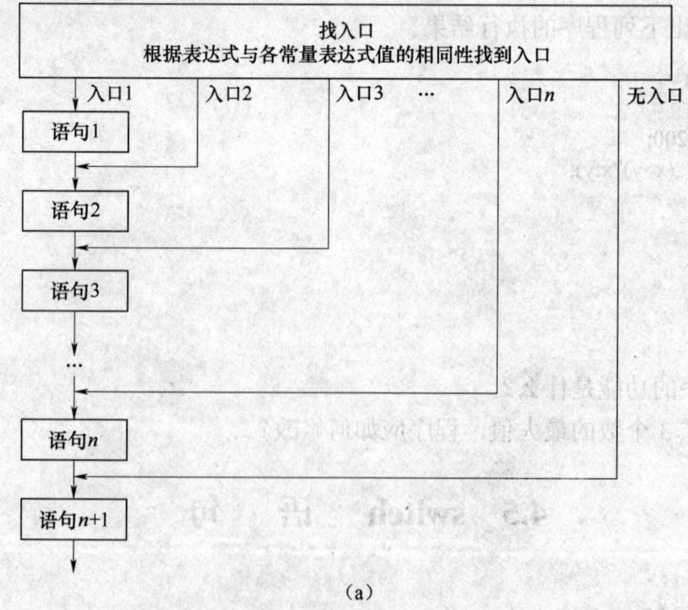

(a)

图 4.7 switch 语句（无 break）与多分支结构的流程图和 N-S 图（一）

（a）流程图

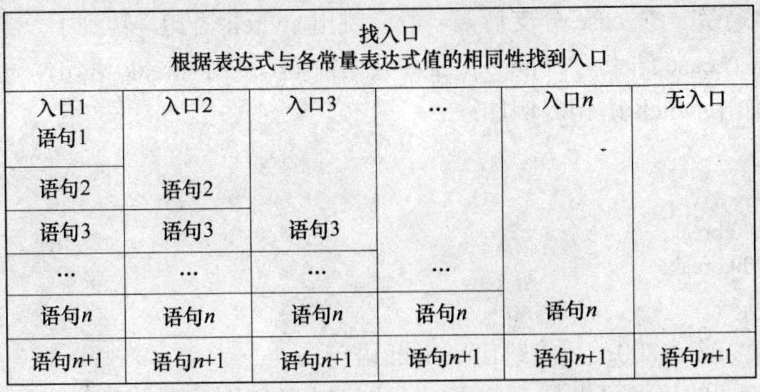

找入口 根据表达式与各常量表达式值的相同性找到入口					
入口1 语句1	入口2	入口3	…	入口n	无入口
语句2	语句2				
语句3	语句3	语句3			
…	…	…	…		
语句n	语句n	语句n	语句n	语句n	
语句n+1	语句n+1	语句n+1	语句n+1	语句n+1	语句n+1

（b）

图 4.7　switch 语句（无 break）与多分支结构的流程图和 N-S 图（二）

（b）N-S 图

switch 语句的执行过程为：switch 语句把表达式的值同多个 case 后面的常量表达式的值进行相同性检查，找到相同者，则执行其冒号后的语句，并从这个入口一直执行下面所有冒号后的语句，直到 switch 语句结束。如果执行一个或几个冒号后的语句就跳出 switch 语句，则必须在跳出处使用 break 语句。如果 switch 语句找不到与表达式的值相匹配的 case 常量表达式，则执行 default 后面的语句直到结束（如果没有 default，则什么也不执行）。

使用 switch 语句时应注意以下几个问题：

（1）switch 后面括号内表达式的数据类型应当与 case 后面常量表达式的数据类型一致。

（2）switch 后面括号内的表达式和 case 后面的常量表达式的类型，只能是整型、字符型或枚举型。

（3）同一个 switch 语句中的所有 case 后面的常量表达式的值都必须互不相同，否则就会出现矛盾的情况。

（4）switch 语句中的 case 和 default 的出现次序是任意的。也就是说，default 也可以位于 case 的前面，且 case 的次序不要求按常量表达式的值的顺序排列。

（5）switch 语句中的“case 常量表达式”部分，只起标号作用，而不进行条件判断。所以，在执行完某个 case 后面的语句后，将自动转到该语句后面的语句去执行，直到遇到 switch 语句的右花括号或 break 语句为止。例如：

```
switch(n)
{
  case 1: a=100;
  case 2: a=200;
}
```

当 n=1 时，将连续执行下面两条语句：

```
a=100;
a=200;
```

所以，在执行完一个 case 分支后，一般应跳出 switch 语句，转到下一条语句执行。这样一来，可在一个 case 结束后、下一个 case 开始前插入一个 break 语句，一旦执行到 break 语句，将立即跳出 switch 语句。例如：

```
switch(n)
{
  case 1: a=100;break;
  caes 2: a=200;break;
}
```

执行 a=100；或 a=200；后将跳出 switch 语句。

（6）每个 case 的后面可以是一条语句，也可以是多条语句。

（7）多个 case 语句的后面可以共用一组执行语句。例如：

```
switch(n)
{
  case 1:
  case 2: a=100;break;
  ...
}
```

它表示当 n=1 或 n=2 时，都执行下列两条语句：

```
a=100;
break;
```

2．switch 语句的常用格式（有 break）

switch 语句的常用格式是指每一个入口的语句后都有一个 break 语句。其格式如下：

```
switch(表达式)
{
  case 常量表达式 1:语句 1;break;
  case 常量表达式 2:语句 2;break;
  ...
  case 常量表达式 n:语句 n;break;
  default:语句 n+1[;break;]
}
```

流程图和 N-S 图如图 4.8 所示。其执行过程是每当执行对应的一个入口中的语句后，都跳出 switch 语句。如果 default 位于 switch 的最后，default 后面的 break 语句可以省略；如果 default 位于其他位置，则不能省略。

【例 4.6】 编写一个可由用户输入简单表达式的程序（如 3.4+196.7），形式如下：

number1　operator　number2

该程序要计算该表达式并以两位小数显示结果（其中要识别的运算符 operator 为加、减、乘或除）。

题目分析：

（1）这是一个很实际的问题。相当于编写一个程序，用于核对事先做出的加、减、乘、除运算的结果是否正确。如何编写呢？

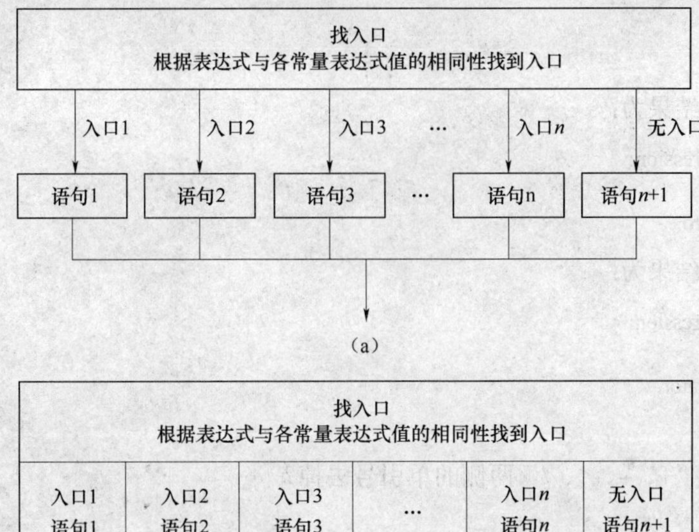

图 4.8 switch 语句（有 break）与多分支结构的流程图和 N-S 图

（a）流程图；（b）N-S 图

（2）这个题目要设置 5 个分支（比加、减、乘、除 4 个分支多 1，为什么？），用 switch 语句很方便。当然也可以使用 if…else 或 else…if 等完成，但不如用 switch 简捷明了。

程序如下：

```
#include "stdio.h"
main()
{
  float number1,number2;
  char operator;
  printf("Input your expression:\n");
  scanf("%f%c%f",&number1,&operator,&number2);
  switch(operator)
  {
    case  '+':  printf("%.2f\n",number1+number2);break;
    case  '–':  printf("%.2f\n",number1–number2);break;
    case  '*':  printf("%.2f\n",number1*number2);break;
    case  '/' : if(number2==0.0)
                    printf("Division by zero. \n");
                else
                    printf("%.2f\n",number1/number2);
                break;
    default:    printf("Unknown operrator.\n");
  }
}
```

第一次运行结果为：

```
Input your expression:
```

```
123.5+59.3↙
182.80
```

第二次运行结果为：

```
Input your expression:
198.7/0↙
Division by zero.
```

第三次运行结果为：

```
Input your expression:
125&28↙
Unknown operator.
```

请思考：

是否可以将“+、–、*、/”两侧的单引号去掉？

4.6 goto 语句和标号

goto 语句为无条件转向语句，程序中使用 goto 语句时要求和标号配合，其一般格式如下：

goto　标号;

下面需有一句：

标号:语句

其中，标号用标识符表示，其命名规则与变量名相同，即由字母、数字和下划线组成，其中第一个字符必须是字母或下划线，不能是数字，更不能用整数作为标号。例如：goto label；是合法的，而 goto 1000；是非法的。

goto 语句的功能是：把程序控制转移到标号处，使程序从指定标号处的语句继续执行。

【例 4.7】 编写程序，采用 goto 语句计算 1+2+3+…+10。

题目分析：

（1）需要定义 2 个变量，例如 a 和 sum，用 a 表示某一项，用 sum 表示和。应设 a 的初值为 1，sum 的初值为 0。

（2）变量 a 从 1～10 逐个相加：开始时 a=1，当 a≤10 时，相加，然后 a 加 1，程序转移到标号 LOOP 处继续执行；当 a>10 时，不再相加，输出计算结果 sum。

（3）标号 LOOP 设置在判断 a≤10 之前。

程序如下：

```
#include "stdio.h"
main()
{
    int a=1,sum=0;
    LOOP:
    if(a<=10)
    {
```

```
        sum=sum+a;
        a=a+1;
        goto LOOP;
    }
    printf("sum=%d\n",sum);
}
```

运行结果：

```
sum=55
```

C 语言规定，goto 语句的使用范围仅局限于函数内部，不允许在一个函数中使用 goto 语句把程序控制转移到其他函数之内。

这里需要强调指出的是，滥用 goto 语句将使程序流程无规律、可读性差，因此结构化的程序设计方法应有限制地使用 goto 语句。

4.7 应 用 举 例

【例 4.8】 从键盘输入 3 个实数，分别存入变量 a、b、c 中，通过比较按从大到小的顺序输出。

题目分析：

对 3 个实数比较大小，3 个实数的大小关系比两个数的大小关系复杂。采取什么思路较为清楚、恰当呢？是否可以这样做：先通过比较将最大的数存入变量 a，再通过比较将次大的数存入变量 b，剩下的存入变量 c。

程序如下：

```
#include "stdio.h"
main()
{
    float a,b,c,temp;
    printf("please input a    b    c: ");
    scanf("%f%f%f",&a,&b,&c);
    if(a<b)
      { temp=a;a=b;b=temp;}
    if(a<c)
      { temp=a;a=c;c=temp;}                    /*至此,最大数存入了 a*/
    if(b<c)
      { temp=b;b=c;c=temp;}                    /*至此,次大数存入了 b,相应地最小数存入了 c*/
    printf ("%f,%f,%f\n",a,b,c);
}
```

第一次运行结果为：

```
2.4   6.5   8.6↙
8.600000,6.500000,2.400000
```

第二次运行结果：

```
500   987   300↙
```

987.000000,500.000000,300.000000

请思考：

（1）画出描述算法的流程图或 N-S 图。

（2）还有其他的编程方法吗？

【例 4.9】 任意输入一个非零整数，判断其正负和奇偶性。

题目分析：

本题的关键是：整数的奇偶性如何表达？能被 2 整除的是偶数，不能被 2 整除的是奇数。用 C 语言的什么运算符表达？自然应该想到求余运算符%。若整数用变量 num 表示，则当 num%2==0 时，num 是偶数，当 num%2==1 时，num 是奇数。

程序如下：

```
#include "stdio.h"
main()
{
    int num;
    printf("Please input a int number:");
    scanf("%d",&num);
    if(num>0)
    {
      if(num%2==1)
        printf("%d is a positive odd.\n",num);
      else
        printf("%d is a positive even.\n",num);
    }
    else
    {
      if(num%2==0)
        printf("%d is a negative even.\n",num);
      else
        printf("%d is a negative odd.\n",num);
    }
}
```

第一次运行结果为：

```
Please input a int number:11↙
11 is a positive odd.
```

第二次运行结果为：

```
Please input a int number:–12↙
–12 is a negative even.
```

请思考：

本题还有其他编程方法吗？

【例 4.10】 输入一个字符，判断是字母、数字还是特殊字符。

题目分析：

是字母如何表达？是数字如何表达？这是关键。请写出其表达式。

程序如下：

```
#include <stdio.h>
main()
{
    char ch;
    printf("Please input a character:");
    ch=getchar();
    if((ch>='a' && ch<='z') || (ch>='A' && ch<='Z'))
        printf("It is a alpha!\n");
    else if(ch>='0' && ch<='9')
            printf("It is a number!\n");
        else
            printf("It is a special character!\n");
}
```

第一次运行结果为：

```
Please input a character:e↙
It is a alpha!
```

第二次运行结果为：

```
Please input a character:$↙
It is a special character!
```

第三次运行结果为：

```
Please input a character:8↙
It is a number!
```

【例 4.11】 从键盘输入年份和月份，求这一年的这个月共有多少天。

题目分析：

（1）这个问题需要考虑闰年的问题，因为二月份的天数与闰年有关。闰年的判断依据是：若某年能被 4 整除，但不能被 100 整除，则这一年是闰年；若某年能被 400 整除，则这一年也是闰年。请考虑：闰年如何表达？

（2）本题 13 个分支（比 1 年 12 个月共需 12 个分支多 1），编程可使用的多分支结构有哪些？else…if、if…else 的嵌套和 switch 使用哪一个最为简捷？是 switch 吗？

程序如下：

```
#include <stdio.h>
main()
{
    int year,month,days;
    printf("Input year and month: ");
    scanf("%d%d",&year,&month);
    switch(month)
    {
      case 1:
      case 3:
      case 5:
```

```
        case 7:
        case 8:
        case 10:
        case 12:   days=31;break;
        case 4:
        case 6:
        case 9:
        case 11:   days=30;break;
        case 2:
            if(year%4==0 && year%100!=0 || year%400==0)   days=29;
            else   days=28;
            break;
        default:   printf("Data error!");days=0;break;
    }
    if(days!=0)   printf("Days=%d",days);
}
```

第一次运行结果为：

```
Input year and month:2000    2↙
Days=29
```

第二次运行结果为：

```
Input year and month:2007    2↙
Days=28
```

第三次运行结果为：

```
Input year and month:2013    9↙
Days=30
```

请思考：

本题用来判断闰年的表达式是 year%4==0 && year%100!=0 || year%400==0，用来判断非闰年的表达式是什么？

【例 4.12】 输入三角形的 3 条边判断能否构成三角形，若能则求出它的面积，否则输出不能构成三角形的信息。

题目分析：

（1）学习选择结构的程序设计后，就可以判断三边能否构成三角形了。

（2）从数学知识可知，三边能构成三角形的条件是：任意两边之和大于第三边。

（3）采用两分支结构。

程序如下：

```
# include <stdio.h>
# include <math.h>
main()
{
    float a,b,c,s,area;
    printf("Please enter a,b,c:\n");
    scanf("%f,%f,%f",&a,&b,&c);
    if (a+b>c && a+c>b && b+c>a)            /*如果能形成三角形,则计算*/
```

```
    {   s=(a+b+c)/2;
        area=sqrt(s*(s−a)*(s−b)*(s−c));
        printf("a= %6.2f,b=%6.2f,c=%6.2f,area=%6.2f\n",a,b,c,area);
    }
    else                                          /*否则,输出不能形成三角形*/
        printf("A triangle can not be formed.\n");
}
```

第一次运行结果为：

```
Please enter a,b,c:
30,40,50↙
a=   30.00,b= 40.00,c= 50.00,area=600.00
```

第二次运行结果为：

```
Please enter a,b,c:
3.2,6.1,11.0↙
A triangle can not be formed.
```

请思考：

如果再加入“三边必为正数”的判断条件，程序如何修改？

习　题　4

一、填空题

给出下列表达式的值（设 a、b、c、x 为某个具体的数）。

1. (−2.3>52)&&a&&b&&x　　　　(　　)
2. 3<5 && 2<81　　　　(　　)
3. 3<5 && 2>18　　　　(　　)
4. !(−5<=91)　　　　(　　)
5. 23||−40>91　　　　(　　)
6. −9||a+b*c||x*y−z　　　　(　　)
7. (x=y=8,x+2*y,x+216)||x−y　　　　(　　)
8. (x=y=8,x+2*y,x+216)&&(a=6,a%=a−a%5)　　　　(　　)

二、给出运行结果题

1．#include "stdio.h"

```
main()
{ int a=10,b=−10,c=30;
  if(a<b)
    if(b<0)   c=−c;
    else   c+=100;
  printf("%d\n",c);
}
```

2．#include "stdio.h"

```
main()
```

```
{       int a=-6,b=12,x;
  x=a;
  if(a<b) x=b;
  x*=x;
  printf("%d\n",x);
}
```

3．运行时，分别输入-10、0和92。

```
#include <stdio.h>
main()
{
  float x;
  int y;
  scanf("%f",&x);
  if(x<0)
     y=-1;
  else
     if(x>0)
        y=1;
     else
        y=0;
  printf("y=%d\n",y);
}
```

4．

```
#include <stdio.h>
main()
{
  int x=0,y=2,z=3;
  switch(x)
  {  case 0:   switch(y == 2)
               {  case 1:     printf("*");          break;
                  case 2:     printf("%");          break;
               }
     case 1:   switch(z)
               {  case 1:     printf("$");
                  case 2:     printf("*"); break;
                  default:    printf("#");
               }
  }
}
```

5．

```
#include <stdio.h>
main()
{
  int x=1,y=0,a=3,b=2;
  switch(x)
  {  case 1:   switch(y)
               {  case 0:     a++;  break;
                  case 1:     b++;  break;
               }
```

```
        case 2:   a++;b++;break;
        case 3:   a++;b++;
    }
  printf("a=%d,b=%d\n",a,b);
}
```

三、编程题

下列题目请先确定算法，画出流程图或N-S图，再据此编写程序。

1. 输入3个整数，按由小到大的顺序输出。

2. 从键盘输入一个字符，判断此字符属于下面哪一种。

（1）字母（a～z，A～Z）。

（2）数字字符（0～9）。

（3）空格符。

（4）其他字符。

并显示相应的提示信息。

3. 编写程序，要求从键盘输入x的值，输出y的值。

y与x有如下函数关系：

$$y=\begin{cases}\dfrac{1}{x+1} & x<-1\\ \dfrac{1}{(x+2)^2} & -1\leqslant x<2\\ \dfrac{1}{(x+4)^3} & 2\leqslant x<4\\ \dfrac{1}{(x+5)^4} & x\geqslant 4\end{cases}$$

4. 编写程序，根据每月收入计算个人所得税。某月是否纳税的确定方法是：扣除养老保险、失业保险、医疗保险和住房公积金后，月收入在3500元以内时，不用纳税；超出3500元时，按超出的金额纳税，应纳税额计算方法如下：

超出金额小于等于1500元的部分，税率为3%；

超出金额大于1500元，小于等于4500元的部分，税率为10%；

超出金额大于4500元，小于等于9000元的部分，税率为20%；

超出金额大于9000元，小于等于35000元的部分，税率为25%；

超出金额大于35000元，小于等于55000元的部分，税率为30%；

超出金额大于55000元，小于等于80000元的部分，税率为35%；

超出金额大于80000元的部分，税率为45%。

5. 从键盘输入一个月份（1～12），自动显示该月份的英文名称。

6. 一元二次方程求根：求方程$ax^2+bx+c=0$的根。a、b、c从键盘输入，要考虑a=0，$b^2-4ac>0$，$b^2-4ac=0$，$b^2-4ac<0$ 4种情况。a=0时方程不是二次方程，$b^2-4ac>0$时有两个不相等的实根，$b^2-4ac=0$时有两个相等的实根，$b^2-4ac<0$有两个共轭复根。

7. 非闰年判断：设计一个判断输入年份是否为非闰年的程序。

8. 求三角形的面积问题：输入三角形的 3 条边长，求三角形的面积。要求检查输入的 3 条边是否为正数以及能否构成三角形。

9. 输入月份，判断是第几季度。

10. 编写一程序，输入人的身高和体重，利用公式 $BMI=\frac{w}{h^2}$ 计算体重指数 BMI，判断人的胖瘦程度。

式中：BMI（body mass index）为体重指数，w 为体重（kg），h 为身高（m）。该公式适用于体格发育基本稳定以后（18 岁以上）的成年人。

判断标准为：

当 BMI<18.5 时，为偏轻（underweight）；

当 18.5≤BMI<25 时，为正常（normalweight）；

当 25≤BMI<30 时，为超重（overweight）；

当 BMI≥30 时，为肥胖（obesity）。

11. 12 生肖（属相），是中华传统文化的组成部分，用 12 种动物表示。12 生肖的顺序是鼠、牛、虎、兔、龙、蛇、马、羊、猴、鸡、狗、猪。12 生肖可用于记年，如鼠年、牛年、虎年、…、猪年；鼠年之后是牛年，牛年之后是虎年，虎年之后是兔年，……，猪年以后是鼠年；12 年循环一次。公元 2014 年是马年。人诞生于鼠年，就说这人属鼠；诞生于牛年，就说这人属牛；……；诞生于猪年，就说这人属猪。诞生于公元 2014 年的人属马。已知公元 1 年是鸡年，公元前 1 年是猴年（没有公元 0 年，公元 1 年之前的 1 年是公元前 1 年），要求编写一个 C 语言程序，程序中以这两年为基点，当输入任何一个整数表示的年份（公元某年用正数表示，例如公元 2014 年用 2014 表示；公元前某年用负数表示，例如公元前 1832 年用−1832 表示），由计算机判定、输出这一年属于鼠年还是牛年、虎年等，printf 中可以使用汉字，例如 printf("鸡年\n");。

第 5 章 循环结构程序设计

实际生活中的许多问题属于循环结构，例如，假期——学习——假期——学习的循环，上课——下课——上课——下课的循环，学习——考试——学习——考试的循环，求阶乘，求全班各门课的平均成绩，求素数。

再例如，计算 1+2+3+…+1000

以及输出图形

```
*
**
***
****
*****
****
***
**
*
```

等。

在程序设计中，当给定条件成立，用同一手段反复进行操作的时候，就会用到循环结构。为了解决循环结构的问题，本章先介绍循环结构的语法规则（主要包括 while 语句、do…while 语句、for 语句、continue 语句），然后运用它们解决实际问题。

这样，程序设计的 3 种基本结构——顺序结构、选择结构和循环结构就都介绍了。大家可以对这 3 种基本结构进行细致的比较和全面的理解，弄清它们的应用场合、结构特点、区别联系及编程技巧等，以求熟练掌握有关内容，达到本课程的学习目标。

5.1 while 语句与用 while 语句构成的循环结构

5.1.1 while 语句

while 语句的一般格式如下：

while(表达式)循环体

说明：

（1）while 语句用来实现“当型”循环结构，while 语句构成的循环也称“当型”循环。while 是 C 语言的关键字。“当型”的意思是“当”条件满足时。

（2）while 后面括号中的表达式可以是 C 语言中任意合法的表达式，用以控制循环体是否执行。

（3）若循环体由多个语句组成，应用“{}”括起来，组成复合语句。

5.1.2 while构成的循环结构

while 循环的执行过程为：

（1）计算 while 后表达式的值，当值为非零（条件满足，“真”）时，执行步骤（2）；当值为零（条件不满足，“假”）时，退出循环。

（2）执行循环体。

（3）执行步骤（1）。

流程图和 N-S 图如图 5.1 所示。

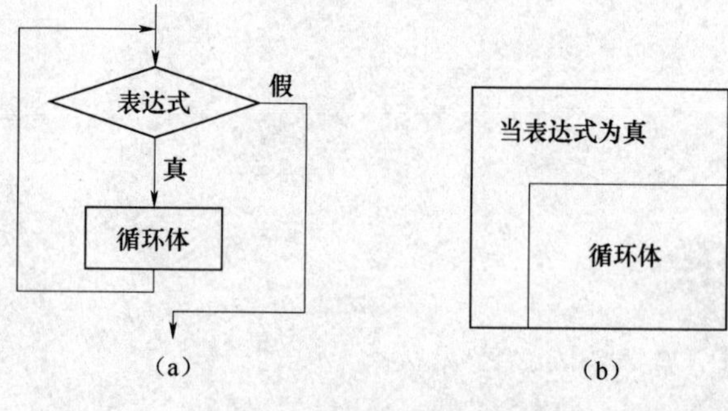

图 5.1　while 语句与用 while 语句构成的循环结构的流程图和 N-S 图

（a）流程图；（b）N-S 图

使用 while 语句时，需注意如下问题：

（1）while 语句是先判断表达式的值，当值为非零（条件满足，“真”）时，执行循环体中的语句，如果表达式的值一开始就为零，则循环体一次也不执行。

（2）while 后圆括号中表达式的值决定了循环体是否执行。因此，循环体中应该有使表达式的值变为零的语句，否则，循环将无限制地执行下去，即死循环。

【例 5.1】 试求 1+2+3+…+10 的值。

题目分析：

（1）本题是求 1～10 的 10 个整数的累加和，所累加的数从 1～10 是有规律的：后一个数比前一个数增 1。因此，可在循环中定义一个整型变量 i 作为计数器，每循环一次 i 增 1，当 i 的值超过 10 时结束循环。

（2）所求的累加和放入变量 sum 中，每循环一次，把 i 的值加到 sum 中，当循环结束时，sum 中的值即为所求的结果。

（3）画出描述算法的流程图或 N-S 图，如图 5.2 所示。

程序如下：

```
#include "stdio.h"
main()
```

```
{
    int i,sum;
    i=1;
    sum=0;
    while (i<=10)
    {   sum=sum+i;
        i++;
    }
    printf("sum=%d\n",sum);
}
```

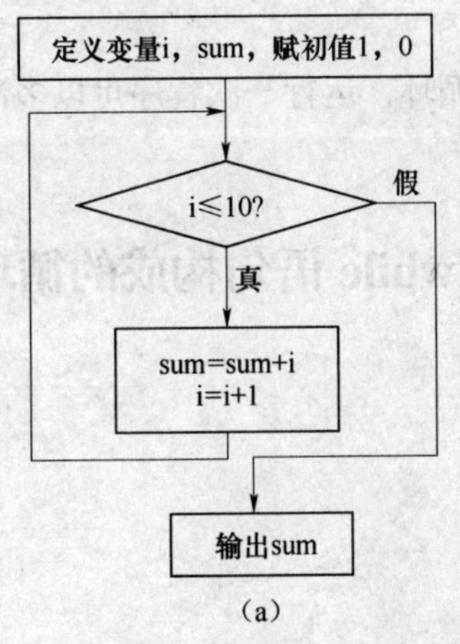

（a）

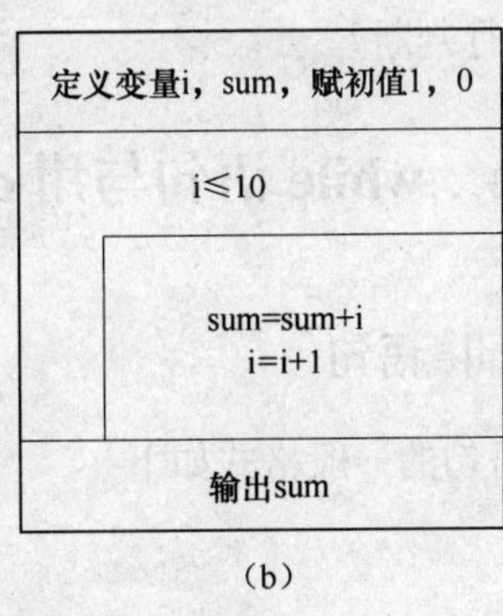

（b）

图 5.2 ［例 5.1］的流程图和 N-S 图

（a）流程图；（b）N-S 图

运行结果为：

sum=55

解释说明：

1）本程序循环体中包括两个语句，因此，用“{}”括起来。

2）sum 为累加和，应在循环前赋初值，其初值应为零。

3）循环体中的 i++使得 i 的值不断增加，以便最终导致 i>10 而退出循环。

4）循环变量 i 的初值与循环体中改变其值语句的位置应相适应。请思考若以下面的程序段代替［例 5.1］中的循环部分，会出现什么结果。

```
while (i<=10)
{
    i++;
    sum=sum+i;
}
```

请思考：

a．例 5.1 的程序，如果 sum 赋初值放到循环体中，成为下述程序：

```
#include "stdio.h"
main()
```

```
{
    int i,sum;
    i=1;
    while (i<=10)
    {   sum=0;
        sum=sum+i;
        i++;
    }
    printf("sum=%d\n",sum);
}
```

还能得到正确结果吗？为什么？

b．如何在［例 4.10］的程序中加入 while 循环，运行一次程序可以多次（例如 10 次）输入一个字符进行判断？

5.2　do…while 语句与用 do…while 语句构成的循环结构

5.2.1　do…while 语句

do…while 语句的一般格式如下：

do
循环体
while(表达式);

说明：

（1）do…while 语句用来实现直到型循环结构，do…while 语句构成的循环也称为直到型循环。直到型的意思是直到条件不满足为止。

（2）while 后面括号中的表达式，可以是任意合法的表达式，用以控制循环体是否执行。

（3）do 和 while 是 C 语言的关键字，do…while 是一个整体，必须联合使用。

（4）do…while 语句以 do 开始，以 while 结束，while 后的“;”不可省略，以此表明 do…while 是一个语句。

（5）循环体由多个语句组成时，应用“{}”把循环体括起来。

5.2.2　do…while 构成的循环结构

do…while 循环的执行过程如下：

（1）执行 do 后面的循环体。

（2）计算 while 后括号中表达式的值，当值为非零（条件满足，“真”）时，执行步骤（1）；当值为零（条件不满足，“假”）时，退出 do…while 循环。

流程图或 N-S 图如图 5.3 所示。

使用 do…while 语句时，需注意如下问题：

（1）do…while 语句是先执行循环体，再判断表达式的值。因此，无论开始表达式的值是非零还是零，循环体都要首先被执行一次，这是同 while 语句的最大区别。

（2）在循环体中同样应该有使表达式的值逐步变为零的语句，否则将成为死循环。

（3）C 语言中 do…while 语句是在表达式为非零（为“真”）时执行循环体。

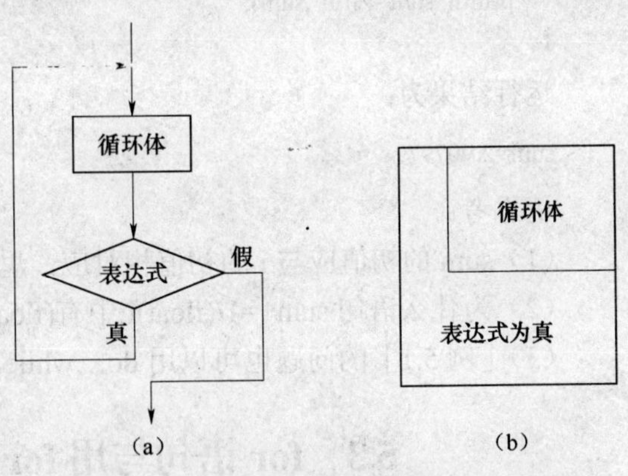

图 5.3 用 do…while 语句构成的循环结构的流程图和 N-S 图

（a）流程图；（b）N-S 图

【例 5.2】试用 do…while 语句计算 1+1/2+1/4+…+1/50 的值。

题目分析：

（1）该题目中各累加项的分母的变化是有规律的，后一项的分母比前一项增 2。因此，可用循环实现。

（2）累加和放在实型变量 sum 中，加到 sum 中的每一项也是实型。

（3）画出描述算法的流程图或 N-S 图，如图 5.4 所示。

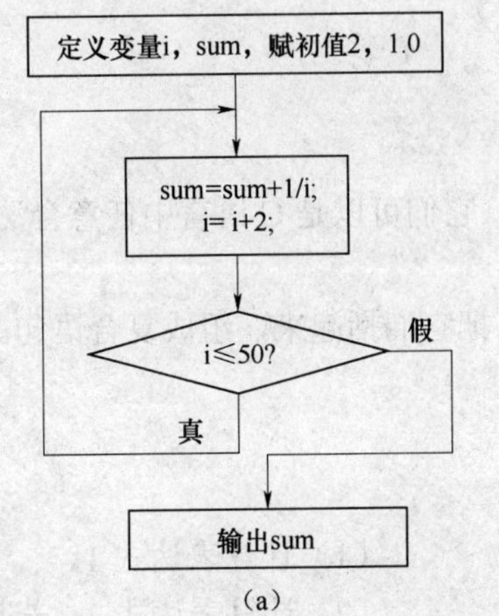

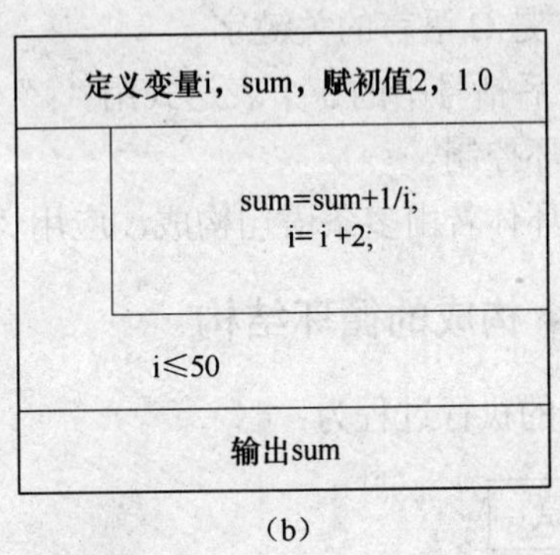

图 5.4 ［例 5.2］的流程图和 N-S 图

（a）流程图；（b）N-S 图

程序如下：

```
#include "stdio.h"
main()
{
    int i;
    float sum;
    sum=1.0;
    i=2;
    do
    {   sum+=1/(float)i;
        i+=2;
    }while (i<=50);
```

```
    printf("sum=%f\n",sum);
}
```

运行结果为：

sum=2.907979

请思考：

（1）sum 的初值应与 i 的初值相对应，思考 sum 的初值是否可为零。

（2）为什么语句 sum+=1/(float)i;中有(float)？没有行不行？

（3）[例 5.1] 的问题也可以用 do…while 语句完成，请编程实现。

5.3　for 语句与用 for 语句构成的循环结构

5.3.1　for 语句

for 语句的一般格式如下：

for(表达式 1;表达式 2;表达式 3)循环体

说明：

（1）for 是 C 语言的关键字。

（2）for 后括号中的 3 个表达式用“;”分隔，它们可以是 C 语言中任意合法的表达式，主要用于循环控制。

（3）循环体若由多条语句构成，应用“{}”把它们括起来，组成复合语句。

5.3.2　for 构成的循环结构

for 循环的执行过程为：

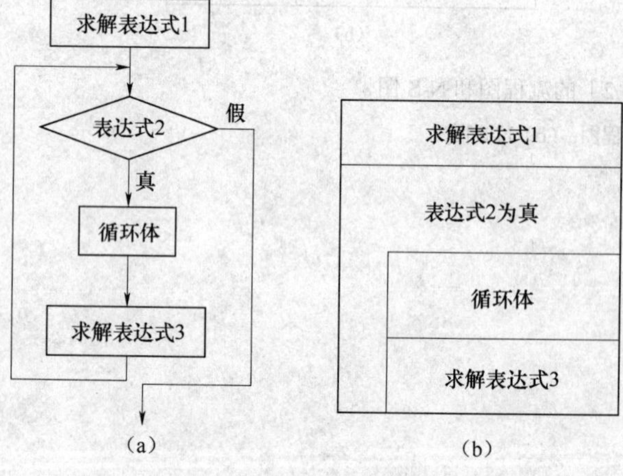

图 5.5　for 语句与用 for 语句构成的循环结构的流程图和 N-S 图

（a）流程图；（b）N-S 图

（1）计算表达式 1。

（2）计算表达式 2，若其值为非零（条件满足，“真”）时，执行步骤（3）；若其值为零（条件不满足，“假”）时，执行步骤（5）。

（3）执行一次循环体。

（4）计算表达式 3，转向步骤（2）。

（5）结束循环。

流程图和 N-S 图如图 5.5 所示。

使用 for 语句时，需注意如下问题：

（1）for 语句中的表达式 1 可省略，可在循环之前为循环变量赋初值，但其后的“;”不能省略。

（2）for 语句中的表达式 2 也可省

略，即认为其值始终为非零（“真”），但其后的“；”不能省略。例如：

```
for(i=1;;i++)sum=sum+1;
```

相当于：

```
i=1;
while(1)
{
    sum=sum+1;
    i++;
}
```

（3）for 语句中的表达式 3 同样可省略，但应另设法使循环可以正常结束。例如：

```
for(i=1;i<=10;)
{
    sum=sum+1;
    i++;
}
```

（4）表达式 1 和表达式 3 可同时省略，只有表达式 2。例如：

```
for(;i<=10;)
{
    sum=sum+1;
    i++;
}
```

相当于：

```
while (i<=10)
{
    sum=sum+1;
    i++;
}
```

（5）3 个表达式都可省略。例如：

```
for (;;) 循环体
```

相当于：

```
while (1) 循环体
```

（6）表达式 1 可以是设置循环变量初值的赋值语句，也可以是与设置循环变量无关的其他语句。例如：

```
for (sum=0;j<=10;j++) sum=sum+j;               /*j 为循环控制变量*/
```

（7）表达式 1 和表达式 3 可以是简单的表达式，也可以是逗号表达式。例如：

```
for (sum=0,j=1;j<=10;j++) sum=sum+j;
```

（8）在逗号表达式内按自左至右的顺序求值，整个逗号表达式的值等于最右边表达式的值。例如：

for (j=1;j<=100;j++,j++)sum=sum+j;

相当于：

for(j=1;j<=100;j=j+2)sum=sum+j;

【例 5.3】 计算 10!=1×2×3×…×10 的值。

题目分析：

（1）各乘数的规律是后一个数比前一个数增 1，并且初值为 1，终值为 10。因此，可用循环实现。而且循环次数已知，用 for 循环比较合适。

（2）最后的乘积放入变量 m 中，并且 m 的初值应为 1。

（3）画出流程图或 N-S 图，如图 5.6 所示。

程序如下：

```
#include "stdio.h"
main()
{
    int j,m;
    m=1;
    for(j=1;j<=10;j++)
       m=m*j;
    printf("m=%d\n",m);
}
```

Visual C++6.0 的运行结果为：

m=3628800

Turbo C2.0 需要将程序中的 int 改为 long，%d 改为%ld。否则发生溢出，结果不正确。

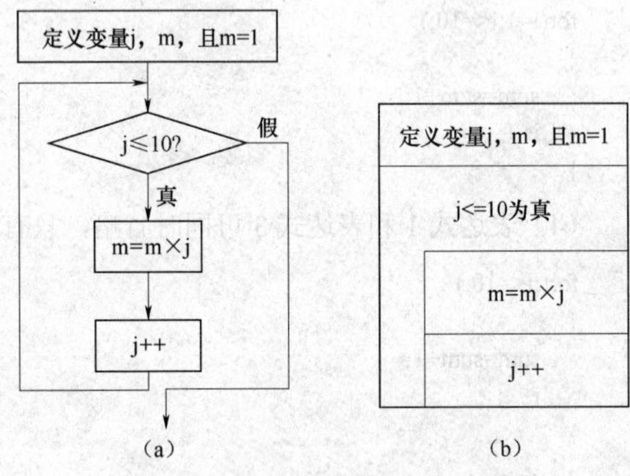

图 5.6 ［例 5.3］的流程图和 N-S 图

（a）流程图；（b）N-S 图

请思考：

（1）如果计算 1×2×3×…×100 的值，修改这个程序的 j<=10 为 j<=100 能达到目的吗？

（2）［例 5.1］和［例 5.2］的问题也可以用 for 语句完成，请分析并实现。

（3）如何在［例 4.6］的程序中加入 for 循环，运行一次程序可以多次输入表达式进行计算？

5.4　3 种循环的比较和嵌套

5.4.1　3 种循环的比较

3 种循环的比较如下：

（1）一种循环可以解决的问题，使用另外两种循环同样可以解决，只是方便程度不同而已。3 种循环的关系如下：while 循环修改循环控制条件后相当于 do…while 循环，for 循环省略表达式 1 和表达式 3 后相当于 while 循环。

（2）for 循环和 while 循环是先判断条件是否为真，再执行循环体。因此，可出现循环一次也不执行的情况；do…while 语句是先执行循环体，再判断条件是否为真，因此，循环体至少执行一次。

（3）while 循环和 do…while 循环的表达式只有一个，只起控制循环的作用；for 循环有 3 个条件表达式，除控制循环外，还可以赋初值和使循环变量的值改变。

（4）用 while 和 do…while 循环时，循环变量初始化的操作应在 while 和 do…while 语句之前完成，而 for 语句可以在表达式 1 中实现循环变量的初始化。

（5）while 循环和 do…while 循环一般用于循环次数未知的情况，for 循环一般用于循环次数事先已知的情况。do…while 循环一般用于至少需要执行一次的情况。

5.4.2　3 种循环的嵌套

一个循环体中又包含另外一个完整的循环结构，称为循环的嵌套。内循环中还可以再嵌套循环，这是多重循环。

3 种循环语句可以自身嵌套，也可以相互嵌套。应当注意的是，嵌套不能出现交叉，必须保证每一个循环结构的完整性。

下面几种都是合法的嵌套形式：

（1）外循环为 while 结构，内循环也是 while 结构。

```
while()
{
    while()
    {…}
}
```

（2）外循环为 do…while 结构，内循环也是 do…while 结构。

```
do
{
    …
    do
    {
    …
    }while();
}while();
```

（3）外循环为 for 结构，内循环也是 for 结构。

```
for( ;;)
{
    for( ;;)
    { … }
}
```

（4）外循环为 while 结构，内循环是 do…while 结构。

```
while()
{
    …
    do
```

```
    {
    …
    }while();
}
```

（5）外循环为 for 结构，内循环是 while 结构。

```
for(;;)
{
    …
    while()
    {…}
    …
}
```

（6）外循环为 do…while 结构，内循环是 for 结构。

```
do
  {
     …
     for(;;)
     { … }

} while();
```

【例 5.4】 for 结构内嵌套 for 结构。编程打印以下图形。

```
123456789
23456789
3456789
456789
56789
6789
789
89
9
```

题目分析：

（1）本题目需要使用循环的嵌套结构（用一重循环无法实现）。外循环控制打印哪一行（第 1 行、第 2 行、…、第 9 行），且换行。内循环控制打印某 1 行数字，从数字 i 打印到数字 9。

（2）本题目循环次数事先已知，用 for 循环比较恰当。

（3）画出 N-S 图，如图 5.7 所示。

程序如下：

```
#include "stdio.h"
main()
{
    int i,j;
    for(i=1;i<=9;i++)
    {   for(j=i;j<=9;j++) printf("%d",j);
        printf("\n");
```

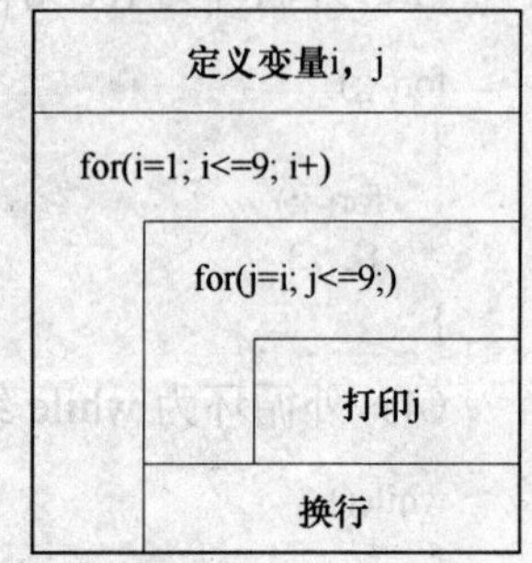

图 5.7 ［例 5.4］的 N-S 图

```
    }
}
```

请思考：

（1）如何打印出如下图形？

```
1
12
123
1234
12345
123456
1234567
12345678
123456789
```

（2）如何打印出如下图形？

```
        1
       21
      321
     4321
    54321
   654321
  7654321
 87654321
987654321
```

5.5　循环结构中的 break 语句和 continue 语句

5.5.1　循环结构中的 break 语句

break 语句在第 4 章中已经用到过，它使流程跳出 switch 语句，继续执行 switch 语句下面的语句。break 语句除可用于 switch 语句外，还可用于循环体中，用来跳出循环体，提前结束循环，继续执行该循环体之后的语句。

break 语句的一般格式如下：

```
break;
```

说明：

（1）break 语句只能用于 switch 语句和循环语句中。

（2）如上所述，当执行循环体遇到 break 语句时，立即跳出本循环，继续执行该循环之后的语句。例如：

```
for()
{
   for()
   {…
      break;
```

```
        …
    }
…
}
```

（3）break 语句在循环内的 switch 语句中时，它只跳出 switch 语句。例如：

```
while ()
{…
    switch(…)
    {…
       case…:
       …;
       break;
       case…
       …
    }
…
}
```

（4）break 语句在 switch 语句中的循环内时，它只跳出循环语句。例如：

```
…
switch(…)
{
    case …:
          …;
     case …:
    for(…)
    { …
       break;
       …
     }
}
```

【例 5.5】 求半径 r 是 1，2，3，…，100 的球的体积，直到体积 volume 大于 1000 为止。圆周率取 3.142。

题目分析：

（1）求球的体积不一定一直计算到 r=100。只要计算到体积 volume 大于 1 000 即停止。

（2）循环次数最多 100 次。次数事先已知，适合于用 for 循环。

（3）画出 N-S 图，如图 5.8 所示。

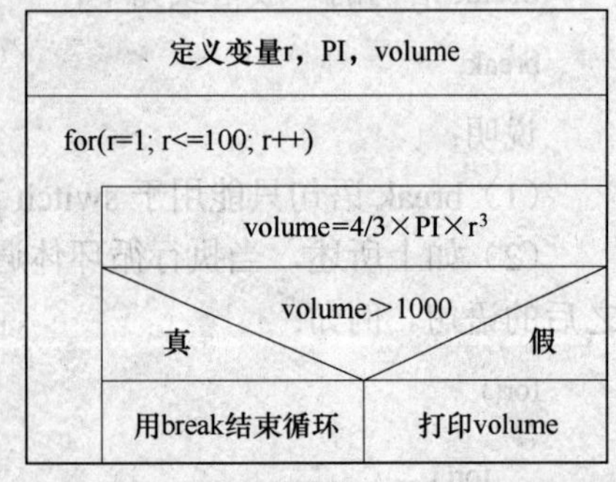

图 5.8 ［例 5.5］的 N-S 图

程序如下：

```
#include "stdio.h"
main()
{   int r;
    float volume,PI;
    PI=3.142;
    for(r=1;r<=100;r++)
    {   volume=4.0/3.0*PI*r*r*r;
        if(volume>1000)break;
```

```
        printf("r=%d,volume=%f\n",r,volume);
    }
}
```

运行结果为：

```
r=1,volume=4.189333
r=2,volume=33.514668
r=3,volume=113.112000
r=4,volume=268.117340
r=5,volume=523.666687
r=6,volume=904.895996
```

请思考：

（1）程序中的 4.0/3.0 能否改成 4/3？

（2）能否不使用 break；语句而照样完成本题目的任务？

5.5.2 continue 语句

continue 语句的一般格式如下：

continue;

说明：

（1）当执行到 continue 语句时，终止本次循环，即跳过循环体中尚未执行的语句，接着进行下一次是否执行循环的判断。对 while 循环和 do…while 循环来讲，不执行 continue 之后的语句，而转去求解表达式的值；对 for 循环来讲，不执行 continue 之后的语句，而转去求解表达式 3。

（2）continue 语句只能出现在循环体中。

（3）break 语句和 continue 语句的区别是：continue 语句只结束本次循环，而不是终止整个循环的执行；而 break 语句则是结束整个循环过程，不再判断执行循环的条件是否成立。如果有以下两个循环语句：

```
1）while(表达式 1)
{…
    if(表达式 2)break;
    …
}
2）while(表达式 1)
{…
    if(表达式 2)continue;
    …
}
```

则流程图如图 5.9 所示。

【例 5.6】 从键盘输入 5 个字符，统计其中小写字母字符的个数。

题目分析：

（1）输入和判断某个字符是不是小写字母的方法是相同的，因此，可使用循环结构。

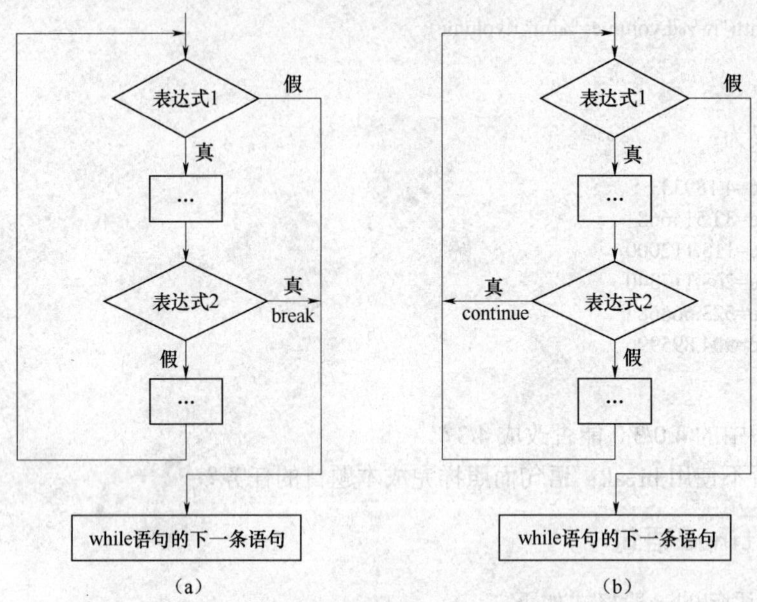

图 5.9　含有 break 语句和 continue 语句的流程图

（a）含有 break 语句的流程图；（b）含有 continue 语句的流程图

（2）循环次数是固定的，因此，可使用 for 循环。

程序如下：

```
#include "stdio.h"
main()
{
    int sum,j;
    char ch;
    sum=0;
    printf("Please input five characters:\n");          /*提示输入 5 个字符*/
    for(j=1;j<=5;j++)
    {   ch=getchar();
        if (ch<'a'||ch>'z') continue;
        sum++;
    }
    printf("sum=%d\n",sum);
}
```

运行结果：

```
Xa.2d↙
sum=2
```

解释说明：

本程序中，当输入的字符不是 26 个小写字母之一，将不执行 continue 之后的 sum++语句，而开始新一轮循环；若是 26 个小写字母之一，则执行 sum++语句。

请思考：

（1）程序运行时，采用先输入 5 个字符再按回车的方式输入 5 个字符。能否用输入 1 个字符就按 1 次回车的方式输入 5 个字符，即：

```
X↙
a↙
.↙
2↙
d↙
```

为什么？

（2）本程序可以不使用 continue 语句，程序应如何修改？

（3）参考图 5-9 画出描述算法的流程图或 N-S 图。

5.6 应 用 举 例

【例 5.7】 计算π/4=1−1/3+1/5−1/7+…，直到最后一项的绝对值小于 10^{-5}。

题目分析：

（1）每一项的分母变化是有规律的，因此，可使用循环结构。

（2）循环次数是未知的，因此，可使用 while 循环。

（3）画出 N-S 图，如图 5.10 所示。

程序如下：

```
#include "stdio.h"
#include "math.h"
main()
{
    int s;
    float n,t,m;
    t=1;n=1.0;s=1;m=0;
    while((fabs(t))>=1e-5)
    {   m=m+t;
        n=n+2;
        s=-s;
        t=s/n;
    }
    printf("pi/4=%10.6f\n",m);
}
```

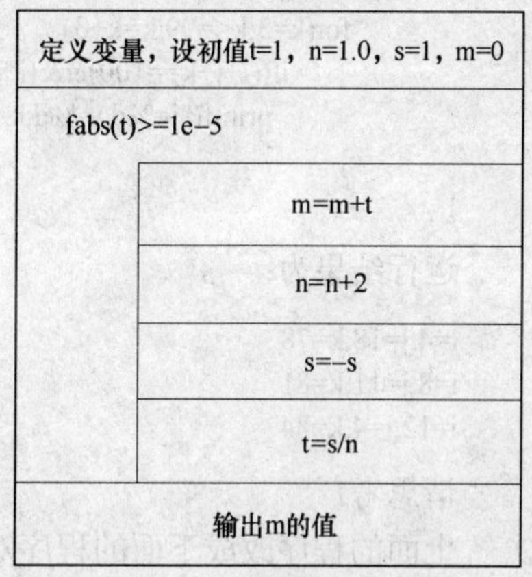

图 5.10 ［例 5.7］的 N-S 图

运行结果为：

```
pi/4=0.785394
```

请思考：

程序中不加入#include "math.h"是否可行？

【例 5.8】 我国古代数学家张丘建在《算经》中提出了著名的“百钱百鸡问题”：“鸡翁一，值钱五；鸡母一，值钱三；鸡雏三，值钱一；百钱买百鸡，翁、母、雏各几何？”意思是说：一只公鸡卖 5 枚钱，一只母鸡卖 3 枚钱，3 只小鸡卖 1 枚钱，用 100 枚钱买 100

只鸡，能买到公鸡、母鸡、小鸡各多少只？

题目分析：

（1）这是一个不定方程问题。不定方程问题一般有多组解。该问题有 3 个未知数，2 个方程：设公鸡、母鸡、小鸡数分别为 i、j、k，则有 i+j+k=100，i*5+j*3+k/3=100。需要让计算机去一一测试是否符合条件，找出所有可能的答案。由于价格的限制，如果只是一种鸡，则公鸡最多为 19 只（由于共 100 只鸡的限制，不能等于 20 只），母鸡最多 33 只，小鸡最多 99 只。

（2）这里用到的是穷举算法。穷举算法的基本思想是：对问题的所有可能答案一一测试，直到找到正确答案或测试完所有可能的答案。

（3）画出 N-S 图，如图 5.11 所示。

定义变量i，j，k		
for(i=1; i<=19; i++)		
for(j=1; j<=33; j++)		
for(k=3; k<=99; k=k+3)		
i+j+k==100且i*5+j*3+k/3==100		
真		假
打印i，j，k		

图 5.11 ［例 5.8］的 N-S 图

1）程序 1 如下：

```
#include "stdio.h"
main()
{
    int i,j,k;
    for(i=1;i<=19;i++)
      for(j=1;j<=33;j++)
        for(k=3;k<=99;k=k+3)
        {     if((i+j+k==100)&&(i*5+j*3+k/3==100))
                printf("i=%d,j=%d,k=%d\n",i,j,k);
        }
}
```

运行结果为：

```
i=4,j=18,k=78
i=8,j=11,k=81
i=12,j=4,k=84
```

请思考：

上面的程序改成下面的程序对不对？

2）程序 2 如下：

```
#include "stdio.h"
main()
{
    int i,j,k;
    for(i=1;i<=19;i++)
      for(j=1;j<=33;j++)
        for(k=1;k<=99;k++)                                /*此行改动*/
        {    if((i+j+k==100)&&(i*5+j*3+k/3==100))
               printf("i=%d,j=%d,k=%d\n",i,j,k);
        }
}
```

请思考：

3）改成下面的程序对不对？

程序 3 如下：

```
#include "stdio.h"
main()
{
    int i,j,k;
    for(i=1;i<=19;i++)
      for(j=1;j<=33;j++)
      {   k=100-i-j;                          /*此行改动*/
          if(i*5+j*3+k/3.0==100)              /*此行改动*/
              printf("i=%d,j=%d,k=%d\n",i,j,k);
      }
}
```

在程序 1 中，外层每循环 1 次，第 2 层要循环 33 次，而最内层要循环 33×33=1089 次。这样，最内层的 if 语句要执行 19×33×33=20 691 次。从提高算法效率的角度考虑，应尽可能减少循环执行的次数。

对于百钱百鸡问题，由方程组：

$$\begin{cases} i+j+k=100 \\ 5i+3j+k/3=100 \end{cases}$$

可以得出：

$$\begin{cases} i=4k/3-100 \\ j=100-i-k \end{cases}$$

这样就只剩下 k 这一个未知数了，知道了 k 就可以求出 i 值和 j 值。因此，只将 k 作为循环变量即可。

4）程序 4 如下：

```
#include "stdio.h"
main()
{
    int i,j,k;
    for(k=3;k<=99;k=k+3)
       {   i=4*k/3-100;
           j=100-i-k;
           if(i>0 && j>0)
              printf("i=%d,j=%d,k=%d\n",i,j,k);
       }
}
```

虽然每次执行的语句多了，但循环次数只有 33 次，算法的效率大为提高。可以看出，算法不同，其效率也会不同。一个好的算法可以提高程序的执行效率，但设计一个好的算法要花费很大精力，并且有可能在提高效率的同时，降低了程序的可读性。

如何处理程序的可读性和效率的关系，要视具体情况而定。例如，在处理实时问题时，效率要优先，可读性次之；在计算机性能好、速度快的情况下，可读性要优先，效率可不考虑。

【例 5.9】 求 Fibonacci 数列：1，1，2，3，5，8，13，…的前 40 项。

本题来自于一个有趣的古典数学问题：有一对兔子，从出生后的第 3 个月起每个月都生一对兔子。小兔子长到第 3 个月又生一对兔子。如果生下的所有兔子都能成活，且所有的兔子都不会因年龄大而老死，问每个月的兔子总数为多少？

题目分析：

（1）此数列的规律是第 1、2 项都是 1，从第 3 项开始，都是其前两项之和，并且有固定的循环次数，因此可以用 for 循环实现。

（2）这里用到的是什么算法呢？是迭代算法。迭代算法的基本思想是：不断地用新值取代变量的旧值，或由旧值递推出变量的新值。迭代算法又称为递推算法。

（3）画出 N-S 图，如图 5.12 所示。

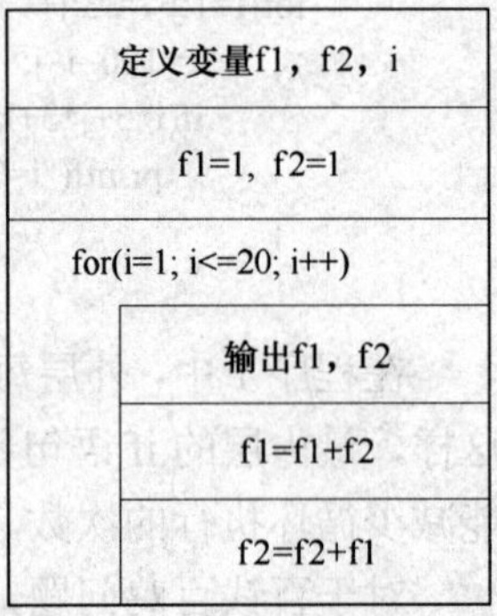

定义变量f1，f2，i	
f1=1, f2=1	
for(i=1; i<=20; i++)	
	输出f1，f2
	f1=f1+f2
	f2=f2+f1

图 5.12 ［例 5.9］的 N-S 图

程序如下：

```
#include "stdio.h"
main()
{
    int f1,f2;
    int i;
    f1=1;f2=1;
    for(i=1;i<=20;i++)
    {
        printf("%12d   %12d   ",f1,f2);                /*每次输出两项*/
        if(i%2==0)   printf("\n");
        f1=f1+f2;
        f2=f2+f1;                                      /*求出两项*/
    }
}
```

运行结果为：

```
         1          1          2          3
         5          8         13         21
        34         55         89        144
       233        377        610        987
      1597       2584       4181       6765
     10946      17711      28657      46368
     75025     121393     196418     317811
    514229     832040    1346269    2178309
   3524578    5702887    9227465   14930352
  24157817   39088169   63245986  102334155
```

请思考：

（1）语句 if(i%2==0)printf("\n");的作用是什么？

（2）程序中为什么是 for(i=1;i<=20;i++)，而不是 for(i=1;i<=40;i++)？

【例 5.10】 打印出如下图形。

```
********
 ********
  ********
   ********
```

题目分析：

（1）每一行中的“*”重复出现了 8 次，可以用 for 循环结构；整个图形共有 4 行，需要控制打印第 1 行，还是第 2～4 行，可以用 for 循环结构。因此，要用 for 循环嵌套 for 循环（两重循环）实现。

（2）打印图形除“*”外，还有空格，第 1～4 行分别有 0，1，2，3 个空格。

（3）画出 N-S 图，如图 5.13 所示。

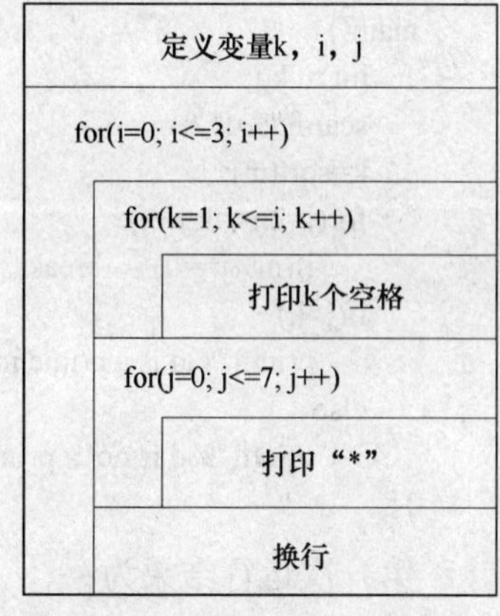

图 5.13 ［例 5.10］的 N-S 图

程序如下：

```
#include "stdio.h"
main()
{
    int k,i,j;
    for(i=0;i<=3;i++)            /*控制是打印第几行*/
    {
      for(k=1;k<=i;k++)printf(" ");
        for(j=0;j<=7;j++)printf("*");
      printf("\n");
    }
}
```

【例 5.11】 判断输入的正整数是否为素数。

题目分析：

（1）要判断一个数是不是素数，首先要知道什么是素数。回忆一下数学里的知识，什么是素数？即只能被自身和 1 整除的正整数是素数。1 既不是素数，也不是合数；2 是最小的素数，也是唯一是偶数的素数。

（2）判断一个正整数 m 是否为素数有多种方法。

1）方法 1：让 m 依次被 2，3，…，m–1 除，如果 m 不能被 2～m–1 中的任何一个整数整除，则 m 是素数。

2）方法 2：让 m 依次被 2，3，…，m/2 除，如果 m 不能被 2～m/2 中的任何一个整数整除，则 m 是素数。不必判断 m 能否被 m/2～m–1 中的整数整除，因为当 n 为介于 m/2 和 m 之间的整数（$m/2<n<m$）时，有 $m/m<m/n<m/(m/2)$，即 $1<m/n<2$，m/n 为小数而非整数，所以 m 只被除到 m/2 即可。

3）方法 3：让 m 依次被 2，3，…，$\sqrt{m}$ 除，如果 m 不能被 2～$\sqrt{m}$ 中的任意一个整数整除，则 m 为素数。不必判断 m 能否被 $\sqrt{m}$～m–1 中的整数整除，因为 m 如果能分解为两个因子相乘，则必有一个因子小于等于 $\sqrt{m}$，另一个因子大于等于 $\sqrt{m}$，若 m 不能被 2～$\sqrt{m}$ 中的任意一个整数整除，则也不能被 $\sqrt{m}$～m–1 中的任意一个整数整除，所以 m 只被除到 $\sqrt{m}$ 即可。

其中最后一种方法判断速度最快，因此本题采用最后一种方法。

（3）判断一个整数是不是素数，由于需要一次一次地做除法，所以要使用循环。由于循环次数已知，所以适合使用 for 循环。

（4）画出 N-S 图，如图 5.14 所示。

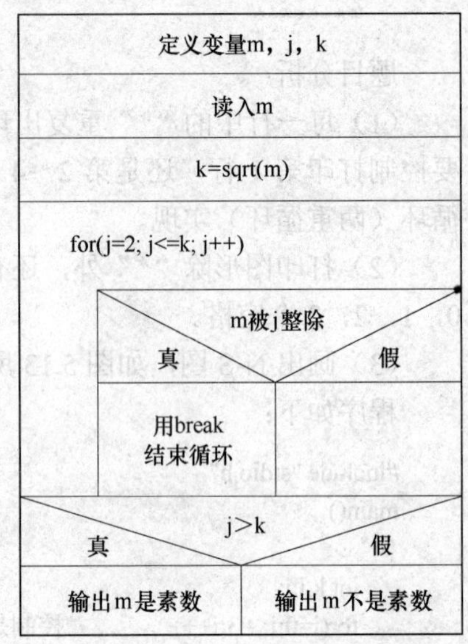

图 5.14 ［例 5.11］的 N-S 图

程序如下：

```
#include "stdio.h"
#include "math.h"
main()
{   int m,k,j;
    scanf("%d",&m);
    k=sqrt(m);
    for(j=2;j<=k;j++)
        if(m%j==0)     break;
    if(j>k)
        printf("%d is a prime number.\n",m);
    else
        printf("%d is not a prime number.\n",m);
}
```

第一次运行结果为：

```
11↙
11 is a prime number.
```

第二次运行结果为：

```
25↙
25 is not a prime number.
```

请思考：

程序中的 j>k 是否可以改成 j>=k+1？

【例 5.12】 有甲、乙、丙三人，每人或者说真话，或者说假话。

甲说：“乙说假话。”

乙说：“甲和丙是同一种人。”

问甲、乙、丙三人谁说真话，谁说假话？

题目分析：

（1）这是一个逻辑问题，或说谎问题。本题看似漫无边际，无法入手，不知道怎么与 C 语言程序设计挂钩。但只要和“真”、“假”、逻辑表达式联系起来，脉络就清晰起来。

（2）这里用整型变量 a、b、c 表示甲、乙、丙三人说话的真假，当变量值为 1 时表示此人说真话，变量值为 0 时表示此人说假话。

甲说：“乙说假话。”这有两种可能：甲说的是真话，而乙确实说假话，即：

```
a==1&&b==0 等价于 a&&!b
```

或者甲说的是假话，而乙说真话，即：

```
a==0&&b==1 等价于!a&&b
```

由此可得逻辑表达式：

a&&!b||!a&&b

乙说："甲和丙是同一种人。"这有两种可能：乙说真话，而甲和丙确是同一种人，即：

b==1&&a==c 等价于 b&&a==c

或者乙说的是假话，而甲和丙不是同一种人，即：

b==0&& a!=c 等价于!b&& a!=c

由此可得逻辑表达式：

b&&a==c||!b&& a!=c

上述两个逻辑表达式是"与"的关系（因为该满足的条件都要满足，所以是"与"的关系），最终得到确定谁说真话的逻辑表达式。

(a&&!b||!a&&b)&&(b&&a==c||!b&& a!=c)

（3）穷举每个人说真话或说假话的各种情况，用上述表达式测试，使上述表达式的值为 1（真）的情况就是正确的结果。

程序如下：

```
#include "stdio.h"
main()
{
    int a,b,c;
    for(a=0;a<=1;a++)
      for(b=0;b<=1;b++)
        for(c=0;c<=1;c++)
        {if((a&&!b||!a&&b)&&( b&&a==c||!b&& a!=c))
           printf("a=%d,b=%d,c=%d\n",a,b,c);
        }
}
```

运行结果为：

```
a=0,b=1,c=0
a=1,b=0,c=0
```

请思考：

如果题目中加入"丙说：'甲说假话。'"，则程序如何编写？运行结果又是什么？

习　题　5

一、给出运行结果题

1．#include "stdio.h"

```
main()
{
int t=0;char c='A';
do
```

```
{   switch(c++)
    {   case 'A': t++;break;
        case 'B': t--;
        case 'C': t+=3;break;
        case 'D': t%=4;continue;
        case 'E': t/=5;break;
        default: t/=2;
    }
t++;
} while(c<'G');
printf("t=%d\n",t);
}
```

2.
```
#include "stdio.h"
main()
{
float a=4.8,b=1.2,c;
c=a/b;
while(1)
{   if(c>3.0 || c<-3.0)
        {a=b;b=c;c=a/b;}
    else break;
}
printf("%f\n",b);
}
```

3.
```
#include "stdio.h"
main()
{
int x,y;
for(x=1,y=1;x<=100;x++)
   {            if(y>=40) break;
        if(y%7==1) {y+=7;continue;}
                y-=30;
   }
   printf("%d\n",x);
}
```

4.
```
#include "stdio.h"
main()
{
int i,j,x=10;
for(i=1;i<5;i++,i++)
{   x++;
    for(j=0;j<=4;j++)
    {   if(j%3) continue;
        x++;
    }
}
printf("x=%d\n",x);
}
```

二、编程题

下列题目请先确定算法，画出流程图或 N-S 图，再据此编写程序。

1. 整除问题：输出能同时被 11 和 17 整除的所有 4 位数。

2. 多项式问题：编写程序，计算 e 的近似值：e ≈ 1+1/1!+1/2!+1/3!+…+1/n!

（1）用 for 循环，计算前 10 项。

（2）用 while 循环，计算到最后一项小于 10^{-5}。

3. 闰年问题：编程输出 2000～3000 间的闰年。

提示：符合下述条件之一的都是闰年。

（1）年号能被 4 整除而不能被 100 整除。

（2）年号能被 400 整除。

4. 打印图形：编写 2 个程序，输出以下 2 组图形。

```
*                    *
**                  ***
***                *****
****              *******
*****            *********
******          ***********
```

5. 求 sum(n)=x+xx+xxx+…+xx…x 的值，最后一项包含 n 个 x，x 为一个数字，n 由键盘输入，x 和 n 的值在 1～9 之间。如 sum(5)=1+11+111+1111+11111。

6. 输入 10 名学生 5 门课的成绩，计算并输出每个学生的平均成绩。

7. 字符统计问题：统计由键盘输入的 20 个字符中，算术运算符+、–、*、/、%分别有多少个。

8. 穷举求数字：求满足 abc+cba=1 554 的 a、b、c 值。a、b、c 分别是前一个数的百位数、十位数和个位数。

9. 迭代法求解：用迭代法求 $x=\sqrt{a}$。迭代公式为 x=(x0+a/x0)/2，当|x0–x|<EPSILON 时，x 即为所求，初值取 a/2。EPSILON 为误差，例如 10–5。

提示：令初值 x=a/2，再 x0=x，x=(x0+a/x0)/2，判断。循环体为 x0=x，x=(x0+a/x0)/2。

10. 换钱问题：把 1 张 100 元的人民币兑换成 5 元、2 元和 1 元的纸币（每种都要有）共 50 张，问有哪几种兑换方案？如果兑换成 50 元、20 元、10 元、5 元、2 元和 1 元的纸币（每种都要有），不限制兑换成的张数，问有哪几种兑换方案？

11. 爱因斯坦的数学题：设有一阶梯，若每步跨 2 阶，最后剩 1 阶；每步跨 3 阶，最后剩 2 阶；每步跨 5 阶，最后剩 4 阶；每步跨 6 阶，最后剩 5 阶；每步跨 7 阶，最后 1 阶都不剩。问最少有多少阶？

12. 百马百担问题：100 匹马驮 100 担货，大马驮 3 担，中马驮 2 担，两匹小马驮 1 担，要求 1 次全驮完，问大、中、小马各有多少匹？

13. 韩信点兵：有兵一队，若五人排成一行，则末行一人；六人排成一行，则末行五人；七人排成一行，则末行四人；十一人排成一行，则末行十人，问最少有多少兵？

14. 三色球问题：若一个口袋中放有 12 个球，其中有 3 个红球，3 个白球，6 个黑球，从中任取 8 个，问共有多少种不同的颜色搭配？

15. 麦粒问题（印度国王的奖励）：传说古代有个叫舍罕的印度国王，因为喜欢下他的宰相西萨·班达依尔发明的国际象棋，决定奖赏宰相。国王问宰相想要什么，宰相对国王说："陛下，请您在这个棋盘的第一个格子里赏给我 1 粒麦子，在第二个格子里给 2 粒，第三个给 4 粒，以后每一个格子都比前一个多 1 倍，请您将这个棋盘上的 64 个格子全部摆满。"国王一听，认为这区区赏金，微不足道，当即让人扛来一袋麦子，但很快用光了，再扛来一袋还不够，以至于源源不断地扛来。国王发现，如果按此方法摆下去，摆到第 64 格，即使拿出全印度的粮食也兑现不了自己的承诺。请编程计算一下国王应给宰相多少小麦。按 1 吨小麦 3.038×107 粒计算。目前世界年产小麦约 59 000 万吨，相当于世界多少年的小麦产量？

16. 最大公约数和最小公倍数问题：求两个正整数 m、n 的最大公约数和最小公倍数。

提示：用欧几里得算法（辗转相除法）：

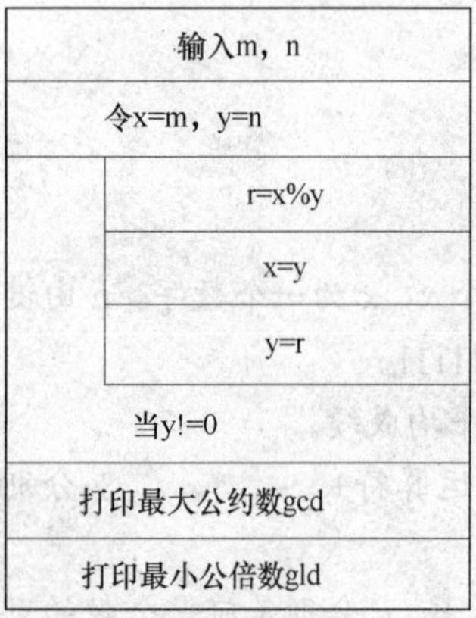

第 1 步：输入 m、n；

第 2 步：令 x=m，y=n；

第 3 步：令 r=x%y；

第 4 步：令 x=y，y=r；

第 5 步：重复第 3、第 4 步，直到 y==0 为止；

第 6 步：此时，x 就是 m、n 的最大公约数 gcd；

第 7 步：最小公倍数 gld=m*n/gcd。

算法的 N-S 图如图 5.15 所示。

输入m，n
令x=m，y=n
r=x%y
x=y
y=r
当y!=0
打印最大公约数gcd
打印最小公倍数gld

图 5.15　编程题 16 的 N-S 图

17. 勾股数问题：满足 $x^2+y^2=z^2$ 的正整数 x、y、z 称为勾股数。求 x、y、z 均小于 100 的所有勾股数。

18. 猴子吃桃问题：猴子第一天摘了若干个桃子，当即吃了一半，还不解馋，又多吃了一个；第二天，吃剩下的桃子的一半，还不过瘾，又多吃了一个；以后每天都吃前一天剩下的一半多一个，到第 10 天想再吃时，只剩下一个桃子了。问第一天共摘了多少个桃子？

19. 哥德巴赫猜想问题：德国数学家哥德巴赫（Goldbach）在 1725 年写给欧拉（Euler）的信中提出了以下猜想：任何大于 2 的偶数，均可表示为两个素数之和（俗称为 1+1）。近 3 个世纪了，这一猜想既未被证明，也未被推翻（即未找到反例）。请编写一个程序，在有限范围内（例如 4～1 000 000）验证哥德巴赫猜想成立。请注意：这只是有限的验证，不能作为对哥德巴赫猜想的证明。

20. 素数问题：求 100～300 间的所有素数。

21. 逻辑问题（说谎问题）：有 A、B、C 三人，每人说了一句话。

A 说："B 在说谎。"

B 说："C 在说谎。"

C 说："A 和 B 都在说谎。"

问 A、B、C 三人谁在说谎，谁在说真话？

22. 逻辑问题：两个乒乓球队进行比赛，各出 3 人。甲队为 A、B、C3 人，乙队为 X、

Y、Z3 人，以抽签决定比赛名单。有人向队员打听比赛的名单，A 说他不和 X 比，C 说他不和 X、Z 比，请编程找出 3 对赛手的名单。

23. 循环嵌套，输出九九表。

```
1*1=1
1*2=2   2*2=4
1*3=3   2*3=6   3*3=9
1*4=4   2*4=8   3*4=12  4*4=16
1*5=5   2*5=10  3*5=15  4*5=20  5*5=25
1*6=6   2*6=12  3*6=18  4*6=24  5*6=30  6*6=36
1*7=7   2*7=14  3*7=21  4*7=28  5*7=35  6*7=42  7*7=49
1*8=8   2*8=16  3*8=24  4*8=32  5*8=40  6*8=48  7*8=56  8*8=64
1*9=9   2*9=18  3*9=27  4*9=36  5*9=45  6*9=54  7*9=63  8*9=72  9*9=81
```

24. 南北朝数学家祖冲之求出圆周率的“密率”为 355/113，“约率”为 22/7。对于这两个分数，有以下两个结论：

（1）结论 1：355/113 是分子和分母都在 1000 以内的表示圆周率的最佳分数近似值。

（2）结论 2：22/7 是分子和分母都在 100 以内的表示圆周率的最佳分数近似值。

请验证结论 1 或者结论 2，也就是验证：355/113 是不是“分子和分母都在 1000 以内的表示圆周率的最佳分数近似值”，或者验证：22/7 是不是“分子和分母都在 100 以内的表示圆周率的最佳分数近似值”。

25. 求正整数 a 和 b，使分数 a/b 与 2.71828 最接近。要求 a<100，b<100。

26. 一个整数，它加上 500 后是一个完全平方数，再加上 10615 后又是一个完全平方数，求满足条件的最小整数。什么是完全平方数呢？所谓完全平方数，就是它开方后是一个整数，例如 4，9，16，25，36，49，64，81，100，121，…都是完全平方数。

27. 有许多描写西瓜的诗，其中一首是：“青青西瓜有奇功，溽暑解渴胜如冰，甜汁入口清肺腑，玉液琼浆逊此公。”今要卖出 6138 个西瓜，假设第一天卖出一半多 3 个，以后每天都卖出剩下的一半多 3 个，则几天以后能卖完？

28. 毛泽东同志的词《采桑子 · 重阳（1929 年 10 月）》如下：

人生易老天难老，岁岁重阳。今又重阳，战地黄花分外香。

一年一度秋风劲，不似春光。胜似春光，寥廓江天万里霜。

下面取出其中的两句构成数学乘法式子（横式和竖式）：

岁岁×重阳=今又重阳❶

```
    岁岁
×   重阳
--------
今又重阳
```

这里：相同的汉字代表相同的数码，不同的汉字代表不同的数码，数码都是 1 位数，即 0，1，2，3，…或 9。

若用字母表示，就是：

aa×bc=debc

❶ 本题取材于科普作家谈祥柏所著的《乐在其中的数学》，北京：科学出版社，2005：304～305.

$$
\begin{array}{r}
aa \\
\times\ \ bc \\
\hline
debc
\end{array}
$$

请编写程序，计算、输出所有满足条件的数学乘法式子（横式），例如 33×50=1650 等。

29. 求具有 $abcd=(ab+cd)^2$ 的 4 位数。a，b，c，d 都是一个正的一位数。

30. 电影《刘三姐》中财主莫怀仁请来陶、李、罗秀才与刘三姐等对歌。

罗秀才唱："三百条狗交给你，一少三多四下分，不要双数要单数，看你怎样分得均。"

珠妹答："九十九条圩上卖，九十九条腊起来，九十九条赶羊走，剩下三条……财主请来当奴才。"

这意思是说：4 个整数相加等于 300，这 4 个整数都是单数（奇数），其中 3 个大的数都要相等，第 4 个数是其中最小的数，这 4 个整数分别是什么。其中一个答案是电影中的 99+99+99+3。

编写程序，求出所有满足条件的 4 个整数 a，b，c，d，并统计有几组这样的整数。

31. 用迭代法求 1*2*3+3*4*5+…+43*44*45 的值。

32. 某次大赛，有 9 个评委打分。9 个评委打分的分数，去掉一个最高分和一个最低分，余下的 7 个分数的平均值作为参赛者的得分。编写程序，输入 9 个评委打分的分数，输出求得的得分。

第 6 章 数组与字符串

C 语言除了使用整型、实型和字符型等基本类型的数据外，还使用数组类型、结构体类型及共用体类型等构造类型的数据。本章介绍的数组在程序设计中是十分有用的。许多问题，例如，多数据排序、矩阵相乘、数据查找和字符串处理等，若不用数组将难以解决。

例如，将 26 个整数从小到大进行排序，如果定义简单变量来存放这些数据，将需要 26 个变量和 1 个中间变量。其程序为：

```
#include "stdio.h"
main()
{
    int a,b,c,d,e,f,g,h,i,j,k,l,m,n,o,p,q,r,s,t,u,v,w,x,y,z,temp;
    printf("please input 10 number:a,b,c,d,e,f,g,h,i,j\n");
    scanf("%d,%d,%d,%d,%d,%d,%d,%d,%d,%d",&a,&b,&c,&d,&e,&f,&g,&h,&i,&j);
    printf("please input 10 number:k,l,m,n,o,p,q,r,s,t\n");
    scanf("%d,%d,%d,%d,%d,%d,%d,%d,%d,%d",&k,&l,&m,&n,&o,&p,&q,&r,&s,&t);
    printf("please input 6 number:u,v,w,x,y,z\n");

    if(a>b) {temp=a;a=b;b=temp;}        /*a 与其后的所有变量比较,最小数放在 a 中。需 25 行程序*/
    if(a>c) {temp=a;a=c;c=temp;}
    if(a>d) {temp=a;a=d;d=temp;}
    if(a>e) {temp=a;a=e;e=temp;}
    if(a>f) {temp=a;a=f;f=temp;}
    if(a>g) {temp=a;a=g;g=temp;}
    ……
    if(a>z) {temp=a;a=z;z=temp;}

    if(b>c) {temp=b;b=c;c=temp;}        /*b 与其后的所有变量比较,最小数放在 b 中。需 24 行程序*/
    if(b>d) {temp=b;b=d;d=temp;}
    ……
    if(b>z) {temp=b;b=z;z=temp;}

    if(c>d) {temp=c;c=d;d=temp;}        /*c 与其后的所有变量比较,最小数放在 c 中。需 23 行程序*/
    ……
```

```
    if(c>z) {temp=c;c=z;z=temp;}

    ……
    ……
    ……

    if(x>y) {temp=x;x=y;y=temp;}        /*x 与其后的所有变量比较,最小数放在 x 中。需 2 行程序*/
    if(x>z) {temp=x;x=z;z=temp;}

    if(y>z) {temp=y;y=z;z=temp;}        /*y 与其后 z 比较,最小数放在 y 中。需 1 行程序*/

                                        /*比较共需要 25+24+23+…+2+1=325 行程序*/

    printf("%d,%d,%d,%d,%d,%d,%d,%d,%d,%d,",a,b,c,d,e,f,g,h,i,j);
    printf("%d,%d,%d,%d,%d,%d,%d,%d,%d,%d,",k,l,m,n,o,p,q,r,s,t);
    printf("%d,%d,%d,%d,%d,%d",u,v,w,x,y,z);
}
```

26 个数据比较大小，共需写出 25+24+23+…+2+1=325 行进行比较的程序行（如果 100 个数据比较大小，则共需写出 99+98+97+…+2+1=4950 行进行比较的程序行）。该程序给人的感觉是程序很冗长、很烦琐。显而易见，定义简单变量存放数据进行多数据排序是不适宜的、很难操作的。

但如果定义一个整型数组来存放这 26 个乃至 100 个都是整型的数据，输入、比较和输出将非常方便。换句话说，当对具有相同数据类型的一批数据进行操作时，就需要和适合用数组来实现。

6.1　一　维　数　组

数组是一些具有相同类型的数的集合，它是由某种类型的数据（如整型、实型等）按照一定的顺序组成的。数组用一个统一的数组名标识这组数据，用下标表示数组中元素的序号。数组必须先定义，后使用。

6.1.1　一维数组的定义

在 C 语言中，一维数组的定义格式如下：

数据类型　数组名[常量表达式];

其中，数据类型可以是 int、char 或 float 等，表明每个数组元素所共有的数据类型。例如，用于存放 5 个元素的一维数组可定义为：

```
int a[5];
```

这里，int 是数据类型（整型），a 是数组的名称，5 表明这个数组有 5 个元素。

在定义数组时，需要明确下面几点：

（1）数组名的命名规则与变量的命名规则相同，遵从标识符的命名规则。

（2）方括号是C语言表示数组特有的形式，不能用其他的括号（例如圆括号、花括号）代替。

（3）常量表达式表示元素的个数，即数组长度，它不能是变量（可以是常量或符号常量）。即C语言不允许对数组的大小进行动态定义。

例如，下面是不允许的：

```
int n;
scanf("%d",&n);
int a[n];
```

（4）常量表达式（元素个数）必须是正整数。

（5）C语言规定数组的下标必须从0开始，最后一个元素的下标是方括号内的数减去1（请考虑为什么？）。上面定义的数组a有5个元素，它们是a[0]、a[1]、a[2]、a[3]、a[4]。这里最大下标的数组元素是a[4]，而不是a[5]。

（6）一维数组名（例如上面的数组名 a）还代表着该数组在内存中所占据空间的首地址，也就是代表着第1个元素 a[0]的地址。该数组的所有元素在内存中占有连续的存储单元，如图6.1所示。

（7）相同类型的多个数组可在一个类型名后定义，它们之间用逗号隔开。例如：

```
double   a[10],ww[31],t[100];
```

定义了3个双精度型数组，数组名分别为a、ww、t，各包含10、31、100个元素。

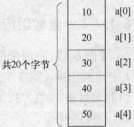

a		
共20个字节	10	a[0]
	20	a[1]
	30	a[2]
	40	a[3]
	50	a[4]

图6.1 数组a的存储

6.1.2 一维数组的初始化

在定义数组时使数组元素得到初值，称为数组的初始化。

数组的初始化有以下几种情况：

（1）对数组的全部元素赋初值。在定义数组时，可将全部元素的数值依次放在一对花括号内，各数值间用逗号隔开。例如：

```
int a[5]={10,20,30,40,50};
```

这将把10、20、30、40、50分别赋给a[0]、a[1]、a[2]、a[3]、a[4]。

数组中存储的数据如图6-1所示，5个整型数组元素占10个字节的存储空间。

（2）对数组前面的部分元素赋初值。给数组前面的部分元素赋初值，可在一对花括号内写上这些元素的初值。如：

```
int a[5]={10,20};
```

这将把10、20分别赋给a[0]、a[1]。对于未赋初值的a[2]、a[3]、a[4]系统将自动赋初值0。

（3）对数组的全部元素赋初值时可省略元素个数。在对数组的全部元素赋初值时，可以省略元素的个数。可写成：

```
int a[ ]={10,20,30,40,50};
```

这时系统会根据花括号内的数值个数自动定义数组的长度。但给数组前面的部分元素赋初值时，数组元素的个数不能省略。

（4）使数组的全部元素都为 0。如果要使一个数组的全部元素都为 0，可写成：

```
int a[10]={ 0,0,0,0,0,0,0,0,0,0};或 int a[10]={ 0 };
```

6.1.3　一维数组的引用

数组定义后，即可引用。数组元素的引用格式如下：

数组名[下标]

下标可以是整常数或整型表达式，其起始值为 0。例如有定义：

```
int a[5]={10,20,30,40,50};
```

则 a[0]、a[1]、a[i+j]都是 a 数组的引用，分别表示 a 数组中的第 1、2、i+j+1 个元素，i+j+1 最大为 4。

在 C 语言中，不允许一次引用整个数组，而只能逐个引用各个数组元素。

6.1.4　一维数组应用举例

【例 6.1】 将两个都具有 5 个元素的一维整型数组中的对应元素相乘（第 1 个元素与第 1 个元素相乘，第 2 个元素与第 2 个元素相乘，依此类推），然后在屏幕上输出。第 1 个数组的元素是 1、2、3、4、5，第 2 个数组的元素是–1、–2、–3、4、5。

题目分析：

（1）程序设计可以使用顺序结构、选择结构和循环结构 2 种基本结构。本题使用哪种结构？

（2）本题涉及多次相乘，是否使用循环结构？能使用选择结构吗？不能，这里无选择因素。使用顺序结构行不行？可以，但这样的话，程序就变得冗长而不简捷了，设想一下，如果两个数组都具有 5000 个元素，就需要写 5000 个顺序结构的求积语句。

程序如下：

```
#include "stdio.h"
main()
{
    int i;
    int a[ ]={1,2,3,4,5};
    int b[ ]={-1,-2,-3,4,5};
    int c[5];
    for (i=0;i<5;i++)      c[i]=a[i]*b[i];
    for (i=0;i<5;i++)      printf("%d\n",c[i]);
}
```

运行结果为：

```
-1
-4
-9
```

16
25

请思考：

如果要将结果输出到一行上，程序要做怎样的修改？

【例 6.2】 对 10 个整数由小到大排序。

题目分析：

（1）排序的方法很多，有冒泡法、比较交换法、选择法、插入法和希尔法等，有兴趣了解这些方法的，可查阅《数据结构》等相关书籍。本例介绍冒泡法排序。

（2）排序适合用数组实现。本题设数组名为 a，其元素为 a[0]，a[1]，a[2]，…，a[9]。

（3）冒泡法排序的基本做法是：对 n 个数，将相邻两个数 a[0]和 a[1]比较，大者放在 a[1]中，小者放在 a[0]中；再将 a[1]和 a[2]比较，大者放在 a[2]中，小者放在 a[1]中；依此类推，直到 a[n−2]和 a[n−1]比较出来，大者放在 a[n−1]中，小者放在 a[n−2]中。此时最大的数已放到最后一个位置。这是第一轮的比较。下面再进行第二轮比较，将余下的前面的 n−1 个元素与上面一样两两比较，将次大的数放在 a[n−2]中。如此进行 n−1 轮，所有的数就排序完毕。10 个数要进行 9 轮比较。

（4）算法的 N-S 图如图 6.2 所示。

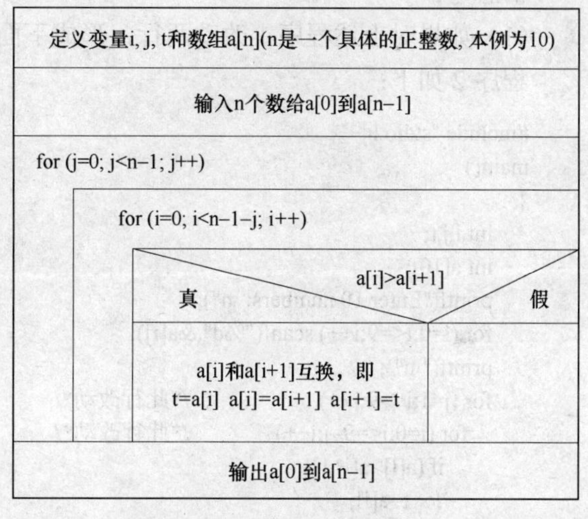

图 6.2 冒泡法排序的 N-S 图

程序 1 如下：

```
#include "stdio.h"
main()
{
    int i,j,t;
    int a[10];
    printf("Enter 10 numbers: \n");
    for (i=0;i<=9;i++) scanf("%d",&a[i]);
    printf("\n");
    for (j=0;j<9;j++)
      for (i=0;i<9−j;i++)
        if (a[i]>a[i+1])
        {   t=a[i];
            a[i]=a[i+1];
            a[i+1]=t;
        }
    printf("The results:\n");
    for (i=0;i<=9;i++)    printf("%d    ",a[i]);
}
```

运行结果为：

```
Enter 10 numbers:
9↙
8↙
```

```
-23↙
5↙
0↙
1↙
2↙
6↙
99↙
3↙
The results :
-23  0  1  2  5  6  8  9  99
```

本程序中虽然是按 10 个整数排序编写的，但只需将程序中的数字 10 和 9 改变，即可适合于任意多个整数排序的情况，程序的行数并不增加。对于本章开篇语中提到的 26 个整数排序的情况，只需将本程序中的 10 和 9 改为 26 和 25，即可达到目的。使用数组的优越性由此可见。

请思考：

（1）如果对上述程序 1 改动两行，形成下面的程序 2。这个程序正确吗？

程序 2 如下：

```
#include "stdio.h"
main()
{
    int i,j,t;
    int a[10];
    printf("Enter 10 numbers: \n");
    for (i=0;i<=9;i++) scanf("%d",&a[i]);
    printf("\n");
    for (j=1;j<=9;j++)                /*此行改动*/
      for (i=0;i<=9-j;i++)            /*此行改动*/
        if (a[i]>a[i+1])
        {   t=a[i];
            a[i]=a[i+1];
            a[i+1]=t;
        }
    printf("The results:\n");
    for (i=0;i<=9;i++) printf("%d    ",a[i]);
}
```

（2）如果将程序 1 改为下面的程序 3，它是否正确？

程序 3 如下：

```
#include "stdio.h"
main()
{
    int i,j,t;
    int a[11];                                        /*此行改动*/
    printf("Enter 10 numbers: \n");
    for (i=1;i<=10;i++) scanf("%d",&a[i]);            /*此行改动*/
    printf("\n");
```

```
    for (j=1;j<=9;j++)                                   /*此行改动*/
      for (i=1;i<=10-j;i++)                              /*此行改动*/
        if (a[i]>a[i+1])
        {   t=a[i];
            a[i]=a[i+1];
            a[i+1]=t;
        }
    printf("The results :\n");
    for (i=1;i<=10;i++) printf("%d    ",a[i]);          /*此行改动*/
}
```

【例 6.3】 用选择法对 10 个整数由小到大排序。

题目分析：

选择法的基本做法是：从所有元素中选择一个最小元素放在 a[0]中（即将最小元素 a[p]与 a[0]交换），作为第一轮；再从 a[1]开始到最后的各元素中选择一个最小元素，放在 a[1]中；依此类推。n 个数要比较 n–1 轮。在第一轮中比较 n–1 次，第二轮中比较 n–2 次，……，第 i 轮中比较 n–i 次。每一轮只进行一次数据交换，比冒泡法的交换次数少。

程序如下：

```
#include "stdio.h"
main()
{
    int i,j,p,t;
    int a[10];
    printf("Enter 10 numbers: \n");
    for (i=0;i<=9;i++) scanf("%d",&a[i]);
    printf("\n");
    for (i=0;i<9;i++)
    { p=i;
      for (j=i+1;j<10;j++)
        if (a[j]<a[p])p=j;
        if (p!=i)
        {   t=a[p];
            a[p]=a[i];
            a[i]=t;
        }
    }
    printf("The results :\n");
    for (i=0;i<=9;i++) printf("%d    ",a[i]);
}
```

运行结果为：

```
Enter 10 numbers:
99   88   77   66   33   925   –68   –125   3   100↙
The results : –125   –68   –3   33   66   77   88   99   925
```

请思考：

（1）用下面的形式输入 10 个已知数是否可以？

```
99   88   77   66   33   925   –68   –125   3   100↙
```

（2）画出描述算法的流程图或 N-S 图。

【例 6.4】 定义一个具有 20 个元素的数组，各数组元素依次为 10，20，30，…，200，然后按每行 10 个数顺序输出，再按每行 10 个数逆序输出。

题目分析：

请想一想，顺序结构、选择结构和循环结构这 3 种基本结构，哪种结构适合于本题？为什么？

程序如下：

```
#include "stdio.h"
main()
{
    int i,k=10,a[20];
    for (i=0;i<20;k=k+10,i++)      a[i]=k;
    printf ("\n Output1:\n");
    for (i=0;i<20;i++)
    {   printf("%5d",a[i]);
        if ((i+1)%10==0)     printf("\n");
    }
    printf("\n Output2: \n");
    for (i=19;i>=0;i--)
    {   printf("%5d",a[i]);
        if (i%10==0)     printf("\n");
    }
    printf("\n");
}
```

运行结果为：

```
Output1:
10   20   30   40   50   60   70   80   90   100
110  120  130  140  150  160  170  180  190  200
Output2:
200  190  180  170  160  150  140  130  120  110
100  90   80   70   60   50   40   30   20   10
```

请思考：

还有没有实现逆序输出的其他方法？

【例 6.5】 求所有的水仙花数，将各个水仙花数存放到一个数组中并在屏幕上打印出来。所谓水仙花数是指一个 3 位正整数，它各位数字的立方之和等于此正整数。例如，153 是一个水仙花数，因为 153=13+53+33。

题目分析：

（1）使用穷举法，测试所有的 3 位正整数。

（2）测试的次数固定，适合于使用 for 循环。

（3）设这个 3 位正整数为 u，则：

百位上的数为 a=u/100；

十位上的数为 b=u/10–a*10；

个位上的数为 c=u–a*100–b*10。

程序如下：

```
#include "stdio.h"
main()
{
    int a,b,c,x[999],u,i=0,j;
    printf("The result is:\n");
    for (u=100;u<1000;u++)
    {   a=u/100;                    /*百位上的数*/
        b=u/10–a*10;                /*十位上的数*/
        c=u–a*100–b*10;             /*个位上的数*/
        if (a*100+b*10+c==a*a*a+b*b*b+c*c*c)
        {   x[i]=u;
            i++;
        }
    }
    for (j=0;j<i;j++)
    printf("%8d",x[j]);
}
```

运行结果为：

```
The result is :
153   370   371   407
```

请思考：

不使用数组完成该题目，程序如何编写？

【例 6.6】 把一个十进制正整数转换为 n 进制数，设 n<10。

题目分析：

（1）十进制正整数转换为 n 进制数的方法是多次除以 n，直到商为 0，每次所得的余数逆序排列（最后一个余数在最前面，最先得到的余数在最后面）就得到所要求的 n 进制数。

（2）各步相除所得的余数放到一个数组中。

程序如下：

```
#include "stdio.h"
main()
{
    int i=0,first,n,j,result[20];
    printf("Input number converted:\n");
    scanf("%d",&first);
    printf("Input n:\n");
    scanf("%d",&n);
    do
    {   i++;
        result[i]=first%n;
        first=first/n;
    }while (first!=0);
```

```
    printf("The result is:");
    for (j=i;j>=1;j--)
        printf("%d    ",result[j]);
}
```

第一次运行结果为：

```
Input number converted :
96↙
Input n:
8↙
The result is:1    4    0
```

第二次运行结果为：

```
Input number converted :
68↙
Input n:
7↙
The result is:1    2    5
```

【例 6.7】 用顺序查找法查找给定的一个有 10 个整数的数组 a 中是否有某个整数 x。要求数组 a 的各元素的数值在定义数组时初始化，要查找的数 x 用 scanf 函数输入。

题目分析：

（1）思路：从数组 a 的首个整数开始，一个个地逐个查找 10 个整数中是否有整数与 x 相等。若相等，则有；若一直查找到最后一个整数都不相等，则没有。

（2）逐个查找适合使用循环结构。

程序如下：

```
#include "stdio.h"
main()
{
    int x,i,a [10]={3,6,9,7,2,5,-63,71,0,46};
    printf("Enter the number x:");
    scanf("%d",&x);
    for (i=0;i<10;i++)
        if (x==a[i])
        {   printf("YES! It is a[%d].\n",i);
            break;
        }
    if (i==10)
        printf("No!\n");
}
```

第一次运行结果为：

```
Enter the number x: 5↙
YES! It is a[5].
```

第二次运行结果为：

```
Enter the number x: 66↙
No!
```

请思考：

查找的方法有很多种，顺序查找法是所有查找法中最好理解的一种。有兴趣了解其他查找法者，请翻阅《数据结构》教材。你认为在这些查找法中，顺序查找法的效率（查找次数、查找时间）是高还是低？

6.2 二 维 数 组

在实际问题中，有一些问题适合用二维数组来处理。例如矩阵相乘、矩阵转置、符合某种条件的矩阵元素求和、全班同学各门课程的平均分及各位同学所有课程的平均分的同时求解等。

6.2.1 二维数组的定义

一维数组有一个下标，二维数组有两个下标。在 C 语言中，二维数组的定义格式如下：

数据类型　数组名[常量表达式] [常量表达式];

其中，数据类型可以是 int、char 或 float 等，表明每个数组元素所共有的数据类型。

注意：必须使用两个方括号。左边的常量表达式表示数组的行数，称为行下标，右边的常量表达式表示数组的列数，称为列下标。行数与列数之积是二维数组的元素的个数。

例如：

```
float a [3] [4];
```

表示 a 是二维数组，有 3 行 4 列，共有 3×4=12 个数组元素，数组元素都是 float 型，12 表明这个数组有 12 个元素。

在定义二维数组时，需要明确下面几点：

（1）C 语言规定二维数组的两个下标都必须从 0 开始，最后一个元素的下标是方括号内的数减去 1。上面定义的数组 a 的最后一个元素是 a[2][3]。

（2）二维数组名同样代表着该数组的首地址，即代表着第一个元素 a[0] [0]的地址。

（3）二维数组的所有元素在内存中占有连续的存储单元。且二维数组的各元素是按行存储的，即先存储第 0 行的元素，再存储第 1 行的元素，……，在同一行中，先存储第 0 列的元素，再存储第 1 列的元素，……，上面定义的数组 a 的存储顺序为（如图 6.3 所示）：

a[0][0],a[0][1],a[0][2],a[0][3],a[1][0],a[1][1],a[1][2],a[1][3],a[2][0],a[2][1],a[2][2],a[2][3]

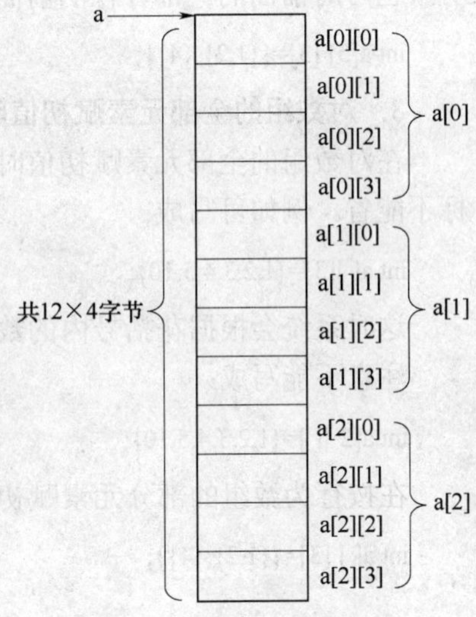

图 6.3　二维数组的存储顺序

（4）相同类型的一维数组和二维数组可在一个类型名后定义，它们之间用逗号隔开。例如：

```
double  a[10][20],t[31],d[100][30];
```

定义了一个双精度型一维数组和两个双精度型二维数组，数组 a、t、d 分别有 200、31、3000 个元素。

6.2.2 二维数组的初始化

二维数组的初始化是在定义二维数组的同时，使数组元素得到初值。

二维数组的初始化有以下几种情况：

1．对二维数组的全部元素赋初值

在定义数组时，可将全部元素的数值依次放在一对花括号内，各数值间用逗号隔开。例如：

```
int a[2] [3]={1,2,3,4,5,10};
```

这将把 1、2、3、4、5、10 分别赋给 a[0] [0]、a[0] [1]、a[0] [2]、a[1] [0]、a[1] [1]、a[1] [2]。

对二维数组的全部元素赋初值，也可将每一行的元素的数值用一对花括号括起来，这种形式更为直观，不易出错。例如：

```
int a[2] [3]={{1,2,3},{4,5,10}};
```

2．对二维数组的部分元素赋初值

给二维数组前面的部分元素赋初值，可在一对花括号内写上这些元素的初值。例如：

```
int a[2] [3]={1,2};
```

这将把 1、2 分别赋给 a[0] [0]、a[0] [1]，其余的将自动赋初值 0。

也可对各行的前面的元素赋初值。例如：

```
int a[2] [3]={{1,2},{4}};
```

也可对前面的一部分行的前面的元素赋初值。例如：

```
int a[5] [3]={{1,2},{4}};
```

3．对数组的全部元素赋初值时可省略行下标

在对数组的全部元素赋初值时，可以省略第一维的长度——行下标，但第二维的列下标不能省。例如可写成：

```
int a[ ][3]={1,2,3,4,5,10};
```

这时系统会根据花括号内的数值个数自动算出数组第一维的长度。

注意不能写成：

```
int a[2 ][ ]={1,2,3,4,5,10};
```

在按行为数组的部分元素赋初值时，也可以省略第一维的长度。例如：

```
int a[ ] [3]={{1,2},{4}};
```

6.2.3 二维数组的引用

二维数组定义后，引用格式如下：

数组名[下标] [下标]

下标可以是整常数或整型表达式，其起始值都为 0。例如，a[0][1]表示引用二维数组 a 的第 0 行第 1 列的元素。

从二维数组各元素的下标可以计算出某一个数组元素在数组中的顺序号。设一个 m×n 的二维数组 a，a[0][0]是第 0 个元素，则 a[i][j]是第 i×n+j 个元素。

从键盘上为二维数组元素输入数值，需使用两重循环，一行一行地输入。例如：

```
for(i=0;i<2;i++)
   for(j=0;j<3;j++)
      scanf("%d",&a[i] [j]);
```

6.2.4 二维数组应用举例

【例 6.8】 从键盘上给一个 3×4 的二维整型数组赋以数值，将其最大值以及最大值所在的行号和列号找出、打印出来。

题目分析：

（1）编程思路：设定变量记录最大值及最大值所在的行号和列号（开始时认为最大值是第一个数组元素的值，行号和列号为 0，0），每个数组元素与记录最大值的变量比较，一旦数组元素大于该变量，则将此元素的值赋给该变量，并记录相应的行号和列号。

（2）算法的 N-S 图如图 6.4 所示。

程序如下：

```
#include "stdio.h"
main()
{
    int i,j,max,row,colum;
    int a[3][4];
    for (i=0;i<3;i++)
      for (j=0;j<4;j++)
         scanf ("%d",&a[i] [j]);
    max=a[0][0];
    row=0;
    colum=0;
    for (i=0;i<3;i++)
      for (j=0;j<4;j++)
        if (max<a[i][j])
        {   max=a[i][j];
            row=i;
            colum=j;
        }
    printf("Max is %d,row=%d,colum=%d\n",max,row,colum);
}
```

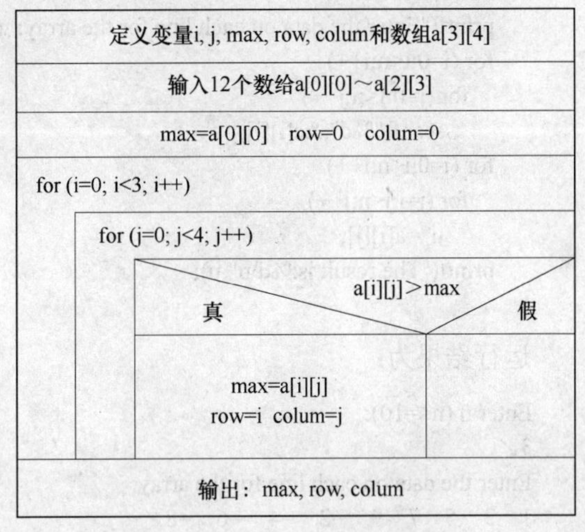

图 6.4 寻找二维数组最大值及其行号和列号的 N-S 图

运行结果为：

```
1  2  3  4  5  6  7  8  9  0  11  12↙
Max is 12,row=2,colum=3
```

【例 6.9】 求 n×n 矩阵 a 的上三角形元素之积。其中矩阵的行数、列数和全部元素值

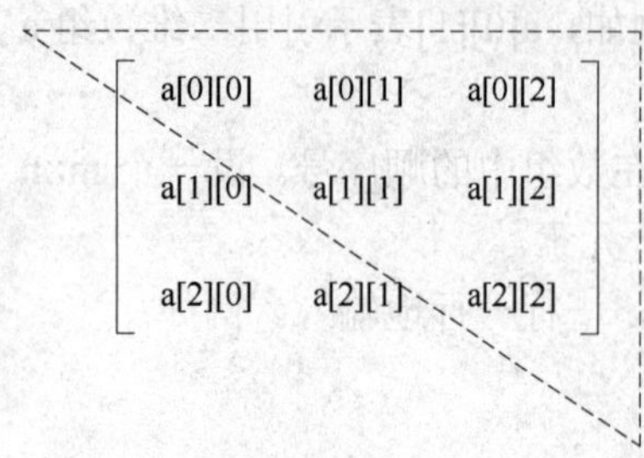

图 6.5　3×3 矩阵的上三角形元素

均由键盘输入，编程时取 n<=10。上三角形元素如图 6.5 所示。设各元素均为整型数据。

题目分析：

本题的关键是如何表达上三角形元素，即数组元素的下标从什么数变化到什么数？设 3×3 矩阵，第 1 行的 3 个数，行标为 0，列标为 0、1、2；第 2 行的右边 2 个数，行标为 1，列标为 1、2；第 3 行的右边 1 个数，行标为 2，列标为 2。是什么规律？行标 i 从 0～n–1，列标 j 从 i～n–1。

程序如下：

```
#include "stdio.h"
main()
{
    int i,j,n;
    int u=1;
    int a[10][10];
    printf("Enter n (n<=10): \n");
    scanf("%d",&n);
    printf("Enter the data on each line for the array: \n");
    for (i=0;i<n;i++)
      for (j=0;j<n;j++)
        scanf("%d",&a[i][j]);
    for (i=0;i<n;i++)
      for (j=i;j<n;j++)
        u*=a[i][j];
    printf("The result is:%d\n",u);
}
```

运行结果为：

```
Enter n (n<=10):
3↙
Enter the data on each line for the array:
1  3  5  7  9  –2  –4  –6  –8↙
The result is : 2160
```

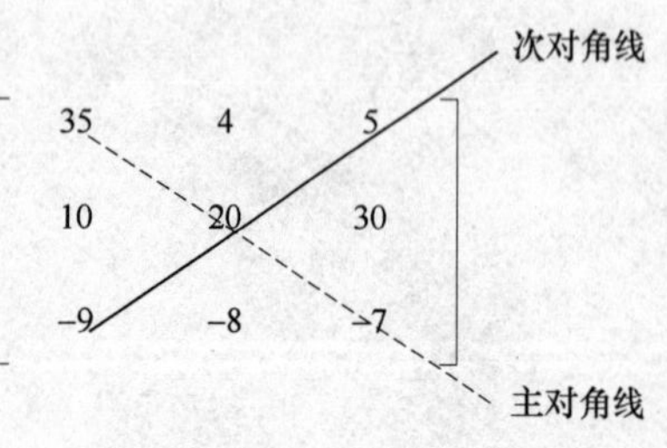

图 6.6　3×3 矩阵的对角线

请思考：

画出描述算法的流程图或 N-S 图。

【例 6.10】 求 3×3 矩阵的主对角线上的元素之和，以及次对角线上的元素之和。按行排，矩阵各元素的值分别是 35、4、5、10、20、30、–9、–8、–7。主对角线上的元素以及次对角线上的元素如图 6.6 所示。设各元素均为整型数据。

题目分析：

本题与［例 6.9］一样，仍然是找数组元素的下标的变化规律。请自已找一找。

程序如下：

```
#include "stdio.h"
main()
{
  int a[3][3]={{35,4,5},{10,20,30},{-9,-8,-7}};
  int i,j,sum1=0,sum2=0;
  for (i=0;i<3;i++)
    for (j=0;j<3;j++)
      if (i==j)sum1=sum1+a[i][j];
  for (i=0;i<3;i++)
    for (j=0;j<3;j++)
      if ((i+j)==2)sum2=sum2+a[i][j];
  printf("sum1=%d,sum2=%d\n",sum1,sum2);
}
```

运行结果为：

```
sum1=48,sum2=16
```

【例 6.11】 检查一个给定的 4×4 二维数组是否对称（主对角线两边的元素沿主对角线对应相等称为对称）。按行排，设二维数组的各个元素分别是 6、7、8、9、7、1、0、4、8、0、2、5、9、4、5、3。

题目分析：

对称如何表达？是 a[i][j] = a [j][i]吗？

程序如下：

```
#include "stdio.h"
main()
{
    int i,j,yesno=0;
    int a [4] [4]={6,7,8,9,7,1,0,4,8,0,2,5,9,4,5,3};
    for (i=0;i<4;i++)
      for (j=i+1;j<4;j++)
      if (a[i][j]!= a [j][i])
      {  yesno=1;
          break;
      }
    if (yesno==1)   printf("No!\n");
    else   printf("Yes!\n");
}
```

运行结果为：

```
Yes!
```

6.3 多 维 数 组

多维数组的定义、初始化和引用与前面介绍的二维数组类似。多维数组有多个下标，几维就有几个下标。多维数组的定义格式如下：

数据类型　数组名[常量表达式] [常量表达式]…[常量表达式];

例如：

```
int a[2][3][2];
```

定义了一个整型三维数组 a，它有 2×3×2=12 个元素。

在多维数组中，数组元素在内存中的存放顺序是：最左边的下标变化最慢，越靠右的下标变化越快，最右边的下标变化最快。

例如，上面定义的三维数组 a 的 12 个元素的存放顺序是：

a[0][0][0],a[0][0][1],a[0][1][0],a[0][1][1],a[0][2][0],a[0][2][1],a[1][0][0],a[1][0][1],a[1][1][0],a[1][1][1],a[1][2][0],a[1][2][1]

在对数组的全部元素赋初值时，可以省略第一维的长度——行下标，但其他维的下标不能省。例如，可写成：

```
int a[ ][2][3]={1,2,3,4,5,6,7,8,9,10,11,12};
```

这时系统会根据花括号内的数值个数自动算出数组第一维的长度是 2。

【例 6.12】 定义一个 2×3×2 三维整型数组，顺序赋值（设各数组元素的数值是相应的下标之和加 2），求各元素的乘积。要求在屏幕上打印出各元素的值和各元素的乘积。

题目分析：

（1）本题的算法是什么呢？很简单：定义数组→各元素赋值→求乘积→输出结果。

（2）赋值和求积适合采用顺序结构、选择结构和循环结构中的哪一种结构？是循环结构吗？

程序如下：

```
#include "stdio.h"
main()
{
    int i,j,k;float u=1.0;
    int a[2][3][2];
    for (i=0;i<2;i++)
       for (j=0;j<3;j++)
          for (k=0;k<2;k++)
          {   a[i][j][k]=i+j+k+2;
              printf("a[%1d][%1d][%1d]=%d\n",i,j,k,a[i][j][k]);
          }
    for (i=0;i<2;i++)
       for (j=0;j<3;j++)
         for (k=0;k<2;k++)
            u*=a[i][j][k];
    printf("The result is:%f\n",u);
}
```

运行结果为：

```
a[0][0][0]=2
a[0][0][1]=3
```

```
a[0][1][0]=3
a[0][1][1]=4
a[0][2][0]=4
a[0][2][1]=5
a[1][0][0]=3
a[1][0][1]=4
a[1][1][0]=4
a[1][1][1]=5
a[1][2][0]=5
a[1][2][1]=6
The result is:10368000.000000
```

6.4　字符数组和字符串

在第 2 章中，简要介绍了字符串常量，即字符串常量的表示形式（如"Great"）、字符串的长度（即组成字符串的字符个数，如"Great"为 5）、字符串存储时占的内存字节数（即字符串的长度+1，如"Great"为 6 个字节），字符串的结束标志（'\0'——ASCII 码值为 0 的字符）等，但没有提及相应的变量类型——字符串变量。

事实上，C 语言没有设置字符串变量。字符串的一系列处理完全依赖于字符数组。字符数组是数组元素为字符型元素的数组。

下面通过字符数组介绍字符串的存储方法、字符串的输入与输出、字符串处理函数以及字符串数组等内容。

6.4.1　字符数组的定义

字符数组的定义方法与前面介绍的数组类似。定义格式如下：

```
char　数组名[常量表达式];                    /*一维字符数组*/
char　数组名[常量表达式] [常量表达式];       /*二维字符数组*/
```

例如：

```
char c[4];
char str[3][10];
```

6.4.2　字符数组的初始化

在定义字符数组的同时指定字符串初值，有两种初始化的方法。

1．将字符串的字符逐个地赋给字符数组的元素

例如：

```
char c[4]={ 'm','a','n'};
```

这将把字符'm'、'a'、'n'分别赋给 c[0]、c[1]、c[2]，如图 6.7 所示。'\0'是系统自动加上的，作为字符串结束标志（如果是 c[3]而不是 c[4]，则系统不会加上'\0'）。

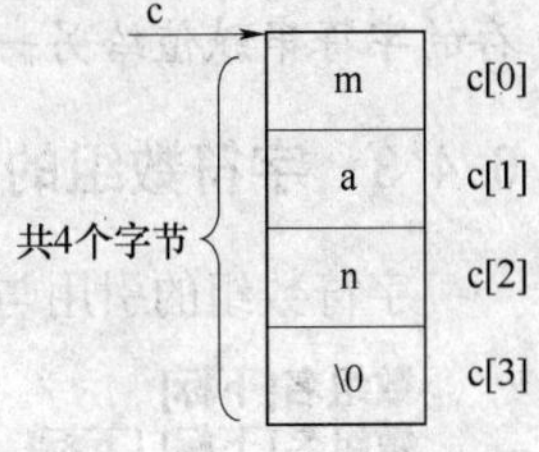

图 6.7　数组 c 的存储

有了结束标志'\0'，字符数组的长度就显得不那么重要了。在

程序中往往依靠检测结束标志'\0'来判断字符串是否结束，而不是根据数组长度来决定字符串长度。当然，在定义字符数组时，应使字符数组的长度大于数组要保存的字符串的实际长度。

说明：

（1）如果花括号中提供的初值个数（即字符个数）大于数组长度，则按语法错误处理；如果初值个数小于数组长度，则只将这些字符赋给数组中前面的元素，其余的元素系统自动定为空字符（即'\0'），如图 6.7 所示；如果两者相等，这些字符将赋给数组中的元素，而空字符（即'\0'）放到了该数组之后的存储单元中（这有可能破坏其他数据区或程序本身，是危险的）。

strg1[0]	P
strg1[1]	r
strg1[2]	o
strg1[3]	g
strg1[4]	r
strg1[5]	a
strg1[6]	m
strg1[7]	
strg1[8]	c
strg1[9]	\0
strg1[10]	
strg1[11]	

图 6.8　字符数组 strg1 的存储

（2）与前类似，在对字符数组的全部元素赋初值时，可以省略元素的个数。可写成：

```
char a[ ]={'C','h','i','n','a'};
```

显然，它的长度（元素个数）为 5；等价于：

```
char a[5]={'C','h','i','n','a'};
```

2．给字符数组直接赋字符串常量

例如：

```
char strg1[12]={"Program c"};或 char strg1[12]= "Program c";
```

系统会将字符串"Program c"的字符逐个地赋给字符数组的元素，并自动在最后一个字符后加入一个'\0'字符作为字符串的结束标志（赋值时花括号可省略）。数组 strg1 的内容如图 6.8 所示。

注意：

```
char strg1[ ]={"Program c"};或 char strg1[ ]= "Program c";       /* 直接赋字符串常量,自动在最后加'\0' */
```

这两种写法等价于：

```
char strg1[ ]={'P','r','o','g','r','a','m',' ','c','\0'};           /* 字符'c'的后面,强制加上'\0' */
```

而与下面的写法不等价：

```
char strg1[ ]={'P','r','o','g','r','a','m',' ','c'};                /* 字符'c'的后面,没有'\0' */
```

前 3 种写法的长度为 10，最后 1 种的长度为 9。

另外，在程序中还可利用字符串赋值函数，将字符串赋值给字符型数组或将一数组保存的字符串赋值给另一个数组。

6.4.3　字符数组的引用

字符数组的引用与前面数值型数组的引用格式相同，即：

数组名[下标]
数组名[下标] [下标]

下标可以是整常数或整型表达式，其起始值都为 0。

6.4.4 字符串的输入

字符串的输入既可以利用第 3.3.2 小节讲解的 scanf 函数来实现，也可利用专门的字符串输入函数 gets 来实现。

1．利用 scanf 函数实现字符串的整体输入

scanf 函数调用格式如下：

scanf("%s",str_addr)

其中，str_addr 是地址值（注意前面不能加“&”），可以是字符数组名、字符指针（见第 9 章）或字符数组元素的地址。输入的字符依次放入以这一地址为起点的存储单元，系统会自动在末尾加'\0'。例如：

```
char strg1[12];
scanf ("%s",strg1);
```

程序执行以上语句时，会等待用户输入字符串，若输入：

```
Program↙
```

系统会将输入的字符串"Program"赋给数组 strg1，并自动在有效字符之后加入结束标志'\0'。

说明：

（1）用%s 格式符输入字符串时，空格和回车符（↙）都作为输入数据的分隔符而不能被读入。例如：执行上面的 scanf 语句时，若输入：

```
Program   c↙
```

存入数组 strg1 的是字符串"Program"，而不是"Program c"。

如果要存入"Program c"，应当如此：

```
char strg1[12],strg2[3];
scanf ("%s%s",strg1,strg2);
```

（2）若 str_addr 是字符数组名，则输入字符串的长度应小于字符数组所能容纳的字符个数。

（3）若 str_addr 是数组元素的地址，输入数据将从这一元素开始存放。

2．利用 gets 函数实现字符串的整体输入

gets 函数调用格式如下：

gets(str_addr)

其中，str_addr 存放字符串的起始地址，可以是字符数组名、字符指针或字符数组元素的地址。

gets 函数克服了 scanf 函数不能完整读入含空格的字符串的缺点，它可以从键盘读入字符串的全部字符（包括空格），直到读入一个回车换行符为止。回车换行符不作为字符串的内容。系统自动为读入的字符串加上结束标志'\0'。例如：

```
char strg1[12];
gets(strg1);
```

执行以上语句时，若输入：

Program c↙

字符串"Program c"将被存入字符数组 strg1，数组 strg1 的内容如图 6.8 所示。

6.4.5　字符串的输出

字符串的输出既可以利用第 3.3.1 小节讲解的 printf 函数，也可利用专门的字符串输出函数 puts 来实现。

1．利用 printf 函数实现字符串的输出

printf 函数调用格式如下：

printf("%s",str_addr)

其中，str_addr 是地址值。该函数将从这一地址开始，依次输出存储单元中的字符，直到遇到一个结束标志'\0'为止。

【例 6.13】 字符串的输入与输出（使用 printf 函数）。

题目分析：

（1）本题输入用 gets 和 scanf，以作比较。

（2）输出用 printf。

程序如下：

```
#include "stdio.h"
main()
{
    char strg1[12];
    gets(strg1);
    printf ("%s",strg1);
    printf("\n");
    scanf ("%s",strg1);
    printf ("%s",strg1);
}
```

运行结果为：

```
Program c↙
Program c
Program c↙
Program
```

以上程序及其运行结果既验证了 printf 函数输出字符串的功能，也显示了 gets 和 scanf 在功能上的区别（即能否完整读入含空格的字符串）。

2．利用 puts 函数实现字符串的输出

puts 函数调用格式如下：

puts(str_addr)

其中，str_addr 是存放待输出字符串的起始地址。该函数将从这一地址开始，依次输出存储单元中的字符，直到遇到结束标志'\0'为止，并自动输出一个换行符。

【例 6.14】 字符串的输入与输出（使用 puts 函数）。

题目分析：

（1）本题输入用 gets。

（2）输出用 puts。

程序如下：

```
#include "stdio.h"
main()
{
    char strg1[12];
    gets(strg1);
    puts(strg1);
    puts("12345");              /*本行是为了观察上一个语句是否自动输出一个换行符*/
}
```

运行结果为：

```
Program c↙
Program c
12345
```

说明：

（1）使用 gets 和 puts 函数时，程序前面必须出现包含头文件的命令行：

#include <stdio.h>或#include "stdio.h"

（2）gets 和 puts 函数只能输入或输出一个字符串，不能写成如下形式：

gets(str1,str2)或 puts(str1,str2)

6.4.6 字符串运算函数

C 语言没有提供对字符串进行整体操作的运算符，但可利用与字符串操作有关的库函数实现字符串的复制、连接、比较等运算。在使用这些库函数时，必须在程序前面指定包含头文件“string.h”。

1．字符串复制函数 strcpy

strcpy 函数的调用格式如下：

strcpy(s1,s2)

strcpy 是 STRing CoPY（字符串复制）的缩写。

此函数用来将字符串 s2 复制到字符数组 s1 中。其中 s1 为字符数组名或字符指针，s2 为一个字符串或保存字符串的字符数组。

【例 6.15】 字符串复制。

题目分析：

字符串复制要使用 strcpy 函数。

程序如下：

```
#include "stdio.h"
#include "string.h"
```

```
main()
{
    char strg1[12];
    char strg2[12];
    gets(strg1);
    strcpy(strg2,"Program c");        /*将字符串"Program c"复制到数组 strg2 中*/
    puts(strg2);
    strcpy(strg2,strg1);              /*将数组 strg1 中的字符串复制到数组 strg2 中*/
    puts(strg2);
}
```

运行结果为：

```
Program↙
Program c
Program
```

说明：

（1）s1 为数组名时，数组应该定义得足够大，其长度不应小于 s2 的长度。

（2）复制时，连同字符串后面的'\0'一起复制到 s1 中。

2. 字符串连接函数 strcat

strcat 函数的调用格式如下：

strcat(s1,s2)

strcat 是 STRing CATenate（字符串连接）的缩写。

此函数将字符串 s2（含'\0'）连接到 s1 的后面，并自动覆盖字符串 s1 末尾的结束标志'\0'。

【例 6.16】 字符串连接。

题目分析：

字符串连接要使用 strcat 函数。

程序如下：

```
#include "stdio.h"
#include "string.h"
main()
{
    char strg1[25]="Program and";
    char strg2[12]=" Design";
    strcat(strg1,strg2);
    puts(strg1);
}
```

运行结果为：

```
Program and Design
```

执行连接操作后，数组 strg1 的内容如图 6.9 所示。

P	r	o	g	r	a	m		a	n	d		D	e	s	i	g	n	\0	

图 6.9　连接后的字符数组 strg1

同样，s1 应有足够大的空间容纳合并后的字符串。

3．字符串比较函数 strcmp

strcmp 函数的调用格式如下：

strcmp(s1,s2)

strcmp 是 STRing CoMPare（字符串比较）的缩写。

此函数用来比较字符串 s1 和 s2 的大小，比较结果由函数值代回。

（1）若字符串 s1>s2，函数值为一正数。

（2）若字符串 s1=s2，函数值为 0。

（3）若字符串 s1<s2，函数值为一负数。

字符串比较的规则是：对两个字符串自左向右逐个字符相比较（按 ASCII 码值大小比较），直到出现不同的字符或遇到'\0'为止。如果全部字符都相同，则认为相等；若出现不相同的字符，则以第一个不相同的字符的比较结果为准。

【例 6.17】 输出两个字符串中较大的字符串。

题目分析：

（1）字符串如何比较大小？使用 strcmp 函数很合适。

（2）比较时使用几分支结构？两分支结构。如果 strcmp 的函数值大于零，输出 strcmp 的前一参数；否则输出 strcmp 的后一参数。

（3）输入、输出字符串有多种方式，选哪种方式？这里使用 gets、puts 函数简捷、方便。

程序如下：

```
#include "stdio.h"
#include "string.h"
main()
{
    char strg1[12];
    char strg2[12];
    gets(strg1);
    gets(strg2);
    if (strcmp(strg1,strg2)>0)
        puts(strg1);
    else
        puts(strg2);
}
```

运行结果为：

```
Program c↙
Progdesign↙
Program c
```

4．测试字符串长度函数 strlen

strlen 函数的调用格式如下：

strlen(s)

strlen是STRing LENgth（字符串长度）的缩写。

此函数用来测试字符串的长度（是字符串的实际长度，不包含结束标志'\0'），函数返回该长度值。

【例6.18】 输出字符串的长度。

题目分析：

输出字符串的长度要使用strlen函数。

程序如下：

```
#include "stdio.h"
#include "string.h"
main()
{
    char strg1[12]="Program";
    printf("%d",strlen(strg1));              /*输出数组strg1中字符串的长度*/
}
```

运行结果为：

```
7
```

6.4.7 二维字符数组

二维字符数组是存放若干个字符串的数组，又称为字符串数组。

二维字符数组的第一个下标决定了字符串的个数，第二个下标决定了字符串的最大长度。例如：

```
char strg1[4][8];
```

二维字符数组strg1最多可存放4个字符串，每个字符串的最大有效长度是7（需保留一个存储单元给字符串结束标志'\0'）。

二维字符数组的赋值可以在数组定义的同时实现，例如：

```
char strg1[4][8]={ "Program"," c","and","Design"};
```

或

```
char strg1[ ][8]={ "Program"," c","and","Design"};
```

也可以在程序执行过程中利用赋值语句及相关的函数实现，例如：

```
char strg1[4][8];
strcpy(strg1[0],"Program");
strcpy(strg1[1]," c");
strcpy(strg1[2],"and");
strcpy(strg1[3],"Design");
```

或

```
char strg1[4][8];
strg1[0][0]='P';strg1[0][1]='r';…;strg1[0][6]= 'm';strg1[0][7]='\0';
…
```

二维字符数组 strg1 的内容如图 6.10 所示。

strg1[0]	P	r	o	g	r	a	m	\0
strg1[1]		c	\0					
strg1[2]	a	n	d	\0				
strg1[3]	D	e	s	i	g	n	\0	

图 6.10 二维字符数组 strg1 的存储

6.4.8 字符数组和字符串应用举例

【例 6.19】 统计一个字符串中大写字母的个数，并将其中的小写字母转换为大写字母。

题目分析：

本题请大家自己确定编程思路。如何统计？如何转换？

程序如下：

```
#include "stdio.h"
main()
{
    int i,sum=0;
    char strg1[50];
    printf("\nPlease input the string: ");
    gets(strg1);
    for (i=0;strg1[i]!= '\0';i++)
    {   if (strg1[i]>= 'A' && strg1[i]<= 'Z')
            sum=sum+1;
        else if (strg1[i]>= 'a' && strg1[i]<= 'z')
                strg1[i]=strg1[i]- 'a'+ 'A';
    }
    printf("There are %d upper alpha in the string.\n",sum);
    printf("The string become: %s",strg1);
}
```

以上程序对输入的字符串中的每一个字符均进行了判断：若为大写字母，计数器 sum 加 1；若为小写字母，利用字符运算将小写字母转换为大写字母。

运行结果为：

```
Please input the string:Program and Design↙
There are 2 upper alpha in the string.
The string become:PROGRAM AND DESIGN
```

由程序可看出：既可以将字符串作为一个整体进行各种操作（如输入、输出等），也可以单独引用字符串中的某个字符并进行相应处理。

【例 6.20】 输入 4 个字符串，将其中最大的字符串打印出来。

题目分析：

（1）本题要比较字符串中的大小，适合使用 strcpy 函数。

（2）4 个字符串逐个比较，采用循环结构较好。

（3）用数组 strg1 保存 4 个字符串中的大者，用数组 strg2 接收键盘上输入的新字符串。一旦 strg2> strg1，则将大的字符串 strg2 给 strg1。

（4）将大的字符串给 strg1，使用 strcpy 函数。

（5）当输入完最后一个字符串并进行比较处理后，strg1 中存放的就是最大的字符串。

（6）算法为：

1）定义两个字符数组 strg1 和 strg2。

2）定义循环控制变量 i。

3）输入 strg1。

4）循环，先令 i=0。

5）输入 strg2。

6）strg1 和 strg2 比较。若 strg2> strg1，则将 strg2 复制给 strg1，i 加 1。如果 i<3，返回步骤 5)，否则执行步骤 7)。

7）输出 strg1。

程序如下：

```
#include "stdio.h"
#include "string.h"
main()
{
    char strg1[50];
    char strg2[50];
    int i;
    printf("\nplease input 4 strings:\n");
    gets(strg1);
    for (i=0;i<3;i++)
    {   gets(strg2);
        if (strcmp(strg1,strg2)<0)
            strcpy(strg1,strg2);
    }
    printf("the first string is:%s",strg1);
}
```

运行结果为：

```
please input 4 strings:
Program↙
Design c↙
Process↙
Street↙
the first string is:Street
```

程序利用数组 strg2 接收键盘输入的字符串，并与数组 strg1 中的字符串进行比较，使 strg1 始终保存较大的字符串。

请思考：

能否利用二维字符数组完成以上功能？

【例 6.21】 删除一个字符串中的指定字符。

题目分析：

(1) 利用字符数组 temp 依次存放所有非删除字符，并在这些字符的最后加入字符串结束标志'\0'。最后，temp 存放的是删除指定字符后的字符串。

(2) 利用字符串处理函数 strcpy 将 temp 中的字符串复制到 strg1 中。

(3) 这样就通过间接的方法，删除了 strg1 字符串中的指定字符。

```
#include "stdio.h"
#include "string.h"
main()
{
    char ch1;
    char strg1[50];
    char temp[50];
    int i,j=0;
    printf("please input the string:\n");
    gets(strg1);
    printf("please input the alphabet:");
    ch1=getchar();
    for (i=0;strg1[i]!= '\0';i++)
      if (strg1[i]!=ch1)
      {   temp[j]=strg1[i];
          j++;
      }
    temp[j]='\0';
    strcpy(strg1,temp);
    puts(strg1);
}
```

运行结果为：

```
please input the string:
program c and design↙
please input the alphabet:r↙
pogam c and design
```

习　题　6

一、选择题

1. 以下对数组 score 正确定义的是（　　）。

   A. int score(10);

   B. int n=10,score[10];

   C. int n;
      scanf("%d",&n);
      int   score[n];

   D. #define N 10
      int   score[N];

2. 若有定义：int a[3][4]；则对 a 数组元素非法引用的是（　　）。

   A. a[0][2*1]　　B. a[1][3]　　C. a[3−2][0]　　D. a[0][4]

3. 以下不能对二维数组a进行正确格式化的语句是（　　）。

A. int a[2][3]={0};

B. int a[ ][3]={{7,−12},{36}};

C. int a[2][3]={{−9,32},{−51,32},{17,−38}};

D. int a[ ][3]={−22,3,−78,99,−1000};

4. 如有定义 int a[ ][3]={10,11,12,16,−8,9,−36,−3,−25,10};则该数组第一维的大小是（　　）。

A. 3　　B. 4　　C. 5　　D. 没有确定值

5. 判断字符串a和b是否相等，应当使用（　　）。

A. if(a==b)　　B. if(a=b)

C. if(strcpy(a,b))　　D. if(strcmp(a,b)==0)

二、给出运行结果题

1.
```
#include "stdio.h"
main()
{
    int i,a[10];
    for(i=1;i<10;i++)
        {   a[i]=7*(i–3+4*(i>6))%5;
            printf("%5d",a[i]);
        }
}
```

2.
```
#include "stdio.h"
main()
{
    int i=1,n=5,j,m=40,a[5]={1,30,200};
    while(i<=n && m>a[i])    i++;
    for(j=n–1;j>=i;j––)    a[j+1]=a[j];
    a[i]=m;
    for(i=0;i<=n;i++)
      printf("%d\n",a[i]);
}
```

3.
```
#include <stdio.h>
main ()
{
    int x[ ]={1,3,5,7,2,4,6,0},i,j,k;
    for(i=0;i<3;i++)
      for (j=2;j>=i;j––)
        if(x[j+1]>x[j]){ k=x[j];x[j]=x[j+1];x[j+1]=k;}
    for(i=0;i<3;i++)
      for(j=4;j<7–i;j++)
        if(x[j+1]>x[j]){ k=x[j];x[j]=x[j+1];x[j+1]=k;}
    for (i=0;i<3;i++)
      for(j=4;j<7–i;j++)
```

```
        if(x[j]>x[j+1]){ k=x[j];x[j]=x[j+1];x[j+1]=k;}
    for (i=0;i<8;i++) printf("%d",x[i]);
    printf("\n");
}
```

4．
```
#include "stdio.h"
main()
{
    int i=5;
    char c[6]="PQRS";
    do
    { c[i]=c[i-1];
    }while(--i>0);
    puts(c);
}
```

三、编程题

1. 将某整型数组中的数列首尾颠倒存放。如果该数列为 100，99，36，68，9；则要求按 9，68，36，99，100 存放并输出。

2. 输入一个 n×n 矩阵各元素的值，求出两条对角线元素各自的乘积。设各元素均为整数。

3. 找出一个二维数组中的鞍点，即该位置上的元素在该行上最大，在该列上最小。也可能没有鞍点。设各元素均为整数。

4. 用循环结构求一 4×6 矩阵所有靠外侧的元素之和。设各元素均为整数。

5. 将字符数组 a 中的下标为单号（1，3，5，...）的元素赋给另一个字符数组 b，然后输出 a 和 b。

6. 不调用库函数 strcpy，将 char 型数组 s1 中的字符串复制到 char 型数组 s2 中。

7. 从键盘读取一个字符串，统计其中空格的个数。

8. Joseph（围圈循环报数）问题：n 个人按编号顺序 1，2，...，n 逆时针方向围成一圈，从 1 号开始按逆时针方向 1，2，...，m 报数，凡报 m 者出圈。问最后剩下的一个未出圈者的最初编号是多少？

提示：首先定义一个有 n 个元素的数组，其元素的初值均设置为 1，表示都没有出圈；再设置一个计数器 num 表示还剩下几人，其初值为 n。然后从首个元素开始从 1 计数，当计数到 m 时将该元素的值改为 0（表示其已出圈）并将计数器的 num 减 1。在计数过程中，如果遇到某个元素的值为 0，则表示该人已在前面出圈了，因此跳过该元素；如果到达了数组的最后一个元素，则再从头（0）开始。重复以上过程，直到只剩下一个元素。

9. 输入某年某月某日，判断这一天是这一年的第几天。利用数组实现。

提示：要确定是一年中的第几天，需要知道每个月的天数。由于 2 月份的天数与是否闰年有关，需要判断这一年是否闰年。可把月份天数表设成一个二维数组 day_tab[2][12]={{31,28,31,30,31,30,31,31,30,31,30,31},{31,29,31,30,31,30,31,31,30,31,30,31}}。

10. 打印“魔方阵”。所谓“魔方阵”是指这样的方阵，它的每一行之和、每一列之和及对角线之和均相等。例如，三阶魔方阵为：

8 1 6
3 5 7
4 9 2

要求打印出由 1 ~ n^2 的自然数构成的魔方阵。

提示：魔方阵中各数的排列规律如下：

（1）将 1 放在第一行中间一列。

（2）从 2 开始直到 n×n 为止各数依次按下列规则存放：每一个数存放的行比前一个数的行数减 1，列数加 1（例如上面的三阶魔方阵，5 在 4 的上一行后一列）。

（3）如果上一个数的行数为 1，则下一个数的行数为 n（指最下一行）。例如 1 在第 1 行，则 2 应放在最下一行，列数同样加 1。

（4）当上一个数的列数为 n 时，下一个数的列数应为 1，行数减 1。例如 2 在第 3 行最后一列，则 3 应放在第 2 行第 1 列。

（5）如果按上面的规则确定的位置上已有数，或上一个数是第 1 行第 n 列时，则把下一个数放在上一个数的下面。例如按上面的规定，4 应该放在第 1 行第 2 列，但该位置已被 1 占据，所以 4 就放在 3 的下面。由于 6 是第 1 行第 3 列（即最后一列），故 7 放在 6 下面。按此方法可以得到任意阶的魔方阵。

算法如图 6.11 所示。

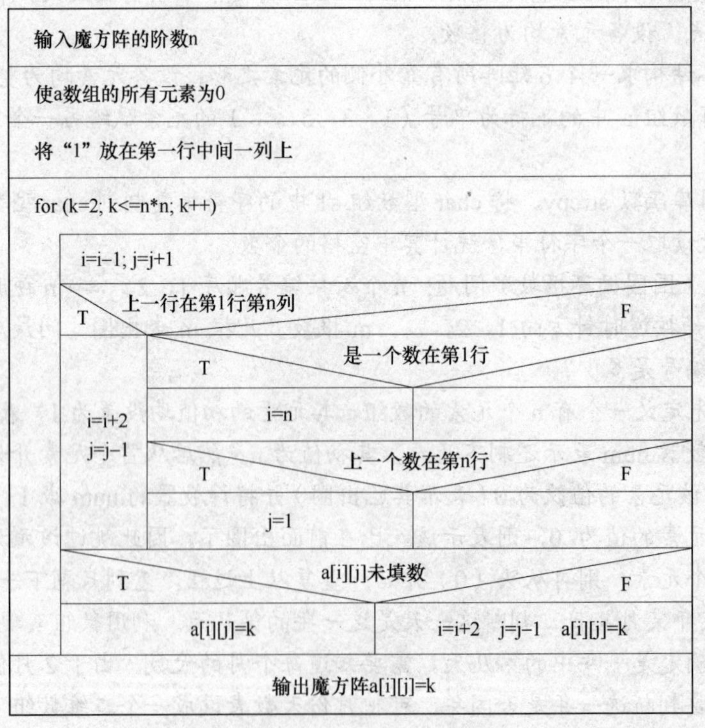

图 6.11 输出魔方阵的 N-S 图

11. 将螺旋方阵存放到 n×n 的二维数组中并打印输出。要求由程序自动生成下面的螺旋方阵（而不是人为地初始化或逐个赋值）。n 从键盘输入。

1	16	15	14	13
2	17	24	23	12
3	18	25	22	11
4	19	20	21	10
5	6	7	8	9

12. 求一个 100 位的正整数与一个 1 位的正整数 n 的乘积。100 位的正整数和 n 从键盘输入（1≤n≤9），要求求出准确值。

13. 求两个 100 位的正整数之和。两个 100 位的正整数从键盘输入，要求求出准确值。

14. 高精度求值：求两个正整数 355、113 之商 355/113。要求保留到小数点后 50 位，第 51 位及其以后位舍去。可令 a=355，b=113。

提示：首先，输出整数部分（a/b），然后，进行 50 次下述操作：对其输出整数部分（a/b）后的余数 u=a%b 乘以 10，除以 b，输出其整数。

15. 输入一个班 40 个学生的“C 语言及程序设计”课程的成绩（百分制，整数），求：

（1）最高分 max，最低分 min，平均分 mean。平均分保留 2 位小数。

（2）优秀者（成绩≥90）的人数 n[9];

良好者（80≤成绩<90）的人数 n[8];

中等者（70≤成绩<80）的人数 n[7];

及格者（60≤成绩<70）的人数 n[6];

不及格者（成绩<60）的人数 n[5];

100 分者的人数 n[10];

0 分者的人数 n[0]。

（3）成绩在平均分以上的人数 n_above_mean;

成绩在平均分以下的人数 n_below_mean;

成绩恰等于平均分的人数 n_equal_mean。

第 7 章

函　数

一个软件系统的程序不是几十行、几百行的程序代码，而是几千、几万行的程序代码。这么多的代码如果都写在主函数中，一旦发生错误，结果将是灾难性的。设计者不得不一行一行地去查找错误，其繁重程度甚至超过重新编写程序。其次，程序中的某些功能可能会多次使用，如果每一次使用都编写新的程序代码将加大设计人员的负担。

所以，程序设计应当使用结构化（模块化）程序设计的设计方法。

结构化程序设计的设计方法采用第 1 章所述的“模块化”和“自顶向下、逐步细化”的设计方法。

C 语言中，结构化程序设计由函数来实现。把较大的程序划分为若干个程序模块，每一个模块实现一个特定的功能。在 C 语言中，模块用函数来描述，功能由函数来完成。所以用 C 语言设计程序的任务只有一种，就是编写函数。

前面各章所编写的 C 语言程序，只编写了以 main 开头的主函数，没有编写其他函数，只是在程序中调用了 C 语言提供的库函数，如用于输入和输出的库函数——scanf、printf、getchar、putchar、gets、puts 等函数。main 函数是用户自己编写的，而 scanf、printf、getchar、putchar、gets、puts 是由 C 语言提供的，用户只要学会如何正确调用即可。

一个 C 语言程序可由一个主函数和若干个函数构成。由主函数调用其他函数，其他函数也可互相调用。同一个函数可以被一个或多个函数调用任意多次。一个 C 语言程序无论包含了多少个函数，C 语言程序总是从 main 函数开始执行，即从它的 main 函数的第一个花括号开始，依次执行后面的语句，直到 main 函数的最后的花括号为止。其他函数只有在执行 main 函数的过程中被调用时才执行。

本章将着重阐述如何定义函数和调用这些函数以及函数的返回值、函数声明、参数传递问题，除此以外还介绍数组作为函数参数、C 语言提供的库函数、局部变量和全局变量、变量的存储属性、函数的存储属性。

7.1 一 个 示 例

【例 7.1】 定义求 3 个实数平均值的函数，并编写一个 main 函数调用它。

```
#include "stdio.h"
main()                                          /*主函数*/
{
    float average3(float a,float b,float c);    /*函数声明*/
    float x,y,z,ave;
    printf("Please input x,y,z:\n");
    scanf("%f,%f,%f",&x,&y,&z);
    ave=average3(x,y,z);                /*函数调用,注意变量名 ave 不能与函数名 average3 重名*/
    printf("average=%f\n",ave);         /*调用库函数 printf*/
}
float average3(float a,float b,float c)         /*定义函数*/
{
    float aver;
    aver=(a+b+c)/3.0;
    return(aver);
}
```

某次运行结果：

```
1.0,8.5,–0.5↙
average=3.000000
```

解释说明：

本程序有两个函数：main 函数和 average3 函数。main 函数调用自定义函数 average3（还有库函数 scanf 和 printf）。3 个实数由 main 函数传递给 average3 函数，在 average3 函数中计算平均值，然后返回给调用它的 main 函数。

函数如何定义、如何调用？被调函数处理的结果如何返回？是否需要函数声明以及如何声明？形参和实参数据如何传递？下面的几节就阐述这些内容。

7.2 函数的定义

7.2.1 有参函数定义的一般格式

有参函数定义的一般格式如下：

```
函数类型 函数名(类型名 形式参数 1,类型名 形式参数 2,…)      /*函数头*/
{                                                          /*两个大花括号之间为函数体*/
    声明部分
    语句部分
}
```

（1）［例 7.1］中的下述部分就是定义的有参函数：

```
float average3(float a,float b,float c)      /*定义函数*/
{                                            /*两个大花括号之间为函数体*/
    float aver;
    aver=(a+b+c)/3.0;
    return(aver);
}
```

（2）函数类型是函数返回值的类型。

函数返回值的数据类型有 int、float、double 型等。对无返回值的函数，函数类型应定义为 void 类型（空类型）。

（3）函数名和形式参数都是用户命名的标识符。

在同一程序中，函数名必须唯一；形式参数名只要在同一函数中唯一即可，可以与其他函数中的变量名同名。

在函数体中用到的其他变量，如［例 7.1］中的 aver，这些变量（包括形参）只在函数被调用时才临时开辟存储单元，当退出函数时，这些临时开辟的存储单元就被释放。因此，这种变量只在函数体内部起作用，这就是它们可以与其他函数中的变量名同名的原因。注意同一个函数中的变量不能同名。

（4）函数定义的外部性。

C 语言规定，不能在一个函数的内部再定义函数。就是说，函数只能定义在别的函数外部，它们都是平行的，互相独立的。

（5）若在函数头处省略了返回值的类型名，C 语言默认函数返回值的类型为 int 型。

例如，下面程序中的函数 sum3 的返回值类型就是 int 型：

```
sum3(int a,int b,int c)
{
    return(a+b+c);
}

main()
{
    int x,y,z;
    printf("Please input x,y,z:\n");
    scanf("%d,%d,%d",&x,&y,&z);
    printf("sum(%d,%d,%d)=%d\n",x,y,z,sum3(x,y,z));
}
```

（6）函数参数的个数根据具体问题确定。

（7）在函数体中，除形参外用到的其他变量必须在声明部分进行定义。例如［例 7.1］中的 aver 即是。

7.2.2　无参函数定义的一般格式

无参函数定义的一般格式如下：

```
函数类型 函数名()          /*函数类型名为 void。函数头*/
{                          /*两个大花括号之间为函数体*/
```

```
    声明部分
    语句部分
}
```

【例 7.2】 无参函数示例。

```
void hello()
{
    printf("Hello! I am designing C program.\n ");
}
```

这里，hello 为函数名。该函数被调用时，输出“Hello! I am designing C program.”。

说明：

（1）无参函数没有形参，但函数名后的一对圆括号不能省略。

（2）该函数无返回值，函数类型名为 void。

7.3 函数的返回值

7.3.1 return 语句

return 语句的格式如下：

return (表达式);或 return　表达式;

该语句的功能有两个：

（1）结束 return 语句所在函数的执行，返回到调用该函数的地方，并将表达式的处理结果返回给调用函数。

（2）如果没有表达式，则结束 return 语句所在函数的执行，返回到调用该函数的地方。此时 return 语句的格式为：

return ();或 return;

7.3.2 函数的返回值

被调函数可以向主调函数返回值，也可以不向主调函数返回任何值，而将处理结果在被调函数内部直接输出。所以下面分有返回值和无返回值的函数来阐述。

1. 有返回值的函数

函数的值通过 return 语句返回，return 语句只能返回一个值。采用：

return (表达式);或 return 表达式;

说明：

（1）在同一个函数内可以根据需要在多处出现 return 语句。

【例 7.3】 定义函数求值，分别用一个 return 语句和两个 return 语句将函数值返回给主调函数。

$$y=\begin{cases}2x, & 当\ x<0.0 \\ 3x & \quad\ x \geqslant 0.0\ 时\end{cases}$$

题目分析：

定义函数时需要：

1）取一个函数名。

2）确定函数类型。

3）确定形参的名字、类型及个数。

4）确定返回值的类型（应与函数类型一致）。

下面分别用一个 return 语句和两个 return 语句返回函数值。

- 只用一个 return 语句。

```
float fun(float x)
{
    float a;
    if(x<0.0)   a=2*x;
    else    a=3*x;
    return(a);
}
```

- 用两个 return 语句。

```
float abs(float x)
{
    if(x<0.0)   return(2*x);
    else   return(3*x);
}
```

（2）return 语句中的表达式的值，应与函数头处所标明的类型相一致（若不一致，则以函数头处的类型为准，由系统自动转换）。

【例 7.4】 编写求整数 n！的函数。

题目分析：

（1）为体现函数的模块化特点，main 函数仅输入整数 n 和输出结果，其他都放到定义的函数中。

（2）求 n！的程序在［例 5.3］中曾经编写过，这里需要修改为函数。应该如何修改？其函数值如何返回？请思考。

程序如下：

```
#include "stdio.h"
int fac(int n)
{
    int i;
    float f=1.0;
    if(n= =0||n= =1)
       return(1);
    else
    {
      for(i=1;i<=n;i++)
         f=f*i;                          /*计算出来是实型*/
      printf("%d!=%f\n",n,f);            /*打印该实型数*/
```

```
        return(f);
    }
}

main()
{
    int n;
    printf("Please input n:\n");
    scanf("%d",&n);
    if(n<0)
        printf("Input data error.\n");
    else
        printf("%d!=%ld\n",n,fac(n));            /*返回的是长整型数*/
}
```

运行结果为：

```
Please input n:
10↙
10!=3628800.000000
10!=3628800
```

虽然 return 语句中的数据为实型，但因函数头处所标明的返回值类型为基本整型，所以函数的返回值为基本整型。

请思考：

怎样将 return 语句中的表达式的数据类型，修改为与函数头处所标明的数据类型一致？

2．无返回值的函数

return 语句可以不含表达式，这时它的作用只是使流程返回到调用函数，并没有确定的函数值。这时 return 语句可以省略，程序的流程就一直执行到函数末尾的“}”，然后返回调用函数，这时也没有确定的函数值返回。

【例 7.5】 定义将 3 个实数按从大到小排序的函数，无返回值。

题目分析：

无返回值，那么比较的结果如何呈现出来？

答：只能在该函数中输出，而不能在主调函数中输出。

程序如下：

```
void select(float a,float b,float c)
{
    float t;
    if(a<b)   { t=a;a=b;b=t;}
    if(a<c)   { t=a;a=c;c=t;}
    if(b<c)   { t=a;a=c;c=t;}
    printf("%f,%f,%f\n",a,b,c);       /*输出排序结果*/
}
```

这就是没有返回值的函数。

函数无返回值，函数类型为 void，因此，select(float a,float b,float c)前为 void。

像这种问题，如果不使用数组和指针，就只能在函数中用 printf 函数输出最后的结果，不能用 return 语句返回函数的多个结果，因为 return 只能返回一个值。

【例 7.6】 编写一个打印字符串"I am a student."的函数。

```
void prn()
{
    printf("I am a student. ");
}
```

这也是没有返回值的函数。

说明：

有的情况，既可以用 return 语句返回函数的值（如［例 7.3］和［例 7.4］），也可以在被调函数中用 printf 函数直接输出函数的值（如［例 7.5］）。［例 7.1］可写成：

```
float average3(float a,float b,float c)
{
    float aver;
    aver=(a+b+c)/3.0;
    printf("average=%f\n",aver);            /*输出计算结果*/
}
```

7.4 函数的调用

7.4.1 函数的调用格式

函数调用的一般格式如下：

函数名(实在参数表)

实在参数（简称实参）的个数多于一个时，各实在参数之间用逗号隔开，实参的类型应与形参的类型一致；函数名应与定义函数时用的函数名一致。

若函数无形参，调用格式如下：

函数名()

函数名后的一对圆括号不能省略。

对于有返回值的函数和无返回值的函数的调用应采用以下两种不同的方式，现进行简单说明。

1. 出现在表达式中

当所调用的函数用于求某个值，并用 return 语句将所求得的值返回调用函数时，函数的调用可作为表达式出现在允许表达式出现的地方。

【例 7.7】 编写求 3 个实数中的最大值的函数，并用主函数调用它，函数调用出现在表达式中。

题目分析：

注意调用函数时，函数名要与定义时一致，实参的类型、个数与形参一致。

程序如下：

```
#include "stdio.h"
float   max3(float a,float b,float c)
{
    float max;
    max=a;
    if(max<b)   max=b;
    if(max<c)   max=c;
    return(max);
}

main()
{
    float x,y,z,maximun;
    printf("Please input x,y,z:\n");
    scanf("%f,%f,%f",&x,&y,&z);
    maximun=max3(x,y,z);                    /*在表达式中调用函数 max3*/
    printf("max=%f\n",maximun);
}
```

运行结果为：

```
Please input x,y,z:
6,-2.5,99↙
max=99.000000
```

2．作为独立的语句完成某种操作

当 C 语言中的函数仅进行某些操作而不返回函数值时，函数的调用可作为一条独立的语句。对于［例 7.7］，若将函数编写成无返回值的函数，调用方法如下：

```
#include "stdio.h"
void max3(float a,float b,float c)
{
    float max;
    max=a;
    if(max<b)   max=b;
    if(max<c)   max=c;
    printf("max=%f\n",max);
}

main()
{
    float x,y,z;
    printf("Please input x,y,z:\n");
    scanf("%f,%f,%f",&x,&y,&z);
    max3(x,y,z);                    /*作为一条独立的语句调用函数 max3*/
}
```

7.4.2　函数调用时的语法要求

函数调用时的语法要求如下：

（1）函数调用时，函数名必须与函数定义时所用的名称完全一致。

（2）实参可以是表达式。

（3）实在参数的个数必须与形式参数的个数一致。在类型上应按位置与形参一一对应匹配。如果类型不匹配，C 语言编译程序按赋值兼容的规则进行转换，若实参和形参的类型不赋值兼容，通常并不给出出错信息，且程序仍然执行，只是不会得到正确的结果。因此应特别注意实参和形参的类型匹配。

7.4.3　调用函数和被调函数之间的数据传递

到目前为止所介绍的 C 语言函数，调用函数和被调函数之间的数据传递只能通过以下两种方式实现。

1．实参和形参之间进行数据传递

在 C 语言中，变量作为函数参数时，实参与形参是按传值方式结合的，称为“传值调用”或称为“值传递”方式。应特别注意，这种情况只能将实参的值传递给形参，而形参的值不能传递给实参（即函数中对形参变量的操作不会影响到调用函数中的实参变量）。

【例 7.8】 举例实参和形参之间传值调用，观察传递方向。设数据为整型。

```
#include "stdio.h"
void swap(int x,int y)            /*函数定义*/
{
    int t;
    t=x,x=y,y=t;
    printf("x=%d,y=%d\n",x,y);
}

main()
{
    int a=3,b=6;
    swap(a,b);                    /*函数调用*/
    printf("a=%d,b=%d\n",a,b);
}
```

运行结果为：

```
x=6,y=3
a=3,b=6
```

解释说明：

这里，swap 函数的功能是交换两个参数的值。但运行结果表明，它只交换了两个形参变量 x 和 y 的值，而没有交换 main 中变量 a 与 b 的值，即 a、b 的值传递给形式参数 x、y，但 x、y 的值却不能传递给 a、b。

2．通过 return 语句把函数值返回调用函数

【例 7.9】 举例 return 语句把函数值返回调用函数。设数据为整型。

```
#include "stdio.h"
int sum2(int x,int y)
{
    return(x+y);                    /*把函数值返回调用函数*/
}

main()
{
    int a=1,b=2,sum;
    sum=sum2(a,b);                  /*把实参 a、b 的值传递给形参 x、y*/
    printf("sum=%d\n",sum);
}
```

运行结果为：

```
sum=3
```

另外，C 语言的函数之间还可以通过数组、指针、全局变量的方式传递数据。关于这方面的内容后续章节会进行详细的讲解。

7.5 函 数 的 声 明

函数声明是对所调用的函数的特征进行必要的声明。编译程序以函数声明中给出的信息为依据，对调用表达式中的函数类型、参数类型、参数个数进行检测，以保证调用表达式与定义的函数之间的参数正确传递。

（1）若被调函数的定义放在函数调用之前，则无须进行函数声明。例如：

```
#include "stdio.h"
float sum3(float a,float b,float c)          /*函数定义放在函数调用的前面*/
{
    return (a+b+c);
}

main()
{
    float x,y,z,sum;
    printf("Please input x   y   z:\n");
    scanf("%f%f%f",&x,&y,&z);
    sum=sum3(x,y,z);
    printf("sum=%f\n",sum);
}
```

（2）当被调函数的定义放在调用函数之后时，若函数的返回值为 int 型和 char 型，函数声明可以省略，因为凡是未在调用前定义的函数，C 语言编译程序都默认函数的返回值为 int 类型。例如：

```
#include "stdio.h"
main()
{
```

```
    int sum3(int a,int b,int c);            /*函数声明,这里可省略*/
    int x,y,z,sum;
    printf("Please input x   y   z:\n");
    scanf("%d%d%d",&x,&y,&z);
    sum=sum3(x,y,z);                        /*函数调用*/
    printf("sum=%d\n",sum);
}

int sum3(int a,int b,int c)                 /*函数定义*/
{
    return(a+b+c);
}
```

（3）对于返回值为其他类型的函数，若把函数的定义放在调用之后，则应在调用之前对函数进行声明。

函数声明的一般格式如下：

类型名　函数名(形参类型 1　参数名 1,形参类型 2　参数名 2,…);

或

类型名　函数名(形参类型 1,形参类型 2,…);

此处的参数名完全是虚设的，它们可以是任意的用户标识符，既不必与函数头中的形参名一致，又可与程序中的任意用户标识符同名。实际上，函数声明时参数名可以省略。函数声明语句中的类型名必须与函数返回值的类型名一致。例如：

```
#include "stdio.h"
main()
{
    float sum3(float,float,float);          /*或 float sum3(float a,float b,float c);*/
    float x,y,z,sum;
    printf("Please input x   y   z:\n");
    scanf("%f%f%f",&x,&y,&z);
    sum=sum3(x,y,z);                        /*函数调用*/
    printf("sum=%f\n",sum);
}

float sum3(float a,float b,float c)         /*函数定义*/
{
    return(a+b+c);
}
```

7.6　函数的嵌套调用

C 语言的函数定义都是互相平行、独立的，也就是说，在定义函数时，一个函数内不能再定义另一个函数。

C 语言不能嵌套定义函数，但可以嵌套调用函数，也就是说，在调用一个函数的过程中，又调用另一个函数。

【例 7.10】 编写程序计算$\sum_{i=1}^{n} i!$的值，n 为大于 0 的整数。

题目分析：

本题使用嵌套调用。

（1）编写求 i！的函数 fact（int i）。

（2）编写求 1！+2！+3！+…+n！的函数 sumfact（int n）。

（3）主函数调用 sumfact（int n）函数，sumfact（int n）函数调用 fact（int i） 函数。

程序如下：

```
#include "stdio.h"
int fact(int i)                          /*求 i！的函数*/
{
    int j;int fac=1;
    for(j=1;j<=i;j++)
      fac=fac*j;
    return(fac);
}

int sumfact(int n)                       /*求 ∑(i=1..n) i! 的函数*/
{
    int i;int sum=0;
    for(i=1;i<=n;i++)
    sum=sum+fact(i);                     /*调用 fact 函数*/
    return(sum);
}

main()
{
    int n;      int sumfac;
    printf("Please input n:\n");
    scanf("%d",&n);
    sumfac=sumfact(n);                   /*在调用 sumfact 函数的过程中,又调用 fact 函数*/
    printf("sumfact=%d\n",sumfac);
}
```

运行结果为：

```
Please input n:
4↙
sumfact=34
```

［例 7.10］中，主函数在调用函数 sumfact 的过程中，又调用了 fact 函数，这就是嵌套调用。

7.7 函数的递归调用

在调用一个函数的过程中，又出现直接或间接地调用该函数本身，称为函数的递归调用。C 语言的特点之一就是允许函数进行递归调用。

一个问题要用递归方法解决时，必须满足以下 3 个条件：

（1）能够把要解的问题转化为一个新问题，而这个新问题的解法仍与原来问题的解法相同，只是所处理的对象有规律的递增或递减。

（2）能够应用这个转化过程使问题得到解决。

（3）必须有一个明确的结束递归的条件。

【例 7.11】 用递归调用函数，计算整数的阶乘 f(n)=n!。

题目分析：

(1)求一个整数的阶乘，可以采用这样的公式：

$$n! = \begin{cases} \text{错误} & n < 0 \\ 1 & n = 0 \\ n(n-1)! & n > 0 \end{cases}$$

公式中　n!=n×(n–1)!

而　　(n–1)!=(n–1)×(n–2)!

　　　(n–2)!=(n–2)×(n–3)!

　　　…

　　　1!=1×0!

　　　0!=1

若设　f(n)=n!

则　　f(n)=n×f(n–1)

　　　f(n–1)=(n–1)×f(n–2)

　　　f(n–2)=(n–2)×f(n–3)

　　　…

　　　f(1)=1×f(0)

　　　f(0)=1

在求 f(n)的式子中用到了 f(n–1)，在 f(n–1)中又用到了 f(n–2)，……，依此类推(新问题的解法仍与原来问题的解法相同，只是运算对象递减了 1)。这就是递归调用。

（2）递归调用中出现了自己调用自己的过程，为防止递归调用无休止地进行下去，在函数内需要设置某种条件，当条件成立时，终止自调用过程。本函数的终止条件是 f(0)=1。这样把它代入 1×f(0)中求出 f(1)的值为 1，代入 2×f(1)中，求出 f(2)的值，依此类推，把 f(n–1)的值代入(n–1)×f(n–1)中求出 f(n)的值。

程序如下：

```
#include "stdio.h"
#include "stdlib.h"                                    /*exit 函数要求*/
main()
{
    int i;
    int f(int n);                                      /*函数声明*/
    printf("input a number:");
```

```
    scanf("%d",&i);
    printf("f(%d)=%d\n",i,f(i));                    /*函数调用*/
}

int f(int n)                          /*函数定义*/
{
    int result;
    if(n<0)
    {
        printf("data error!");
        exit(0);                      /*执行库函数 exit(0),则退出程序的执行状态,返回 DOS 界面*/
    }
    else if(n= =0)
            result=1;
        else
            result=n*f(n–1);
    return(result);
}
```

运行结果为：

```
input a number:3↙
f(3)=6
```

main 函数第一次调用 f 函数时，n 的值为 3，执行语句 result=3*f(2);，要计算 3 的阶乘需要继续调用 f 函数求出 2 的阶乘。当 n 为 2 时执行语句 result=2*f(1);，要计算 2 的阶乘需要继续调用 f 函数求出 1 的阶乘。当 n 为 1 时执行语句 result=1*f(0);，要计算 1 的阶乘还要继续调用 f 函数求出 0 的阶乘。当 n 为 0 时执行语句 result=1;，自调用过程结束，然后逐层返回，计算表达式中所有未计算的表达式。将 f(0)的值 1 返回代入表达式 result=1*f(0)中求出 f(1)的值为 1，再返回代入表达式 result=2*f(1)中求出 f(2)的值为 2，再返回代入表达式 result=3*f(2)中求出 f(3)的值为 6，再返回到 main 函数中由 printf 函数输出。

上面的操作过程如图 7.1 所示。

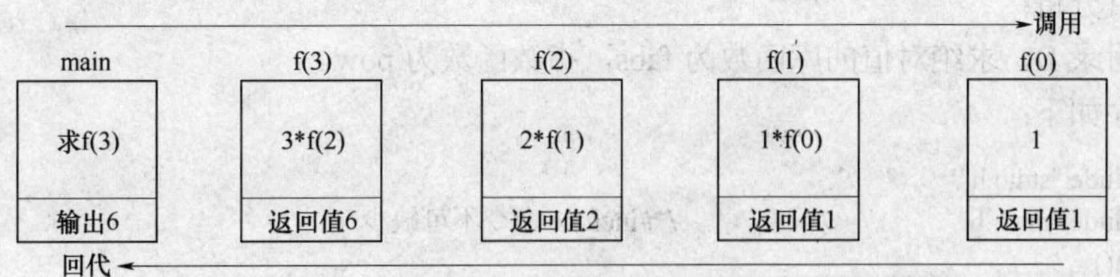

图 7.1　f(3)的递归过程

程序再次运行结果为：

```
input a number:10↙
f(10)=3628800
```

常用 if 语句使函数在某种情况下返回，不再递归。本例中，语句 if(n= =0)result=1;是结束递归的条件。

递归和递推是不同的。[例 5.3] 求 n! 用了递推的方法，即从 1 开始，乘以 2，再乘以 3，……，一直到乘以 n。递推法容易理解，容易实现。其特点是从一个已知的事实出发，按一定的规律推出下一个事实，再从这个新的已知的事实出发，推出下一个新的事实……

说明：

（1）递归调用会占用大量的内存和时间，使程序的运用效率降低。

（2）所有的递归问题都可以用非递归的方法加以解决。

（3）但对于较为复杂的递归问题用非递归的方法常常导致程序十分复杂，而函数的递归调用则可使程序简短一些。

7.8　库函数的调用

下面对 C 语言的库函数进行说明。

（1）库函数并不是 C 语言的一部分。人们可以根据需要自己编写所需要的函数。为了用户使用方便，每一种 C 语言编译版本都提供了一批由厂家开发编写的函数，放在一个库中，这就是函数库，函数库中的函数称为库函数。应当注意，每一种 C 语言版本的库函数数量、函数名、函数功能是不同的。因此在使用时应查阅本系统是否提供了所用到的函数，若没有提供，可自己编写。

（2）C 库函数可参阅附录 D。

（3）在使用库函数时，往往要用到函数执行时所需的一些信息（例如宏定义、函数声明等），这些信息分别包含在一些头文件（header file）中，因此在使用库函数时，一般应使用#include 命令将有关的头文件名包含到程序中。例如，使用数学函数时，应使用下面的命令：

#include "math.h"或#include <math.h>

库函数的调用也分两种方式，即出现在表达式中和作为独立的语句完成某种操作。

【例 7.12】 调用库函数求 a 的绝对值，和 a^x 的值 y（a、x、y 都是实数）。

题目分析：

查附录 D，求绝对值的库函数为 fabs，指数函数为 pow。

程序如下：

```
#include "stdio.h"
#include "math.h"                    /*#include 命令不可缺少*/
main()
{
    float a,x,y;
    printf("Input a,x:\n");
    scanf("%f,%f",&a,&x);            /*作为独立语句出现的库函数调用*/
    a=fabs(a);                       /*出现在表达式中的库函数调用*/
    y=pow(a,x);                      /*出现在表达式中的库函数调用*/
    printf("|a|=%f,y=%f\n",a,y);     /*作为独立语句出现的库函数调用*/
}
```

运行结果为：

```
Input a,x:
-2.0,4.0↙
|a|=2.000000,y=16.000000
```

【例 7.13】 数理统计：随机产生 100 个介于 0～100 之间的正整数，并统计出介于 90～100、80～89、70～79、60～69、50～59、40～49、30～39、20～29、10～19、0～9 之间的整数个数。

题目分析：

（1）如何产生随机数呢？这需要调用随机函数 rand，由 rand 函数产生随机数。产生的随机数是 0～RAND_MAX 之间的正整数，RAND_MAX 是在头文件 stdlib.h 中定义的符号常量，ANSI C 规定 RAND_MAX 的值不得小于 32767，Turbo C 2.0 规定的 RAND_MAX 的最大值为 32767。

（2）rand 函数产生的随机数是 0～32767 之间的正整数，如何使之成为 0～100 之间的正整数呢？可以用求余运算 rand()%101，rand()%101 的值必定在 0～100 之间。

（3）由于 RAND_MAX 是在头文件 stdlib.h 中定义的符号常量，因此使用 rand 函数需要包含头文件 stdlib.h。

程序 1 如下：

```
#include "stdio.h"
#include "stdlib.h"                          /*文件包含*/
main()
{
    int i,a;
    int j[10];
    for(i=0;i<10;i++) j[i]=0;
    for(i=0;i<100;i++)
    {
       a=rand();                              /*调用随机函数 rand*/
       a=a%101;
       switch(a/10)
          {
            case 10:
            case 9: j[9]++;break;
            case 8: j[8]++;break;
            case 7: j[7]++;break;
            case 6: j[6]++;break;
            case 5: j[5]++;break;
            case 4: j[4]++;break;
            case 3: j[3]++;break;
            case 2: j[2]++;break;
            case 1: j[1]++;break;
            default: j[0]++;
          }
    }
    printf("\n90～100:%d\n80～89:%d\n70～79:%d",j[9],j[8],j[7]);
    printf("\n60～69:%d\n50～59:%d\n40～49:%d",j[6],j[5],j[4]);
```

```
    printf("\n30～39:%d\n20～29:%d\n10～19:%d",j[3],j[2],j[1]);
    printf("\n0～9:%d\n",j[0]);
}
```

第一次运行结果为：

```
90～100:8
80～89:4
70～79:10
60～69:10
50～59:15
40～49:13
30～39:12
20～29:11
10～19:9
0～9:8
```

第二次运行结果为：

```
90～100:8
80～89:4
70～79:10
60～69:10
50～59:15
40～49:13
30～39:12
20～29:11
10～19:9
0～9:8
```

可以发现，两次运行结果是一样的，失去了随机的意义。为什么呢？因为 rand 函数产生的随机数是伪随机数，for 循环多次调用 rand 函数产生的数是随机的，但是多次运行程序产生的结果却是一样的。如何使多次运行程序产生的结果不一样？可以调用 srand 函数为 rand 函数提供随机数种子。

程序 2 如下：

```
#include "stdio.h"
#include "stdlib.h"
main()
{
    int i,a;
    int j[10];
    unsigned int seed;                              /*定义无符号变量 seed*/
    printf("Please input seed:",seed);
    scanf("%u",&seed);                              /*输入 srand 所需的实参*/
    srand(seed);                                    /*调用 srand 函数提供随机数种子*/
     for(i=0;i<10;i++)      j[i]=0;
     for(i=0;i<100;i++)
     {
         a=rand();                                  /*调用随机函数 rand*/
         a=a%101;
```

```
            switch(a/10)
                {
                    case 10:
                    case 9: j[9]++;break;
                    case 8: j[8]++;break;
                    case 7: j[7]++;break;
                    case 6: j[6]++;break;
                    case 5: j[5]++;break;
                    case 4: j[4]++;break;
                    case 3: j[3]++;break;
                    case 2: j[2]++;break;
                    case 1: j[1]++;break;
                    default: j[0]++;
                }
        }
        printf("90～100:%d\n80～89:%d\n70～79:%d",j[9],j[8],j[7]);
        printf("\n60～69:%d\n50～59:%d\n40～49:%d",j[6],j[5],j[4]);
        printf("\n30～39:%d\n20～29:%d\n10～19:%d",j[3],j[2],j[1]);
        printf("\n0～9:%d\n",j[0]);
}
```

第一次运行结果为：

```
Please input seed:5↙
90～100:7
80～89:10
70～79:15
60～69:15
50～59:10
40～49:5
30～39:6
20～29:7
10～19:12
0～9:13
```

第二次运行结果为：

```
Please input seed:8↙
90～100:10
80～89:12
70～79:12
60～69:14
50～59:13
40～49:10
30～39:10
20～29:5
10～19:9
0～9:5
```

第三次运行结果为：

```
Please input seed:5↙
90～100:7
```

80～89:10
70～79:15
60～69:15
50～59:10
40～49:5
30～39:6
20～29:7
10～19:12
0～9:13

可以发现，第一次运行结果和第二次不同，但与第三次相同，即若输入的 seed 不同，则提供的随机数种子和运行结果也不同，若输入的 seed 相同，则提供的随机数种子和运行结果也相同。如何使每一次的运行结果不同？除令输入的 seed 不同外，还可以用 time 函数使计算机读取当时以秒为单位的时钟值来提供随机数种子。应用 time 函数要包含头文件 time.h。

程序 3 如下：

```
#include "stdio.h"
#include "stdlib.h"
#include "time.h"                          /*文件包含*/
main()
{
    int i,a;
    int j[10];
    for(i=0;i<10;i++) j[i]=0;
    srand(time(NULL));                     /*调用 srand 函数,srand 函数的实参为 time(NULL)*/
    for(i=0;i<100;i++)
    {
        a=rand();                          /*调用随机函数 rand*/
        a=a%101;
        switch(a/10)
            {
                case 10:
                case 9: j[9]++;break;
                case 8: j[8]++;break;
                case 7: j[7]++;break;
                case 6: j[6]++;break;
                case 5: j[5]++;break;
                case 4: j[4]++;break;
                case 3: j[3]++;break;
                case 2: j[2]++;break;
                case 1: j[1]++;break;
                default: j[0]++;
            }
    }
    printf("\n90～100:%d\n80～89:%d\n70～79:%d",j[9],j[8],j[7]);
    printf("\n60～69:%d\n50～59:%d\n40～49:%d",j[6],j[5],j[4]);
```

```
    printf("\n30～39:%d\n20～29:%d\n10～19:%d",j[3],j[2],j[1]);
    printf("\n0～9:%d\n",j[0]);
}
```

第一次运行结果为：

```
90～100:11
80～89:13
70～79:8
60～69:11
50～59:9
40～49:12
30～39:8
20～29:15
10～19:7
0～9:6
```

第二次运行结果为：

```
90～100:10
80～89:14
70～79:12
60～69:7
50～59:8
40～49:6
30～39:8
20～29:17
10～19:9
0～9:9
```

可以发现，各次运行结果都不同。

7.9 数组作函数参数

数组元素可以作函数实参，用法和变量相同，是“值传递”方式；数组名也可以作函数的实参和形参，传递的是数组首元素的地址。

7.9.1 数组元素作函数实参

在调用函数时，数组元素可以作实参传递给形参。注意形参和实参的类型应相同。

【例 7.14】 数组元素作函数实参，求数组 3 个元素（实数）的平均值。

题目分析：

（1）需要编写一个函数，接收主调函数传给的 3 个元素的值，计算平均值，返回平均值。

（2）在主调函数中输入 3 个元素的值，主调函数调用自定义函数，将自定义函数返回的平均值输出。

程序如下：

```
#include "stdio.h"
main()                                          /*主函数*/
```

```
{
    float average3(float x,float y,float z);              /*函数声明*/
    int i;
    float ave;
    float a[3];
    printf("Enter 3 numbers:\n");
    for (i=0;i<=2;i++)    scanf("%f",&a[i]);
    ave=average3(a[0],a[1],a[2]);                         /*在表达式中调用函数 average3*/
    printf("average=%f\n",ave);                           /*调用库函数 printf*/
}

float average3(float x,float y,float z)                   /*函数定义*/
{
    float aver;
    aver=(x+y+z)/3.0;
    return(aver);
}
```

运行结果为：

```
Enter 3 numbers:
2.0    3.0    4.0↙
average=3.000000
```

这种传递方式属于“值传递”方式，只能从实参传递给形参，不能从形参传递给实参。

7.9.2 数组名作函数参数

这时实参数组和形参数组要分别在它们所在的函数中定义。例如：

【例 7.15】 数组名作函数实参，求数组 3 个元素（实数）的平均值。

题目分析：

本题是数组名作函数的实参和形参，只将数组名传给被调函数。

```
#include "stdio.h"
main()
{
    float average3(float x[3]);                   /*函数声明*/
    int i;
    float ave;
    float a[3];
    printf("Enter 3 numbers:\n");
    for (i=0;i<=2;i++)    scanf("%f",&a[i]);
    ave=average3(a);                              /*在表达式中调用函数 average3*/
    printf("average=%f\n",ave);                   /*调用库函数 printf*/
}

float average3(float x[3])                        /*函数定义*/
{
    float aver;
    aver=(x[0]+x[1]+x[2])/3.0;
    return(aver);
}
```

运行结果为：

```
Enter 3 numbers:
-1.5    3.0    -5.5↙
average=-1.333333
```

数组名代表着该数组在内存中所占据空间的首地址，也就是代表着第一个元素的地址。用数组名作实参时，采用的不是“值传递”的方式，而是“地址传递”的方式，即将实参数组的起始地址传递给形参数组，从而使形参数组和实参数组共同占用同一段内存单元，如图 7.2 所示。

a		x
a[0]	-1.5	x[0]
a[1]	3.0	x[1]
a[2]	-5.5	x[2]

图 7.2　数组 a 和数组 x 的存储

如果在函数中，形参数组元素的值改变了，则实参数组元素的值也会改变。请看下面的程序。

【例 7.16】 数组名作函数实参，交换数组两个元素（实数）的值。

题目分析：

输入数组元素的值在主函数中进行，交换在自定义函数中进行。

```
#include "stdio.h"
main()
{
    void swap(float u[2]);                       /*函数声明*/
    float a[2]={52.5,30.0};
    printf("(I)%f,%f\n",a[0],a[1]);
    swap(a);                                     /*函数调用*/
    printf("(III)%f,%f\n",a[0],a[1]);
}

void swap(float u[2])                            /*函数定义*/
{
    float s;
    s=u[0];u[0]=u[1];u[1]=s;
    printf("(II)%f,%f\n",u[0],u[1]);
}
```

运行结果为：

```
(I)52.500000,30.000000
(III)30.000000,52.500000
(II)30.000000,52.500000
```

在未调用 swap 函数时，a 数组的情况如图 7.3（a）所示。在调用 swap 函数时，u 数组和 a 数组共同占用同一段内存单元，如图 7.3（b）所示。在 swap 函数中进行数据交换后，u[0]和 u[1]的数据交换了，相应地，a[0]和 a[1]的数据就交换了，如图 7.3（c）所示。在 swap 函数调用完毕后，u 数组已不存在，而 a 数组仍占用内存单元，如图 7.3（d）所示。在 main 函数中输出 a[0]和 a[1]的值时，a[0]和 a[1]的值已经不是原来的 52.5 和 30.0 了，而是 30.0 和 52.5，它们的值进行了交换。

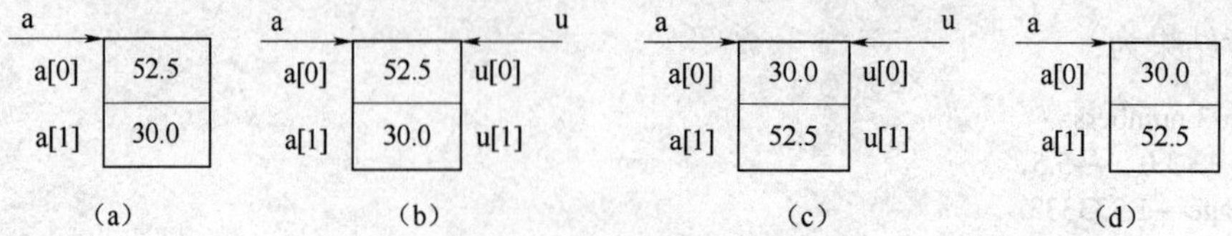

图 7.3　数组 a 和数组 u 的存储变化情况

所以，数组名作函数参数时，数据传递的方向是双向的，既可以从实参数组传给形参数组，也可以从形参数组传回实参数组。实际上，并不是传回（swap 函数的类型是 void），而是共同占用同一内存单元所致。

说明：

用数组名作实参时，定义实参数组时必须定义数组的长度，而定义形参数组时可以不定义数组的长度。例如，可用 void swap (float u[ ])代替［例 7.16］程序中的 void swap (float u[2])。这是因为形参数组并不另外分配内存单元，而是共用实参数组的数据。

7.10　函数应用举例

【例 7.17】 编写打印整数 1～10 的 4 次幂的函数。

题目分析：

本题使用什么结构？显然使用循环结构。编写函数时，要注意实参和形参的个数和类型要一致。

程序如下：

```
#include "stdio.h"
main()
{
    int square(int n);                          /*函数声明*/
    int i;
    for(i=1;i<=10;i++)
    printf("%d\n",square(i));                   /*函数调用*/
}

int square(int n)                               /*函数定义*/
{
    return(n*n*n*n);
}
```

运行结果为：

```
1
16
81
256
625
1296
2401
```

```
4096
6561
10000
```

主函数多次调用了同一个函数。

请思考：

该程序是每行打印出 1 个数，如果每行打印 5 个数，程序如何改动？

【例 7.18】 运用函数，求 f=(x+y)/(x−y)+(y+z)/(y−z)+(z+x)/(z−x)。

题目分析：

本题的表达式规律性很强，都是两数之和除以此两数之差，可应用这个规律编写函数。

程序 1 如下：

```
#include "stdio.h"
#include "math.h"
main()
{
    float f(float a,float b);                                    /*函数声明*/
    float x,y,z,result;
    printf("\nPlease input x,y,z: \n");
    scanf("%f,%f,%f",&x,&y,&z);
    while(fabs(x-y)<1e-6 || fabs(y-z)<1e-6 || fabs(z-x)<1e-6)
    {
        printf("\n Wrong! x is not equal to y,y is not equal to z,z is not equal to x.\n");
        printf("Please input x,y,z agiain:\n");
        scanf("%f,%f,%f",&x,&y,&z);
    }
    result=f(x,y)+f(y,z)+f(z,x);
    printf("result=%f\n",result);
}

float f(float a,float b)                                         /*函数定义*/
{
    float w;
    w=(a+b)/(a-b);
    return(w);
}
```

某次运行结果为：

```
Please input x,y,z:
10.0,5.5,8.6↙
result=-14.389660
```

程序中，while 语句的作用是一旦表达式的分母为 0，则提示输入错误，重新输入。这样，增加了程序的健壮性。

请思考：

对上述程序 1 作改动，形成下面的 2 个程序。

程序 2 如下：

```
#include "stdio.h"
#include "math.h"
main()
{
    float f(float a,float b);
    float x,y,z,result;
    printf("\nPlease input x,y,z: \n");
    scanf("%f,%f,%f",&x,&y,&z);
    while(fabs(x-y)<1e-6 || fabs(y-z)<1e-6 || fabs(z-x)<1e-6)
    {
        printf("\n Wrong! x is not equal to y,y is not equal to z,z is not equal to x.\n");
        printf("Please input x,y,z agiain:\n");
        scanf("%f,%f,%f",&x,&y,&z);
    }
    result=f(x+y,x-y)+f(y+z,y-z)+f(z+x,z-x);          /*此行改动*/
    printf("result=%f\n",result);
}

float f(float a,float b)                              /*此函数改动*/
{
    float w;
    w=a/b;
    return(w);
}
```

程序 3 如下：

```
#include "stdio.h"
#include "math.h"
main()
{
    float f(float a,float b,float c);                 /*此行改动*/
    float x,y,z,result;
    printf("\nPlease input x,y,z:\n");
    scanf("%f,%f,%f",&x,&y,&z);
    while(fabs(x-y)<1e-6 || fabs(y-z)<1e-6 || fabs(z-x)<1e-6)
    {
        printf("\n Wrong! x is not equal to y,y is not equal to z,z is not equal to x.\n");
        printf("Please input x,y,z agiain:\n");
        scanf("%f,%f,%f",&x,&y,&z);
    }
    result=f(x,y,z);                                  /*此行改动*/
    printf("result=%f\n",result);
}

float f(float a,float b,float c)                      /*此函数改动*/
{
    float w;
    w=(a+b)/(a-b)+(b+c)/(b-c)+(c+a)/(c-a);
    return(w);
}
```

这 3 个程序表明，要将什么功能设计成自定义函数是灵活的，可选择的。

【例 7.19】 编写打印如下格式“九九乘法表”的函数。

```
1*1=1
1*2=2   2*2=4
1*3=3   2*3=6   3*3=9
1*4=4   2*4=8   3*4=12  4*4=16
1*5=5   2*5=10  3*5=15  4*5=20  5*5=25
1*6=6   2*6=12  3*6=18  4*6=24  5*6=30  6*6=36
1*7=7   2*7=14  3*7=21  4*7=28  5*7=35  6*7=42  7*7=49
1*8=8   2*8=16  3*8=24  4*8=32  5*8=40  6*8=48  7*8=56  8*8=64
1*9=9   2*9=18  3*9=27  4*9=36  5*9=45  6*9=54  7*9=63  8*9=72  9*9=81
```

题目分析：

本题仍然使用循环结构。注意在横向上，算式和算式之间要留空格。

程序如下：

```
#include "stdio.h"
main()
{
    void table();                    /*函数声明*/
    table();                         /*函数调用*/
}

void table()                         /*函数定义*/
{
    int i,j;
    for(i=1;i<=9;i++)
    {
        for(j=1;j<=i;j++)
            printf("%d*%d=%d\t",j,i,j*i);
        printf("\n");
    }
}
```

【例 7.20】 用递归调用把一个正整数 m 转换成字符串，如输入整数 1234，应输出字符串 1 2 3 4。

题目分析：

本题需弄清两个问题：

（1）怎样从一个整数中分离出一个个的数字？经思考可知，分离数字可用 m%10 实现。

（2）结束递归的条件是什么？它是：m/10==0。一旦条件成立，则结束递归；否则继续自调用。

程序如下：

```
#include    "stdio.h"
main()
{
    void convert(int n);             /*函数声明*/
```

```
    int m;
    printf("input m=");
    scanf("%d",&m);
    convert(m);                    /*函数调用*/
}

void convert(int n)                /*函数定义*/
{
    int i;
    char c;
    if((i=n/10)!=0)                /*结束递归调用的条件是 i==0*/
      convert(i);                  /*递归调用*/
    c=n%10+'0';                    /*从整数的高位开始分离出每一位数字,并转换成相应的字符*/
    putchar(c);
    putchar('\t');
}
```

运行结果为：

```
input m=789↙
7   8   9
```

递归过程如图 7.4 所示。

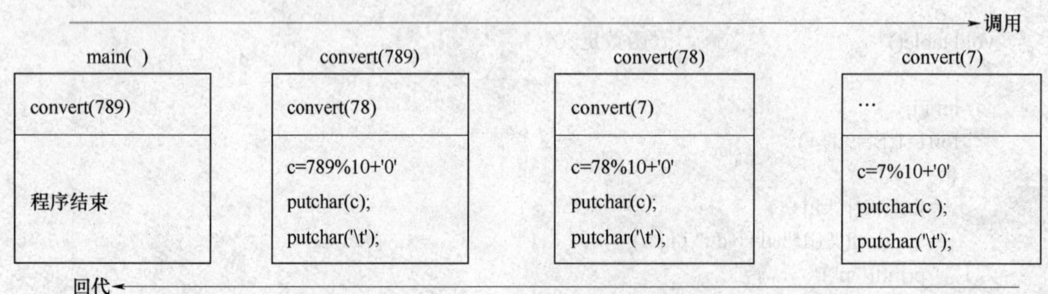

图 7.4　convert（789）的递归过程

在递归调用中，每次调用都要产生一组新的变量以保存现场，返回时再恢复现场，以便从上次调用自身的地方继续执行。C 语言编译程序对函数的递归调用是采用堆栈技术实现的。尽管递归调用一般并不节省存储空间，但程序易于编写及理解，代码比较紧凑，在递归实现阶乘运算、级数运算及对递归的数据结构进行处理方面特别有效，所以应用较广泛。

【例 7.21】 数组名作函数实参，编写一个函数求一个数组的 10 个实数元素的最大元素、最小元素和这 10 个元素的平均值。要求输入元素的值和输出求解结果均在主函数中完成。

题目分析：

本题与［例 7.15］类似，不同的是需要增加 2 个元素用于存放最大元素和最小元素。

程序 1 如下：

```
#include "stdio.h"
main()
{
    float average (float x[ ]);          /*函数声明*/
    int i;
    float ave;
    float a[12];
    printf("Enter 10 numbers: \n");
    for (i=0;i<10;i++)    scanf("%f",&a[i]);
    ave=average(a);                      /*在表达式中调用函数 average*/
    printf("max=%f,min=%f,average=%f\n",a[10],a[11],ave);    /*调用库函数 printf*/
}

float average(float x[ ])                /*函数定义*/
{
    float aver,sum=0;
    int j;
    x[10]=x[0],x[11]=x[0];                          /* x[10]存放最大元素,x[11]存放最小元素 */
    for(j=0;j<10;j++)
    {
        if(x[j]>x[10]) x[10]=x[j];
        if(x[j]<x[11]) x[11]=x[j];
        sum=sum+x[j];
    }
    aver=sum/10;
    return(aver);
}
```

某次运行结果为：

```
Enter 10 numbers:
10.5  2.6  -7.8  -15.6  8.7  11.7  1.25  8.6  0  -3.2↙
max=11.700000,min=-15.600000,average=1.675000
```

请思考：

对上述程序 1 作改动，形成下面的程序 2。程序 2 正确吗？

程序 2 如下：

```
#include "stdio.h"
main()
{
    void average(float x[ ]);                /*函数声明*/
    int i;
    float ave;
    float a[13];                             /*此行改动*/
    printf("Enter 10 numbers: \n");
    for (i=0;i<10;i++)    scanf("%f",&a[i]);
    average(a);                              /*作为语句调用函数 average*/
    printf("max=%f,min=%f,average=%f\n",a[10],a[11],a[12]);     /*此行改动*/
```

```
}

void average(float x[ ])                    /*函数定义,此行改动*/
{   float sum=0;                            /*此行改动*/
    int j;
    x[10]=x[0],x[11]=x[0];                  /* x[10]存放最大元素,x[11]存放最小元素 */
    for(j=0;j<10;j++)
    {
        if(x[j]>x[10]) x[10]=x[j];
        if(x[j]<x[11]) x[11]=x[j];
        sum=sum+x[j];
    }
    x[12]=sum/10;                           /* x[12]存放平均值。此行改动*/
}
```

7.11　局部变量和全局变量

7.11.1　局部变量

凡是在函数内定义的变量，它只在本函数范围内有效，其作用域仅局限于定义变量的函数体内，在此函数之外是不能使用这些变量的。这样的变量称为局部变量。例如：

```
#include "stdio.h"
float f1(int a)         /*函数 f1*/
{
    int b,c;            a、b、c 的作用域
    …
}
float f2(int x)         /*函数 f2*/
{
    int y,z;            x、y、z 的作用域
    …
}
main()                  /*主函数*/
{
    int p,q;            p、q 的作用域
    …
}
```

说明：

（1）f1 函数内定义了 3 个变量，a 为形参，b、c 为一般变量。在 f1 函数的范围内，a、b、c 有效。f2 函数、主函数与此相似。

（2）不同函数中可以使用相同名字的变量，它们代表的对象不同，互不影响。例如若在 f1、f2 函数内都定义了变量 b、c，它们在内存中有不同的单元，互不干扰。

（3）形参也是局部变量。例如 f1 函数内的变量 a。

（4）在复合语句中定义的变量，其作用域仅限于复合语句范围内。例如：

```
#include "stdio.h"
main()
{  int p,q;
   …
   {  int r;
      r=p*q+3;
      …
   }
   …
}
```

r 的作用域

p、q 的作用域

7.11.2 全局变量

一个 C 语言源文件可以包含一个或若干个函数。由前面内容已知，在函数内定义的变量称为局部变量，相应地，在函数外定义的变量称为全局变量。全局变量为本文件中的其他函数所共有，它的作用域从定义变量的位置开始，到本文件结束。有时，局部变量称为内部变量，全局变量称为外部变量。例如：

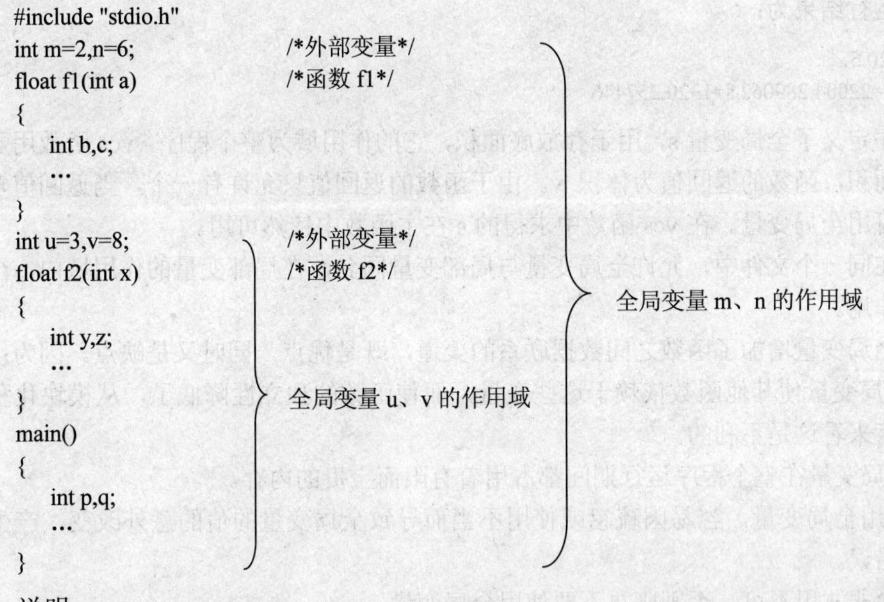

```
#include "stdio.h"
int m=2,n=6;                  /*外部变量*/
float f1(int a)               /*函数 f1*/
{
   int b,c;
   …
}
int u=3,v=8;                  /*外部变量*/
float f2(int x)               /*函数 f2*/
{
   int y,z;
   …
}
main()
{
   int p,q;
   …
}
```


说明：

（1）设置全局变量增加了函数之间数据联系的渠道。由于同一文件中的所有函数都能使用全局变量的值，所以如果在一个函数中改变了全局变量的值，就会影响到其他函数，等效于各个函数之间有直接的传递渠道。由于函数的调用只能返回一个值，所以有时可以利用全局变量拓宽数据联系的渠道，从函数获得一个以上的值。

【例 7.22】 输入圆锥的高 h 和底面半径 r，求其体积 v 和底面积 s。

题目分析：

函数只能返回一个值，而现在要求求两个值，因此需把其中一个（例如底面积 s）设置为全局变量。

程序如下：

```
#include "stdio.h"
float s;                    /*s 为全局变量*/
float vcs(float h,float r)
{
    float v;
    v=3.1416*r*r*h/3.0;
    s=3.1416* r*r;
    return (v);
}

main()
{
    float volume,height,radius;
    printf("\nInput height and radius:\n");
    scanf("%f%f",&height,&radius);
    volume=vcs(height,radius);
    printf("volume=%f,s=%f\n",volume,s);
}
```

某次运行结果为：

```
50.0   20.5↙
volume=22004.289062,s=1320.257446
```

本程序定义了全局变量 s，用于存放底面积，它的作用域为整个程序。vcs 函数用于求体积和底面积，函数的返回值为体积 v。由于函数的返回值只允许有一个，当返回值多于一个时，可用全局变量。在 vcs 函数中求得的 s 在主函数中依然可用。

（2）在同一个文件中，允许全局变量与局部变量同名，在局部变量的作用域内，全局变量不起作用。

（3）全局变量增加了函数之间数据联系的渠道，既是优点，同时又是缺点。因为：

1）全局变量使其他函数依赖于这些变量，而使函数的独立性降低了，从模块化程序设计的角度来看这是不利的。

2）全局变量在整个程序运行期间都占用着有限而宝贵的内存。

3）使用全局变量，容易因疏忽或使用不当而导致全局变量的值的意外改变，产生难以查找的错误。

所以除非非用不可，否则坚决不要使用全局变量。

7.12 变量的存储属性

在此之前对变量的定义，只说明了变量的数据类型，即变量的操作属性。C 语言中，变量还有存储属性。

7.12.1 变量的存储类型

从变量的作用域（空间）角度来划分，可以分为全局变量和局部变量。

从变量的生存期（存在的时间）来划分，可以分为静态存储方式和动态存储方式。

因此又有了变量的存储方式、存储类型和生存期的概念。

1．存储方式

变量的存储方式有静态存储方式和动态存储方式。静态存储方式是指为程序分配固定的存储空间的方式。动态存储方式是指在程序运行期间根据需要进行动态的分配存储空间的方式。

供用户使用的存储空间分为 3 个部分，如图 7.5 所示。

静态存储区用来存放全局变量及静态局部变量；动态存储区用来存放自动变量、函数形参、函数调用时的现场保护和返回地址等。

用户区
程序代码区
静态存储区
动态存储区

图 7.5 用户区的划分

2．存储类型

C 语言中，变量有 int、char、float 等数据类型，数据类型是变量的操作属性。除此之外，变量还有存储类型，存储类型是变量的存储属性。变量的存储类型分为 4 类：自动变量、寄存器变量、外部变量和静态变量。类型说明符采用的关键字分别是：

（1）auto：自动型。

（2）register：寄存器型。

（3）extern：外部型。

（4）static：静态型。

auto 型和 register 型都属于动态型。

因此，变量定义的完整格式为：

存储类型　数据类型　变量名[[=初值],…,变量名=[初值]];

局部变量既可以定义成自动型，也可以定义成静态型，即局部变量可以使用的类型有 auto、register 和 static；而全局变量只能是静态型，全局变量可以使用的类型有 static 和 extern。

3．生存期

生存期是指变量从被建立到被撤销的时间，即变量占用存储空间的时间。

生存期和作用域从时间和空间来描述变量的特性，两者既有联系，又有区别。

7.12.2 局部变量使用的存储类型

如上所述，局部变量可以使用的类型有 auto、register 和 static。下面分别介绍。

1．自动变量

自动变量是动态变量。定义格式如下：

[auto]　数据类型　变量名[=初量];

（1）在函数内定义，存储类型为 auto 型的变量为自动变量。auto 关键字通常省略。例如：

```
{                                   {
    auto int i,j,k;                     int i,j,k;
    auto float x;       等价于          float x;
    auto char c;                        char c;
}                                   }
```

在前面的程序中所使用的变量实际上都是省略了 auto 关键字的自动变量。

（2）自动变量是当程序的执行流程进入定义该变量的函数时，系统在内存的动态存储区分配其数据类型所对应的内存空间，开始它的生存期，在从函数返回时，系统就撤销其所占的内存空间，从而结束它的生存期。若程序下次再调用该函数，则自动变量的生存期又开始了，系统重新为它分配内存空间，由于两次分配的内存空间不一定在同一地方，所以前次运算得到的结果本次调用并不会保留，即自动变量的值在函数两次调用期间没有继承性。

【例 7.23】 使用自动变量的一个程序如下：

```
#include "stdio.h"
main()
{
    void count(int n);                  /*函数声明*/
    int i;
    for (i=1;i<=3;i++)
        count(i);                       /*函数调用*/
}

void count(int n)                       /*count 函数定义*/
{
    int x=0;                            /*x 为自动变量,初值为 0*/
    x++;
    printf("%d:x=%d\n",n,x);
}
```

运行结果为：

```
1:x=1
2:x=1
3:x=1
```

main 函数 3 次调用 count 函数，每次调用，系统都重新为 x 分配内存空间，x 的生存期随着 count 函数的执行开始，随着函数的返回结束，x 的值在 count 函数被两次调用期间未被继承。在整个程序执行期间，x 的定义语句执行了 3 次。

形参变量可以是自动变量（可以不加 auto 关键字）。由于形参变量与实参变量的作用域与生存期不同，所以两者可以同名。但是它与该函数内定义的自动变量的作用域与生存期完全相同，因此两者不能同名。

如［例 7.23］中 count 函数的形参变量 n 改为 i，与实参变量 i 同名是正确的，但改为 x 与该函数内定义的自动变量 x 重名则是不正确的。

（3）自动变量的作用域特点使得在不同函数内定义的自动变量可以同名，它们各有自己的作用域，不会在程序执行时产生误解。

【例 7.24】 表明自动变量作用域的一个程序如下：

```
#include "stdio.h"
void prt()                /*函数定义*/
{
```

```
    int x=3;              /*x 的作用域为 prt 函数,在定义的同时进行了初始化*/
    printf("%d\n",x);
}

main()
{
    int x;                /*x 的作用域为 main 函数*/
    x=1;                  /*为 x 赋初值*/
    {
        int y=2;          /*y 的作用域为分程序*/
        prt();
        printf("%d\n",y);
    }
    printf("%d\n",x);
}
```

main 函数和 prt 函数中定义的自动变量 x 同名，但作用域不同，所以两个自动变量没有任何联系，互不影响。

运行结果为：

```
3
2
1
```

（4）自动变量是程序设计中使用最多的变量。在函数中可用来表示中间结果或最后结果，“用时则建，用完即撤”，节省了内存空间。

（5）自动变量如果不赋初值，它的值是一个不确定的值。这是因为自动变量“用时则建，用完即撤”，其存储单元不确定。

（6）一般情况下，局部变量都定义为自动变量，且都省略 auto，如前面各章的程序。

2．寄存器变量

函数内定义的变量以及形参变量如果存储类型采用 register，则它们是寄存器变量。定义格式如下：

register　数据类型　变量名[=初量];

寄存器是动态变量。

寄存器变量与自动变量的生存期与作用域相同，不同之处在于，系统将寄存器变量存放在 CPU 的寄存器中，而不放在内存中。由于各种计算机系统中的寄存器数目不等，长度也不同，寄存器变量的数目受到机器类型的限制，并且其数据类型只能是整型和字符型。因此 C 语言对 register 类型只是提供它，对是否使用不做硬性规定。如果程序中定义了寄存器变量，系统就会努力去实现它，对超出规定数目的寄存器变量系统会自动按自动变量处理，放入内存中。

由于寄存器是 CPU 中的部件，CPU 可以直接访问寄存器变量，因此加快了操作速度。寄存器变量通常是那些使用频率较高的变量，如循环次数较多的循环变量大都采用寄存器变量。

值得注意的是，寄存器变量不能进行取地址运算。

【例 7.25】 使用寄存器变量的一个程序如下：

```
#include "stdio.h"
main()
{
    void prt();                    /*函数声明*/
    prt();
}

void prt()
{
    register int i,j;
    for(i=1;i<=5;i++)
       for(j=1;j<=i;j++)
          printf("*");
    printf("\n");
}
```

请思考：

程序的运行结果是什么？

3．静态局部变量

在函数内定义的局部变量，若存储类型采用 static，则称为静态局部变量。

定义格式如下：

static　数据类型　变量名[=初量];

（1）静态局部变量的作用域与自动变量一样，只有在定义它的函数内才可以引用它。两者的根本区别是生存期不同。

自动变量定义是程序执行到该函数时生存期开始，函数执行完其生存期结束，若函数被调用两次，自动变量也被定义两次，这样，函数在两次执行期间系统并没有保存自动变量的值。

而静态局部变量的生存期是在整个程序执行期间，即静态局部变量是在编译时由编译程序为其在内存的静态区分配其数据类型所要求的内存空间，开始了它的生存期；程序执行时，该变量已经存在，定义静态变量的函数执行时，其定义语句不再执行；若函数被调用两次，函数执行完第一次，该变量的生存期并未结束，这样第二次调用函数时该变量仍然存在，其值就是上次函数执行结束时的值，所以静态局部变量在函数两次执行期间能保存其值，即其值具有继承性。

例如，修改［例 7.23］的程序，把 count 函数内的 int x=0；改为 static int x;，使定义的自动变量 x 改为静态局部变量 x，其他内容不变，则修改后的程序执行结果为：

```
1:x=1
2:x=2
3:x=3
```

（2）对静态局部变量来说，若未进行初始化，则编译时自动赋初值 0（对数值型变量）或空字符（对字符变量）。

（3）对静态局部变量来说，若进行了初始化，则初值是在编译时赋予的，在程序执行期间不再赋予初值。

（4）静态局部变量具有全局的生存期和局部的作用域的特点，使得当某个函数中使用的变量需要在多次调用之间保存其值时，可被定义为静态局部变量。

【例 7.26】 使用静态局部变量，求$s=\sum_{n=1}^{100} n$。

题目分析：

（1）本题显然要使用循环。

（2）100 次循环在主函数中进行。

（3）定义一个函数求和。在该函数中定义一个静态局部变量，它具有继承性，可以保留每一次调用结束时的值。

程序如下：

```
#include "stdio.h"
main()
{
    int add(int i);                /*函数声明*/
    int n,s;
    for(n=1;n<=100;n++)
        s=add(n);
    printf("%d",s);
}

int add(int i)
{
    static int sum=0;
    sum+=i;
    return(sum);
}
```

请思考：

程序的运行结果是什么？

7.12.3 全局变量使用的存储类型

全局变量只有静态一种存储方式（没有动态存储方式）。全局变量可以使用的类型有 extern 和 static。

在函数外定义的变量称为外部变量，外部变量为全局变量。外部变量和全局变量是对同一类变量的两种不同角度的提法：全局变量是从它的作用域提出的，外部变量是从它的存储方式提出的，表示了它的生存期。

（1）所有的外部变量都被存储在内存中。外部变量的建立与静态局部变量一样，也是在编译时由系统在内存的静态存储区为其分配固定的内存空间，开始它的生存期，程序执行时该变量已存在，程序执行结束才被撤销。外部变量的生存期为整个程序的执行期间。

（2）外部变量的作用域是从定义它的地方开始到文件结束的这一范围。在这个范围内的所有函数均可以直接引用它，而在这个范围之前的函数想引用外部变量（即函数想超前引用外部变量）时需要对外部变量进行声明，以扩充其作用域。

（3）外部变量声明的格式如下：

extern　数据类型　变量名;

关键字 extern 用来声明该变量是在其他函数外定义的外部变量。

（4）外部变量定义的格式如下：

[extern]　　数据类型　变量名[=初量];

定义时，关键字 extern 为可选项，一般省略。

外部变量的定义和声明是两个不同的概念。在外部变量定义的同时可进行初始化，若省略了初始化，系统默认其初值为 0 或空字符。而外部变量声明不能对变量进行初始化，因为声明只是告诉编译系统该变量是一个外部变量，并不要求系统为它分配内存空间。

外部变量分为两种：根据定义外部变量时采用的存储类型不同，外部变量又分为外部全局变量和外部静态变量（静态全局变量）。

1．外部全局变量

（1）定义外部变量时，若存储类型采用 extern，则称为外部全局变量。

【例 7.27】 使用外部全局变量的一个程序如下：

```
#include "stdio.h"
int a=3;                        /*定义 a 为外部全局变量*/
main()
{
    void f1(),f2(),f3();        /*函数声明*/
    int m=a+10;                 /*m 为自动变量*/
    extern int x,y;             /*声明 x、y 为外部全局变量*/
    printf("m=%d\n",m);
    printf("1:a=%d\n",a);
    a++;
    f1();f2();f3();
}

void f1()
{
    extern int x,y;             /*声明 x、y 为外部全局变量*/
    printf("2:a=%d,",a++);
    printf("1:x=%d,",x++);
    printf("1:y=%d\n",y++);
}

int x=1,y;                      /*定义 x、y 为外部全局变量*/
void f2()
{
    printf("3:a=%d,",a++);
    printf("2:x=%d,",x++);
    printf("2:y=%d\n",y++);
}
```

```
void f3()
{
    printf("4:a=%d,",a);
    printf("3:x=%d,3:y=%d\n",x,y);
}
```

全局变量 a 的有效作用域为整个程序文件，因此程序中的所有函数都可以直接引用它。全局变量 x、y 的有效作用域为 f2、f3 函数，这两个函数可以直接访问 x、y。而 main 函数要引用它，属于超前引用，应先声明后使用。y 的默认值为 0。

运行结果为：

```
m=13
1:a=3
2:a=4,1:x=1,1:y=0
3:a=5,2:x=2,2:y=1
4:a=6,3:x=3,3:y=2
```

请思考：

下面这个程序的运行结果是什么？

【例 7.28】 使用外部全局变量，交换两个变量的值。

```
#include "stdio.h"
int a=3,b=5;
main()
{
    void interchange();                /*函数声明*/
    printf("a=%d,b=%d\n",a,b);
    interchange();
    printf("a=%d,b=%d\n",a,b);
}

void interchange()
{
    int c ;
    c=a,a=b,b=c;
}
```

（2）一个全局变量只能定义一次，但可以多次声明。通过声明，全局变量的作用域可以从声明处延伸到该函数的结尾，如此可扩充到该程序（文件）的所有函数中，被所有函数所共用。如［例 7.27］。

（3）C 语言允许把大型程序分成若干个文件分别编译，然后通过连接程序将各目标文件连接成一个可执行的文件。这样程序中每个文件的所有函数根据需要可以共用某个文件中定义的全局变量，这时应该在需要引用它的文件的开头用 extern 对全局变量进行声明，告诉系统它是其他文件中定义过的全局变量，本文件不必再次为它分配内存。

【例 7.29】 将全局变量的作用域扩充到其他文件的程序如下：

```
/*file1.c*/
#include "stdio.h"
int a,b=3;                      /*定义 a,b 为全局变量,作用域为 file1.c 文件*/
main()
{
    int b;                      /*b 为自动变量*/
    int cube();
    int c;
    printf("input a,b=");
    scanf("%d,%d",&a,&b);
    c=cube();
    printf("b=%d\n",b);
    printf("a*b=%d\n",c);
}

/*file2.c*/
extern int a,b;                 /*声明 a,b 为其他文件定义的全局变量*/
int cube()
{
    return(a*b);
}
```

运行结果为：

```
input a,b:31,500↙
b=500
a*b=93
```

在 file1.c 文件开头定义的全局变量 b 与 main 内定义的自动变量 b 同名，但两者生存期是不一样的。根据前面介绍的两者作用域的规定，在 main 函数内也可以直接访问全局变量 b，那么 main 中引用的 b 到底是哪个呢？C 语言规定，如果局部变量与全局变量出现同名时，全局变量就会被局部变量屏蔽掉，即在函数内局部变量有效。因此，main 函数引用的是自动变量 b。

说明：

本例的程序由两个 C 文件组成，可用 Turbo C 或 Visual C++对其编辑、编译、连接和运行。详见第 7.14 节。

2．外部静态变量（静态全局变量）

外部变量的定义中，若存储类型为 static，则称为外部静态变量或静态全局变量。

定义的格式如下：

static　数据类型　变量名[=初量];

它与外部全局变量的生存期相同，都是在整个程序的执行期间。其根本区别在于作用域不同：当程序由多个文件组成时，外部静态变量只能被定义该变量的文件引用，不能被其他文件的函数访问，即作用域不能扩充到其他文件。

【例 7.30】 使用外部静态变量，修改［例 7.29］的程序。程序如下：

```
/*file1.c*/
#include "stdio.h"
static int a,b=3;                    /*a,b 定义为外部静态变量*/
main()
{
    …                                /*其他内容不变*/
}

/*file2.c*/
extern int a,b;
int cube()
{
    return(a*b);
}
```

由于 a、b 的作用域不能扩充到 file2.c 文件中，所以该文件中 cube 函数使用 a*b 是错误的。

当程序的所有函数都在同一个文件中时，外部静态变量与外部全局变量的生存期与作用域完全相同，没有区别。

外部静态变量的作用域仅限于定义它的文件的特点，使得多人共同完成一个由多个文件组成的程序时，每人可以分别完成各自的文件，在文件中可以按照需要定义变量而不必考虑与其他文件的变量重名的问题，保证了文件的独立性。

综上所述，把每种变量的存储属性及初始化特点概括为如表 7.1 所示。

表 7.1　　变量的存储属性及初始化特点

存储属性＼特点		生存期		作用域		初始化	默认值
		函数执行期间	整个程序执行期间	函数	其他函数		
局部变量	自动变量	对	错	对	错	每次控制流进入函数时都重新初始化	不确定
	寄存器变量	对	错	对	错		
	静态局部变量	对	对	对	错		
外部变量	外部静态变量（静态全局变量）	对	对	对	对[①]	只在编译时初始化一次	为零
	外部全局变量	对	对	对	对		

① 只限本文件的其他函数。

7.13　函数的存储属性

与变量类似，函数除有 int、float 等数据类型的操作属性外，还有称为存储类型的存储属性。

函数一旦定义，就可以被其他函数调用。当一个源程序由多个文件组成时，在一个文件中定义的函数能否允许被其他文件中的函数调用呢？为此，C 语言又把函数的存储类型分为两类：内部函数和外部函数。分别使用 static 和 extern 来说明。

7.13.1　内部函数

如果一个函数只能被本文件中的其他函数所调用，则称为内部函数。定义时，在函数名和函数类型前加 static。定义格式如下：

static　函数类型　函数名(形参表)

例如：

```
static int fun(int a,int b)
```

内部函数又称静态函数。

7.13.2　外部函数

如果一个函数可被其他文件中的函数所调用，则称为外部函数。定义时，在函数名和函数类型前加 extern。定义格式如下：

[extern]　函数类型　函数名(形参表)

例如：

```
extern int fun(int a,int b)
```

定义时 extern 关键字为可选项，通常省略。省略时，函数隐含为外部函数。本书前面所用的函数都是外部函数。

例如，在［例 7.29］的 file2.c 文件中，cube 函数的存储类型默认为 extern，是外部函数，可以被 file1.c 文件的 main 函数调用。如果将 cube 函数的定义改为：

```
static int cube()
{
    return(a*b);
}
```

则 cube 函数为内部函数，这时 file1.c 中的 main 函数就不能调用它了。

7.14　运行一个多文件的程序

7.14.1　用 Turbo C 运行

1．用 Turbo C 集成环境

用 Turbo C2.0 对其编辑、编译、连接和运行的操作步骤如下（以［例 7.29］为例）：

（1）在 Turbo C 环境中分别编辑 file1.c 和 file2.c 文件并存盘。

（2）在 Turbo C 环境中，建立项目文件。

1）输入。在编辑区输入：

```
file1.c
file2.c
```

或

```
file1.c   file2.c
```

扩展名.c 可以省略。

2）存盘。将以上内容存盘，存盘时文件名自定，但扩展名必须为.prj（表示是 project 文件），假设文件名为 f.prj。

选择"Project"→"Project name"命令后按【Enter】键，输入项目文件名 f.prj，此时子菜单中的 Project name 后面会显示项目文件名 f.prj，表示当前准备编译的是 f.prj 中包括的文件。

3）编译和连接。按【F9】键对项目文件进行编译与连接，系统先后将两个文件翻译成目标文件，并把它们连接成一个可执行程序文件 f.exe。

4）运行。按【Ctrl+F9】组合键，运行可执行程序文件 f.exe，即可得到结果。

2. 用#include 命令

仍然以［例 7.29］为例。方法为：

将 file2.c 包含到 file1.c 中在 file1.c 的开头加入 1 行：

```
#include "file2.c"
```

此时，在编译时，系统自动将 file1.c 放到 main 函数的前面，作为一个整体编译，而不是分两个程序编译。此时，这两个函数被认为是在同一个文件中，不再是作为外部函数被其他文件调用了。main 函数原有的 extern 声明可以不要。

7.14.2 用 Visual C++运行

用 Visual C++6.0 对其编辑、编译、连接和运行的操作步骤如下：

（1）在 Visual C++6.0 环境中分别编辑 file1.c 和 file2.c 文件并存盘（假设存到 C:\VC 下）。

（2）建立项目文件。

1）选择"文件（File）"→"新建（New）"→"工程（Projects）"选项卡：

在"新建（New）"对话框中，选择"工程（Projects）"选项卡，选择"Win32 Console Application"，在"位置（Location）"输入目录（例如 C:\VC），在"工程名称（Project name）"输入工程名（例如 Engineering1），选择"创建新的工作区（Create new workspace）"选项卡，单击"确定（OK）"按钮。

2）指定创建控制台程序的类型。

在"步骤（1）共 1 步［Win32 Console Application–Step （1） of 1］"对话框，选择"一个空工程（An empty project）"选项卡，单击"完成（Finish）"按钮。在弹出的"新建工程信息（New Project Information）"选项卡，单击"确定（OK）"按钮。

（3）向项目文件添加源程序文件。

在主窗口，单击左下方的 FileView 选项卡，可以看到建立的工作区（名为 Engineering1）。

选择菜单"工程（Project）"→"添加到工程（Add To Project）"→"文件（Files）"选项卡，在"插入文件到工程（Insert Files into Project）"对话框选择源文件（例如 C:\VC 下

的源程序文件 file1.c 和 file2.c）→单击“确定（OK）”按钮。如此将源程序文件全部添加到项目（Engineering1）中。

（4）编译、连接项目文件。

选择菜单“编译（Build）”［有的翻译为“组建（Build）”］→“构件（Build）”［有的翻译为“组建（Build）”］选项卡，或按【F7】键，进行编译、连接。

（5）运行程序。

选择菜单“编译（Build）”［有的翻译为“组建（Build）”］→“执行（Execute）”选项卡，运行可执行程序文件（Engineering1.exe），得到结果。文件 Engineering1.exe 位于 C:\VC\Debug\Engineering1 下。

习　题　7

一、选择题

1. 下面正确的函数定义形式为（　　）。

   A. float fun(char x;char y;char z)

   B. float fun(char x,char y,char z);

   C. float fun(char x,char y,char z)

   D. float fun(char x,y,z)

2. 在 C 语言中，以下说法正确的是（　　）。

   A. 函数的定义可以嵌套，但是函数的调用不可以嵌套

   B. 函数的定义不可以嵌套，但是函数的调用可以嵌套

   C. 函数的定义和函数的调用均不可以嵌套

   D. 函数的定义和函数的调用均可以嵌套

3. 简单变量作实参时，它和对应形参之间的数据传递方式是（　　）。

   A. 单向值传递　　B. 地址传递

   C. 由实参传给形参　　D. 由用户指定传递方式

4. 以下程序中函数 f 的功能是：当 flag 为 1 时，进行由小到大排序；当 flag 为 0 时，进行由大到小排序。下述程序的运行结果是（　　）。

```
#include "stdio.h"
void f(int b[ ],int n,int flag)
{
   int i,j,t;
   for(i=0;i<n-1;i++)
     for (j=i+1;j<n;j++)
        if(flag?b[i]>b[j]:b[i]<b[j]){t=b[i];b[i]=b[j];b[j]=t;}
}
main()
{
   int a[10]={5,4,3,2,1,6,7,8,9,10},i;
```

```
    f (&a[2],5,0);
    f(a,5,1);
    for(i=0;i<10;i++) printf("%d,",a[i]);
}
```

A. 1,2,3,4,5,6,7,8,9,10,　　B. 3,4,5,6,7,2,1,8,9,10,

C. 5,4,3,2,1,6,7,8,9,10,　　D. 10,9,8,7,6,5,4,3,2,1,

二、给出运行结果题

1. 指出下列程序中各变量的存储属性，并给出程序的执行结果。

```
#include "stdio.h"
int a;
main()
{
    int f(int x,int y);
    int i=5,j;
    for(j=1;j<=3;j++)
        f(i,j);
    printf("a=%d",a);
}

int f(int x,int y)
{
    int m=0;
    static int n;
    m=m+x+y;
    n=n+x+y;
    a=a+x+y;
    printf("m=%d,n=%d\n",m,n);
}
```

2. 给出下列程序的执行结果。

```
#include "stdio.h"
void incx(void);
void incy(void);
main()
{
    incx();
    incy();
    incx();
    incy();
    incx();
    incy();
}

void incx(void)
{
    int x=0;
```

```
        printf("x=%d\t",++x);
}
void incy(void)
{
        static int y=0;
        printf("\ny=%d\n",++y);
}
```

三、编程题

1. 编写函数 prime(int n)用来判断自变量 n 是否为素数，在主函数中输入正整数 n，输出是否素数的信息。

2. 编写函数 sum(int n)和相应的 main 函数，用以求 f(1)+f(2)+f(3)+…+f(n)，这里 $f(x)=x^2+1$。

3. 编写求长方体的体积的函数 volume(float a，float b float c)，并编写 main 函数调用它。

4. 编写已知球的体积，求球的半径的函数 r(float v)，并编写 main 函数调用它。

5. 编写函数 fun，其功能为：求两个双精度数的平方根之和作为函数值返回。并用 main 函数调用它。例如，输入 12 和 20，输出 7.936238。

6. 已知直角三角形的直角边之长，调用数学库函数 sqrt 求出斜边之长。

7. 用递归方法求 n 阶勒让德多项式的值，递归公式如下：

$$p_n(x)=\begin{cases}1 & \text{当}n=0\text{时}\\ x & \text{当}n=1\text{时}\\ [(2n-1)x-p_{n-1}(x)-(n-1)p_{n-2}(x)]/n & \text{当}n\geqslant 1\text{时}\end{cases}$$

8. 编写一个产生随机简单表达式的程序（如 3.4+196.7），形式如下：

number1　operator　number2

该程序要计算该表达式并以两位小数显示结果。操作数 number1、number2 和运算符 operator 均随机产生，运算符 operator 为加、减、乘或除。可参照［例 4.6］和［例 7.13］。

9. 数组名作函数参数，对 10 个整数由小到大排序（冒泡法）。

10. 数组元素作函数参数，对 10 个整数由小到大排序（选择法）。

11. 汉诺（Hanoi）塔问题：古代印度布拉玛庙里僧侣玩一种游戏，据说游戏结束就标志着世界末日到来。游戏的装置是一块铜板，上面有三根杆，在 a 杆上自下而上、由大到小顺序地串有 64 个金盘。游戏的目的是把 a 杆上的金盘全部移到 c 杆上。条件是，一次只能够移动一个，且移动过程中保持小盘子在上，大盘子在下，可借助 b 座实现移动。要求编程序打印出移动的步骤。

提示：用递归法实现。

将 n 个盘子由 a 座移动到 c 座可分为如下 3 个过程：

（1）先将 a 座上 n–1 个盘子借助 c 座移至 b 座。

（2）再将 a 座上最下面一个盘子移至 c 座。

（3）最后将 b 座上 n–1 个盘子借助 a 座移至 c 座。

12. 使用数学函数，计算、输出下列函数表。

```
sin(0)=0.000000   cos(0)=1.000000   tan(0)=0.000000
sin(1)=0.017452   cos(1)=0.999848   tan(1)=0.017455
sin(2)=0.034899   cos(2)=0.999391   tan(2)=0.034921
sin(3)=0.052336   cos(3)=0.998630   tan(3)=0.052408
……
sin(89)=0.999848   cos(89)=0.017452   tan(89)=57.289875
sin(90)=1.000000   cos(90)=0.000000   tan(90)=37320539.634358
```

第 8 章

编译预处理

C语言具有编译预处理功能。这些预处理功能是通过程序中以#开头的命令（称为编译预处理命令）实现的。

顾名思义，编译预处理是编译系统对程序进行编译之前，先进行预处理（例如，若在程序中用#define 定义了一个符号常量 PI，则在预处理时将程序中所有的 PI 都替换为指定的字符串。若在程序中用#include 命令包含了一个文件“stdio.h”，则在预处理时将 stdio.h 中的内容代替该命令）。预处理后程序就不再包括预处理命令了。预处理之后再对预处理后的源程序进行常规的编译，得到目标代码。

预处理功能主要包括宏定义、文件包含和条件编译。分别用宏定义命令、文件包含命令和条件编译命令实现。这些命令在程序中以“#”开头。

8.1 宏　定　义

8.1.1 不带参数的宏定义

不带参数的宏定义的一般格式如下：

#define　宏名　宏体

其中，#define 是宏定义命令使用的关键字，宏名也就是宏标识符。关键字、宏名和宏体之间采用空格分隔。

预处理程序执行宏定义命令的过程称为宏替换或宏展开。宏替换的过程是：用宏体替换程序中的宏名。

【例 8.1】 使用不带参数的宏，已知圆的半径，求圆的周长和面积。

题目分析：

（1）按不带参数的宏定义的一般格式定义宏。

（2）定义两个宏：一个是圆周率 PI；另一个是圆的半径 R。

程序如下：

```
#include "stdio.h"
#define PI 3.1415926
#define R 2.6
main()
{
    printf("L=%.2f\n",2*PI*R);
    printf("S=%.2f\n",PI*R*R);
}
```

宏替换后，程序如下：

```
#include "stdio.h"
main()
{
    printf("L=%.2f\n",2*3.1415926*2.6);
    printf("S=%.2f\n",3.1415926*2.6*2.6);
}
```

程序经过编译、连接，最后的运行结果为：

```
L=16.34
S=21.24
```

说明：

（1）宏名一般使用大写字母。但这不是语法规定，只是一种习惯，为了和变量名习惯使用小写字母相区别。

（2）宏定义中的宏体如果是常量，则定义的宏名又称符号常量。它增加了程序的阅读性，也易于程序的修改。例如，如果要输出半径为 3.6 的圆周长、面积，则只需要把第二个宏定义命令改为#define R 3.6 即可。

（3）宏定义命令末尾不带分号，应与语句相区别。若带分号，则宏替换后的程序错误。

（4）宏体中也可以出现已定义的宏名。[例 8.1] 程序改写如下：

```
#include "stdio.h"
#define PI 3.1415926
#define R 3.6
#define L 2*PI*R
#define S PI*R*R
main()
{
    printf("L=%.2f\n",L);
    printf("S=%.2f\n",S);
}
```

宏替换时，对 L、S 需要层层替换，替换后的程序与 [例 8.1] 相同。

（5）对宏体中用双引号括起来的字符串内的宏名，不进行替换。例如：

```
printf("L=%.2f\n",L);
```

该语句中出现了两个宏名 L，其中只替换双引号外的 L。

8.1.2　带参数的宏定义

带参数的宏定义的一般格式如下：

#define　宏名(参数表)　宏体

参数表中的参数类似于函数定义中的形参，宏体中应该包含圆括号中指定的形参。

宏调用的一般格式如下：

宏名(参数表)

宏调用时参数表中列出的参数类似于函数调用中的实参。

【例 8.2】 使用带参数的宏定义修改［例 8.1］中的程序。

题目分析：

（1）定义带参数的宏，其参数为 r。

（2）用带参数的宏，定义周长和面积两个宏。

（3）圆周率 PI 仍定义为不带参数的宏。

程序如下：

```
#include "stdio.h"
#define PI 3.1415926
#define L(r) 2*PI*r
#define S(r) PI*r*r
main()
{
    float x;
    printf("input x=");
    scanf("%f",&x);
    printf("L=%.2f\n",L(x));
    printf("S=%.2f\n",S(x));
}
```

L(r)和 S(r)为程序中定义的两个带参数的宏，L(x)和 S(x)为宏调用。

预处理程序对宏调用进行宏展开，用宏体代替宏调用，宏体中的形参用宏调用中的实参代替。宏展开后的程序如下：

```
#include "stdio.h"
main()
{
    float x;
    printf("input x=");
    scanf("%f",&x);
    printf("L=%.2f\n",2*3.1415926*x);
    printf("S=%.2f\n",3.1415926*x*x);
}
```

运行结果为：

```
input x=3.6↙
L=22.62
S=40.72
```

说明：

（1）宏名与形参表中的左括号间不应留有空格。

如［例 8.2］中，若把第二个宏定义改为：

```
#define L   (r) 2*PI*r
```

由于关键字、宏名与宏体间的分隔符是空格，因此这时就把 L 看成是不带参数的宏名，而把 L 空格后的内容(r) 2*PI*r 作为宏体的内容。对 L (x)进行宏展开的结果为(r) 2*PI*r (x)，这显然是错误的。

（2）对宏展开时容易引起误会的宏体及其宏体中的各个形参要用圆括号括起来。

容易引起误会的形参，例如：

```
#define SQ(x) x*x
```

则宏调用 SQ(a+b)经宏展开后成为 a+b*a+b，显然不符合本意，如果采用宏定义#define SQ (x)(x)*(x)，则宏展开为(a+b)*(a+b)，则是正确的。

容易引起误会的宏体。宏定义#define SQ(x)(x)*(x)在宏调用 printf("%d"，10/SQ(3));时，经宏展开后成为 printf("%d"，10/(3)*(3));，显然结果是错误的，如果采用宏定义#define SQ(x)((x)*(x))，展开后为 printf("%d"，10/((3)*(3)));，则符合题意。

（3）宏定义可以嵌套，即可以使用已定义的宏名来进行宏定义。例如：

```
#define SQ(x) ((x)*(x))
#define FOURTH(x) (SQ(x)*SQ(x))
```

（4）宏定义命令要求在一行内写完，若一行写不下时，可在本行末尾使用反斜杠\表示续行。例如：

```
#define PRINT(a,b) printf("%d\t%d\n",\
(a)>(b)?(a):(b),(a)<(b)?(b):(a))
```

（5）宏名的作用域。宏定义命令出现在函数外面，宏名的作用域为命令之后到本文件结束，在这个范围内的所有函数均可使用。这一点与外部变量相同。

（6）可以用取消宏定义命令来终止指定宏名的作用域，使该命令后的函数不能再使用宏名。取消宏定义命令的格式如下：

#undef 宏名

8.2 文 件 包 含

文件包含命令#include 有两种格式。

格式 1:#include "文件名"
格式 2:#include <文件名>

功能：通知预处理程序把命令行中由文件名所指定的文件的内容包含（插入）到本文件中该命令行出现的地方。这样本文件包含另一个文件，本文件增大，然后对本文件进行编译。

【例 8.3】 文件包含举例，求整数的正整数次幂。

题目分析：

（1）把求整数的整数次方的程序作为一个文件 count.c。

（2）在主调文件的头部包含上面的文件 count.c。

程序如下：

```
/*exam1.c*/
#include "stdio.h"
#include "count.c"
main()
{
    int x,n;
    printf("input x,n:");
    scanf("%d,%d",&x,&n);
    printf("%d",power(x,n));
}

/*count.c*/
int power (int x,int n)
{
    int i;
    int p=1;
    for(i=1;i<=n;i++)
      p=p*x;
    return(p);
}
```

对 exam1.c 文件中的#include 命令进行预处理之后，exam1.c 文件成为：

```
/*exam1.c*/
#include "stdio.h"
int power(int x,int n)
{
    …                    /*函数体内容不变*/
}
main()
{
    …                    /*函数体内容不变*/
}
```

某次运行结果：

```
input x,n:7,3↙
343
```

这时 exam1.c 文件中包含了另一个文件 count.c 的内容。在文件头部出现的被包含的文件称为头文件或标题文件。如 count.c 就是头文件。

为了说明头文件的特性，常以符号 h（head 的缩写）作为它的扩展名。例如，当程序要用到 cos、sin、abs 等标准数学函数时，必须在文件开头使用#include "math.h"命令行。当程序要调用 exit 函数时，必须使用#include "stdlib.h"命令行。

说明：

（1）头文件中除了包括函数，也可以包括宏定义、外部变量定义和复杂数据类型定义。例如，如果在程序中要经常用到符号 PI、E 等的定义，就可以把一组宏定义命令：

```
#define PI 3.1415926
#define E 2.71828
...
```

放在某个文件，如 data.h 中，在需要使用这些符号常量的文件开头，只要写上#include "data.h"，就可以将它们全部包含到文件中来。

（2）头文件的存放地点，必须由文件的路径和文件名指定。格式 1 中头文件放在双引号内，系统约定先在用户当前目录中寻找，若找不到，再到存放 C 库函数头文件的目录中寻找。格式 2 中头文件放在尖括号内，则系统仅到存放 C 库函数头文件的目录中寻找。由此可见，格式 1 比格式 2 保险。

（3）一个#include 命令可以嵌套使用，即在被包含文件中也可以再包含另外的被包含文件。

【例 8.4】 文件包含的嵌套举例，求整数的整数次幂。

题目分析：

（1）把求整数的整数次方的程序作为一个文件 count.h。在这个文件中包含数学函数头文件 math.h。

（2）在主调文件的头部包含上面的文件 count.h。

（3）这就形成了文件包含的嵌套。

（4）本程序需考虑指数为正整数、零和负整数 3 种情况。

程序如下：

```
/*exam2.c*/
#include "stdio.h"
#include "count.c"
main()
{
    int x,n;
    printf("input x,n:");
    scanf("%d,%d",&x,&n);
    printf("%f",power(x,n));
}

/*count.h*/
#include "math.h"
float power(int x,int n)
{
    int i;
    float p=1;
    if(n<0)
    {   n=abs(n);                    /*abs 为求整数绝对值的库函数*/
        for (i=1;i<=n;i++)
```

```
        p=p/x;
    }
    else if(n==0)
        p=1;
    else
        for(i=1;i<=n;i++)
            p=p*x;
    return(p);
}
```

预处理之后，exam2.c 的文件由 3 部分组成，分别是 math.h、count.h 和 main。

第一次运行结果：

```
input x,n:7,3↙
343.000000
```

第二次运行结果：

```
input x,n:7,0↙
1.000000
```

第三次运行结果：

```
input x,n:7,–3↙
0.002915
```

也可以在 exam2.c 中进行如下定义：

```
#include "math.h"
#include "count.c"
```

这样在 count.c 中不用再写#include "math.h"。

文件包含在程序设计中是很有用的，它减少了程序员重复书写某些常用的、通用的程序段或字符常量等工作。

8.3　条 件 编 译

一般情况下，源程序中所有的行都参加编译。但是在某种情况下，需要根据条件来决定对程序中哪部分内容进行编译，这就是条件编译。

条件编译命令有 3 种形式，分别为#if、#ifdef、#ifndef。

1．#if 命令

#if 命令的格式如下：

```
#if 表达式
    程序段 1
#else
    程序段 2
#endif
```

功能：表达式的值为真（非零）时，编译程序段 1，否则编译程序段 2。可以事先给定一定条件，使程序在不同的条件下执行不同的功能。

【例 8.5】 输入一行字母，根据需要设置条件编译，要求能把字母全改为大写输出，或全改为小写输出。

题目分析：

（1）本题可以定义一个不带参数的宏 CONDITION 为 1。

（2）将 CONDITION 作为表达式书写#if 命令。

程序如下：

```
#define CONDITION   1
#include "stdio.h"
main()
{
    char ch;
    printf("input a line charactor:");
    while((ch=getchar())!='\n')
     {
        #if   CONDITION
          if(ch>='a'&& ch<='z')
             ch=ch-32;
        #else
          if(ch>='A'&&ch<='Z')
             ch=ch+32;
        #endif
        putchar(ch);
     }
}
```

符号常量 CONDITION 作为#if 命令的表达式，值为 1。因此，main 函数中第二个 if 语句不参加编译，参加编译的程序内容如下：

```
stdio.h
main()
{
    char ch;
    printf("input a line charactor:");
    while((ch=getchar())!='\n')
    {  if(ch>='a'&&ch<='z')
          ch=ch-32;
       putchar(ch);
    }
}
```

其中 stdio.h 头文件与 main 函数一起作为本程序文件的内容参加编译。

运行结果为：

```
input a line charactor: Turbo C↙
TURBO C
```

它把输入的一行字母全改为大写输出。如果要改为小写字母输出，则给定的条件改为

#define CONDITION 0

这时#if 命令的表达式值为 0，因此 main 函数中第一个 if 语句不参加编译。

这样，程序的执行结果为：

```
input a line charactor: Turbo C↙
turbo c
```

说明：

（1）条件编译命令与条件语句 if...else 一样，也可以省略#else 部分。

（2）#endif 用来标志条件编译命令的结束，每一个条件编译命令必须且只能有一个#endif 与其配对使用。

2．#ifdef 命令

#ifdef 命令的格式如下：

```
#ifdef 标识符
    程序段 1
#else
    程序段 2
#endif
```

功能：如果此命令之前标识符已被定义过，则编译程序段 1，否则编译程序段 2。

#if 命令与#ifdef 命令的区别在于判断程序段是否编译采用的条件不同。如果将［例 8.5］的程序第一行改为#define CONDITION，则定义 CONDITION 为空格。可以把#if CONDITION 改为#ifdef CONDITION，这样预处理程序在遇到#ifdef 命令时，判断标识符 CONDITION 在第一行已被定义过，所以只对第一个 if 语句及程序的其他内容进行编译，不对第二个 if 语句进行编译。如果取消第一行的#define CONDITION 命令，标识符 CONDITION 未被定义，则只对第二个 if 语句进行编译，不对第一个 if 语句进行编译。

3．#ifndef 命令

#ifndef 命令的格式如下：

```
#ifndef 标识符
    程序段 1
#else
    程序段 2
#endif
```

功能：如果标识符未被定义过，则编译程序段 1，否则编译程序段 2。它与#ifdef 命令的功能正好相反。

例如，在调试程序时，也可以采用：

```
#ifndef RUN
    printf("x=%d\n",x);
#endif
```

如果在该命令之前未定义 RUN 标识符，则输出 x 的值。调试完成后，在程序中加入#define RUN 命令，则不再输出 x 的值。

习　题　8

一、给出运行结果题

1．#include "stdio.h"

```
#define PI    3.14159
#define S(r)    4*PI*r*r
#define V(r)    4.0/3*PI*r*r*r
main()
{
    float x;                                    /*   求球体的表面积和体积    */
    printf("Input x (x>0) :");
    scanf("%f",&x);
    while(x<=0) {printf("Wrong! x<=0 is wrong! x>0!\n");printf("Input x (x>0) :");scanf("%f",&x);}
    printf("s=%f,v=%f\n",S(x),V(x));
}
```

2．#include "stdio.h"

```
#include "math.h"
#define S(x,y,z)    (x+y+z)/2
#define AREA(x,y,z)    sqrt(S(x,y,z)*(S(x,y,z)-x)* (S(x,y,z)-y)* (S(x,y,z)-z))
main()
{
                                                /*   输入三角形的边长,求该三角形的面积    */
    float a,b,c;
    printf("Input a,b,c (a>0,b>0,c>0) :");
    scanf("%f,%f,%f",&a,&b,&c);
    if(a+b>c && a+c>b && b+c>a) printf("area=%.2f\n",AREA(a,b,c));
    else printf("It is not a triangle!\n");
}
```

二、编程题

1. 分别用函数和带参数的宏实现找出 3 个整数中的最大数。

2. 定义一个带参的宏，求两个整数相除所得的余数。并编写 main 函数，输入这两个整数，输出所求的结果。

3. 定义一个宏，将大写字母变成小写字母。

4. 定义一个带参的宏，使两个参数的值交换。输入两个数作为使用宏时的实参，输出已交换后的两个值。

第 9 章 指针

从第 7 章有关函数的讲述中可知，如果不使用全局变量，一个被调函数只能用 return 返回一个值而不能返回多个值，用数组名作函数参数虽然能用地址传递返回多个值，但这些值都是属于同一种数据类型的，而当需要返回的多个值不是属于同一种数据类型时，用数组也无能为力了，这时就需要使用一种新的数据类型——指针（pointer）。

除此之外，使用指针还能够有效地描述各种复杂的数据结构（例如链表和二叉树等，都需要将数据连接在一起）；灵活、方便地使用数组和操作数据串；动态地分配内存单元；像汇编语言一样直接处理内存地址；在某些场合，指针是使运算得以进行的唯一途径等。正确灵活地使用指针，可以使程序简捷、紧凑、高效，提高程序的运行速度及降低程序的存储空间。

应当明确，指针有多种含义。首先，它是一种数据类型——指针类型（图 2.1），如同 int 型、char 型、float 型也都是一种数据类型一样。有时，它表示具有指针类型的数据；有时，它又是指针变量的简称。

指针在 C 语言中使用非常广泛。要多读多想，深入学习、理解和掌握指针，掌握 C 语言的精华。

9.1 地址、指针的概念和指针变量

9.1.1 地址与指针

如果在程序中定义了一个变量，在编译时系统会根据变量的数据类型为其分配相应大小的内存单元。例如，为 int 型变量分配 4 个字节的内存单元，为 float 型变量分配 4 个字节的内存单元，为字符型变量分配 1 个字节的内存单元等。

计算机为内存中的每个字节进行编号，这就是“地址”，它相当于大楼的房间号，以便于正确访问这些内存单元。

内存单元的地址和内存单元的内容不是一个概念。如图 9.1 所示，假设程序定义了 3

个整型变量i、j、k，其值（内容）分别为4、3、12，编译时系统分配2000～2003共4个字节给变量i，2004～2007共4个字节给变量j，2008～2011共4个字节给变量k。在程序中一般是通过变量名对内存单元进行访问的，因为程序经过编译已将变量名转换为变量的地址，对变量值的访问都是通过地址进行的。例如，k=i*j；先找到变量i的地址2000，然后从由2000开始的4个字节中取出数据4，使用同样的方法，找到变量j的地址2004，从由2004开始的4个字节中取出数据3，将其相乘后送到k所占用的2008～2011共4个字节的内存单元中。这种通过变量地址访问变量值的方式称为"直接访问"方式。

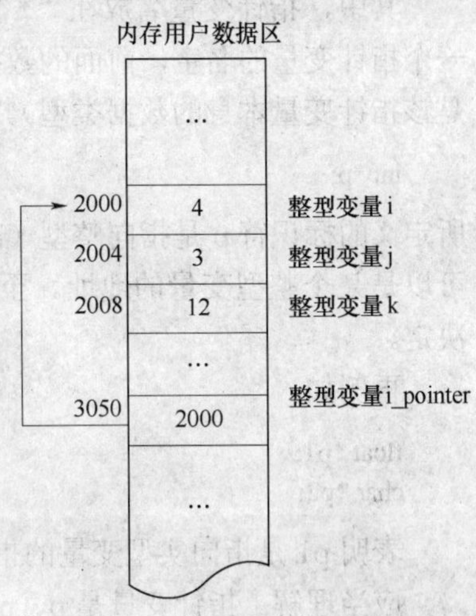

图9.1　地址和内存的内容

C语言还有"间接访问"的方式，将i的地址存放在另一个变量i_pointer中，这样在访问变量i时，可以先找到存放i地址的变量i_pointer的地址3050，再取出i_pointer的值（i的地址）2000，通过地址2000找到要访问的变量i的数据4。通过存放变量地址的变量去访问变量，称为"间接访问"方式。

i_pointer是存放地址的一种特殊变量。

记为：

```
i_pointer=&i;
```

此时，i_pointer的值是2000，即变量i所占用单元的起始地址。i_pointer指向变量i所占用的单元，然后指向变量i。

一个变量的地址称为该变量的"指针"。例如，地址2000是变量i的指针。

专门用来存放另一变量的地址（即指针）的变量，称为"指针变量"。例如，i_pointer。

指针变量的值（内容，也即指针变量中存放的值）是指针（地址）。例如，指针变量i_pointer的值是2000，变量i的指针（地址）是2000。

9.1.2　指针运算符&和*

与指针相关的运算符是&和*。它们都是单目运算符。

&是"取地址"运算符。假定i是变量，则&i是得到i变量的地址。前面各章已经多次用到。&不能作用于表达式和常数，也不能对寄存器变量求&的值。所以，当x为简单变量，i为非负整数，y为数组时，&x、&y[i]是合法的，但&（x+1）或&5是非法的。

是"取内容"运算符。它是&的逆运算。所以，&a和a完全等价（*&a按*（&a）执行）。*只要求对象是具有指针意义的值（地址）。例如，*i_pointer是取i_pointer的内容，即2000（图9.1）。

9.1.3　指针变量的定义

定义指针变量的一般格式为：

数据类型　　*指针变量名;

其中，指针变量名放在“*”后，“*”是指针类型说明符，用来说明其后的标识符是一个指针变量的名字，前面的数据类型表示该指针变量所指向的变量的数据类型（注意不是该指针变量本身的数据类型）。例如：

```
int *p;
```

所定义的标识符 p 是指向整型（int）变量的指针变量。或者说 p 是一个指针变量，它的值可以是某个整型变量的地址。至于 p 究竟指向哪一个整型变量，则由向 p 赋予的地址来决定。

再例如：

```
float *p1;
char *p2;
```

表明 p1 是指向实型变量的指针变量，p2 是指向字符变量的指针变量。

应当理解：指针变量是 p、p1、p2，而不是*p、*p1、*p2。

9.1.4 指针变量的赋值

一个指针变量必须赋值后才能使用，指针变量得到的值一定是个地址值。

设 p 是指向整型变量的指针变量，如果要把整型变量 a 的地址赋给 p，可以使用以下两种方式：

（1）先定义，后赋值。

```
int a;
int *p;
p=&a;
```

注意：p=&a;是赋值语句，不能写为*p=&a;。

（2）定义的同时赋值。

```
int a;
int *p=&a;
```

这里，int *p=&a;是定义（声明）p，在定义 p 的同时初始化。如图 9.2 所示。指针 p 指向整型变量 a。

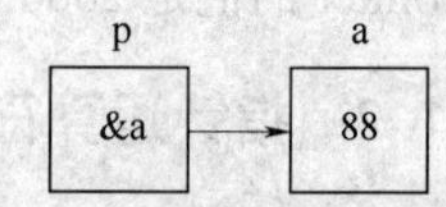

图 9.2　指针和指向的变量

9.1.5 指针变量的使用

定义了一个指针变量之后，就可以对该指针变量进行各种操作。例如，给一个指针变量赋予一个地址值、输出一个指针变量的值、访问指针变量所指向的变量等。假设 p 是指针变量，a 是整型变量，则：

```
p=&a;            /*若先有 int *p,a;则该语句是将整型变量 a 的地址赋给指针变量 p,此时 p 指向 a*/
printf("%p",p);  /*以十六进制数形式输出指针变量 p 的地址值*/
scanf("%d",p);   /*表示向 p 所指向的整型变量输入一个整型值*/
printf("%d",*p); /*若先有 int *p,a;p=&a;且 a 已赋值,则该语句是将指针变量 p 所指向的变量的值输出*/
*p=9;            /*若先有 int *p,a;p=&a;则该式是将 9 赋给 p 所指向的变量 a*/
*p=a;            /*若先有 int *p,a;则等价于 p=&a;(因为 a 和*&a 完全等价,所以*p=a;可以写为*p=*&a;,
                   两边都去掉*,即为 p=&a*/
```

注意：此处的*p与定义指针变量时用的*p的含义是不同的。定义时，int*p;中的“*”不是运算符，它表示其后是一个指针变量。而此处执行语句中引用的*p，其中的“*”是指针运算符，*p表示“p指向的变量”(图9.2)，p指向整型变量a，则*p就代表变量a。因此，printf("%d",*p);和printf("%d",a);作用相同（*p代表变量a），都是输出a的值88（图9.2)。

下面举几个使用指针变量的例子。

1．通过指针变量访问它指向的变量

【例9.1】 通过两个指针变量访问它们指向的两个整型变量。

题目分析：

本题是通过指针变量访问其指向的整型变量，需要定义和引用指针变量，可按下述算法处理。

（1）首先定义两个整型变量a和b。

（2）再定义两个指针变量p1和p2。

（3）使指针变量p1和p2分别指向a和b。

（4）给a和b输入值。

（5）通过访问指针变量p1和p2，输出a和b的值。

程序如下：

```
#include "stdio.h"
main()
{
    int a,b;
    int *p1,*p2 ;
    printf("Please input a,b:\n");              /*提示输入 a,b*/
    p1=&a;                                      /*把变量 a 的地址赋给 p1*/
    p2=&b;                                      /*把变量 b 的地址赋给 p2*/
    printf("Please input a,b:\n");              /*提示输入 5 个字符*/
    scanf("%d,%d",&a,&b);
    printf("a=%d,b=%d\n",*p1,*p2);              /*输出变量 a 和 b 的值*/
    printf("a=%d,b=%d\n",a,b);                  /*这一行是为了与上一行对照。可以不写这一行*/
}
```

运行结果为：

```
10,20↙
a=10,b=20
a=10,b=20
```

解释说明：

该程序定义了两个整型变量a和b，两个指针变量p1和p2。使p1指向a，p2指向b（图9.3)，*p1代表a，*p2代表b。输入a和b的值之后，输出*p1和*p2的值，也就是输出a和b的值。

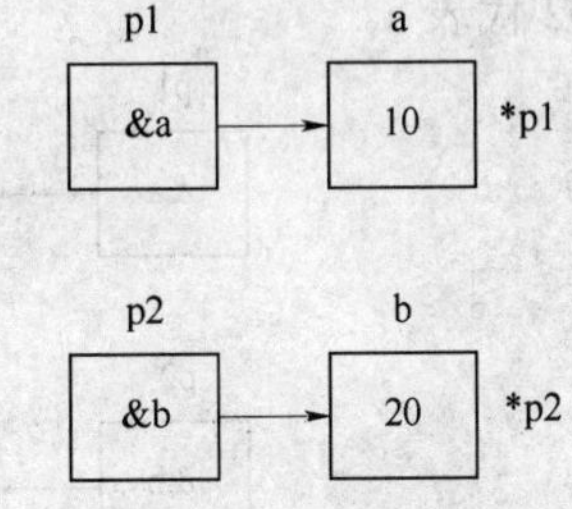

图9.3　通过指针变量访问指向的变量

2．指针变量交换指向

【例9.2】 两个指针变量各自指向一个整型变量，请使这两个指针变量交换指向。

题目分析：

本题和［例 9.1］一样，需要定义和引用指针变量。

（1）首先定义两个整型变量 a 和 b，3 个指向整型变量的指针变量 p1、p2 和 p。

（2）给 a 和 b 输入值。

（3）使指针变量 p1 和 p2 分别指向 a 和 b。

（4）输出*p1 和*p2 的值。

（5）通过中间变量 p 交换 p1 和 p2 的值（即 p1 和 p2 交换向）。

（6）再次输出*p1 和*p2 的值。

程序如下：

```
#include "stdio.h"
main()
{
    int a,b,*p1,*p2,*p;
    printf("Please input a,b:\n");              /*提示输入 a,b*/
    scanf("%d,%d",&a,&b);
    p1=&a;
    p2=&b;
    printf("*p1=%d,*p2=%d\n",*p1,*p2);
    p=p1;
    p1=p2;
    p2=p;                                        /*这 3 行交换 p1 和 p2 的值*/
    printf("*p1=%d,*p2=%d\n",*p1,*p2);
}
```

运行结果为：

```
10,20↙
*p1=10,*p2=20
*p1=20,*p2=10
```

解释说明：

该程序定义了 3 个指针变量 p1、p2 和 p，两个整型变量 a 和 b。输入 a 和 b 的值之后，使 p1 指向 a，p2 指向 b，如图 9.4（a）所示。*p1 代表 a，*p2 代表 b，此时输出*p1 和*p2 的值，也就是输出 a 和 b 的值 10 和 20。然后通过 p 把 p1（即&a）和 p2（即&b）的值交换，使 p1 的值为&b，p2 的值为&a，从而 p1 指向 b，p2 指向 a，如图 9.4（b）所示。指向交换了。紧接着输出*p1 和*p2 的值，也就是输出 b 的值 20 和 a 的值 10。这时，*p1 代表 b，*p2 代表 a。

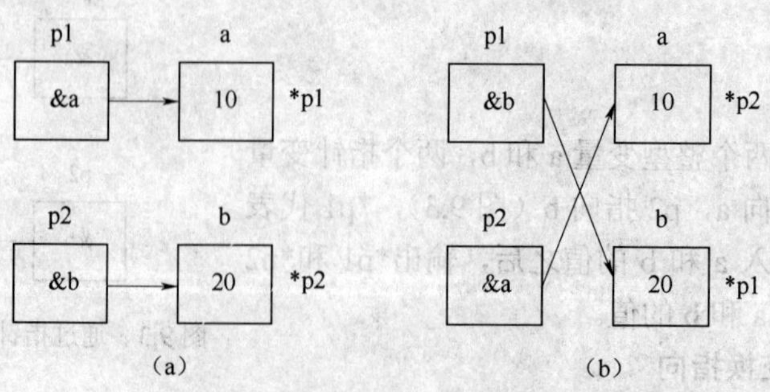

图 9.4　交换指针指向

（a）原指向；（b）指向交换

3．交换指针变量所指向的变量的值

【例 9.3】 两个指针变量各自指向一个整型变量，请交换这两个指针变量所指向的变量的值。

题目分析：

本题和［例 9.2］一样，需要定义和引用指针变量。但算法与上题有区别。

（1）首先定义 3 个整型变量 a、b 和 temp，两个指向整型变量的指针变量 p1 和 p2。

（2）给 a 和 b 输入值。

（3）使指针变量 p1 和 p2 分别指向 a 和 b。

（4）输出*p1、*p2、a 和 b 的值。

（5）通过中间变量 temp 交换*p1 和*p2 的值（即 a 和 b 交换）。

（6）再次输出*p1、*p2、a 和 b 的值。

程序如下：

```
#include "stdio.h"
main()
{
    int a,b,temp,*p1,*p2;
    printf("Please input a,b:\n");                /*提示输入 a,b*/
    scanf("%d,%d",&a,&b);
    p1=&a;
    p2=&b;
    printf("*p1=%d,*p2=%d,a=%d,b=%d\n",*p1,*p2,a,b);
    temp=*p1;
    *p1=*p2;
    *p2=temp;                                     /*这 3 行交换*p1 和*p2 的值*/
    printf("*p1=%d,*p2=%d,a=%d,b=%d\n",*p1,*p2,a,b);
}
```

运行结果为：

```
10,20↙
*p1=10,*p2=20,a=10,b=20
*p1=20,*p2=10,a=20,b=10
```

解释说明：

如图 9.5（a）所示，p1、p2 一直指向 a 和 b，执行 temp=*p1;*p1=*p2;*p2=temp;后，使*p1 和*p2 的值互换，也就是使 a 和 b 的值互换，如图 9.5（b）所示。

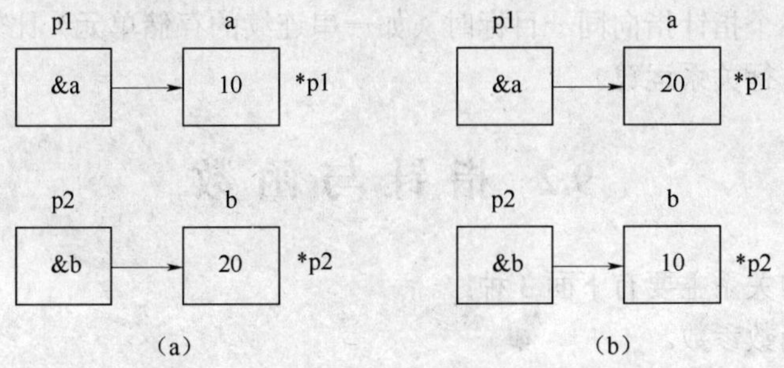

（a）　　（b）

图 9.5　交换指针变量所指向的变量的值

（a）a 和 b 的原值；（b）a 和 b 的值交换

由［例 9.2］和［例 9.3］可知，交换指向（交换地址）和交换所指向的变量的值是不同的。

9.1.6　指针运算

指针是描述地址的，从形式上看，指针值是整数，但是它是地址，与一般的整数是不同的，不能用普通的整数向指针赋值。指针有它自己的运算规律，指针变量之间可以执行加法、减法运算，但乘法和除法没有意义。另外还可以进行关系运算。

1．算术运算

指针运算的算术运算有两类：

- 指针与整数相加减。
- 同类指针相减（都是整型、实型、字符型等）。

设 p 和 q 为指针，n 为整数，则合法的指针运算有：

（1）p+n：指向当前位置之后第 n 个存储单元。

（2）p–n：指向当前位置之前第 n 个存储单元。

（3）p++，++p：指针后移一个存储单元。

（4）p––，––p：指针前移一个存储单元。

（5）p–q：指针 p 和 q 之间的存储单元个数。其结果是一个整数，而不是一个指针。做这种算术运算时，要求 p 和 q 是指向同一数组的两个指针。

说明：

指针与一个整数相加减时，是“跳”整数个存储单元。指向不同数据的指针的存储单元大小是不同的。如字符、整数、浮点数和双精度浮点数分别占用 1、2、4、8 个字节，所以从字节数上看，指针 p+n 的地址相当于 p+n×（类型大小）。例如对于整数，为 p+n×2 个字节。

2．关系运算

两个指向同一类数据的指针之间可以进行关系运算。两个指针之间的关系运算表示它们指向的位置之间的关系。假设数据在内存中的存储逻辑是由前向后，指向后方的指针大于指向前方的指针。例如：

```
if(p<q)printf("p 指针在 q 指针之前");
if(p!= '\0 ')printf("p 指针不是空指针");
```

通常两个和多个指针指向同一目标时（如一串连续的存储单元）比较才有意义。指针变量不能与整数进行关系运算。

9.2　指 针 与 函 数

指针与函数的关系主要有下面 3 种：

（1）指针作函数参数。

（2）指向函数的指针（函数指针）。

（3）返回指针的函数（指针函数，函数的返回值是指针）。

9.2.1 指针作函数参数

作函数参数的不仅可以是整型、实型和字符型的变量和常量，也可以是指针。

指针变量作形参，其对应的实参应当是一个地址值，可以是变量的地址、指针变量或数组名。函数调用时将实参传递给形参，使实参和形参指向同一存储单元。

【例 9.4】 使用指针，定义一个函数，能够将 main 函数输入的两个整型数据交换。

题目分析：

本题的功能与［例 9.3］相同，但这里要求用函数实现。算法的核心如下：

（1）定义一个函数 swap，两个指针变量作形参。

（2）在 main 函数中，将定义的两个整型变量的地址作实参传递给形参。

（3）在 swap 函数中，通过指针交换两个指针变量所指向的变量的值。

（4）在 main 函数中，输出结果。

程序如下：

```
#include "stdio.h"
main()
{
    void swap(int *a,int *b);          /*函数声明*/
    int x,y;
    printf("Input x,y:\n");
    scanf("%d,%d",&x,&y);
    printf("(1)x=%d,y=%d \n",x,y);
    swap(&x,&y);
    printf("(2)x=%d,y=%d\n",x,y);
}

void swap(int *a,int *b)
{
    int temp;
    temp=*a;
    *a=*b;
    *b=temp;                           /*这 3 行交换指针变量 a 和 b 所指向的变量的值*/
}
```

运行结果为：

```
Input x,y:
10,20↙
(1)x=10,y=20
(2)x=20,y=10
```

交换情况与［例 9.3］类似。

解释说明：

如图 9.6 所示。调用函数 swap (&x,&y)把实参变量 x、y 的地址传递给形参 a、b（这是一个方向），如图 9.6（a）所示，这是“地址传递”（传递的是地址），不是“值传递”。

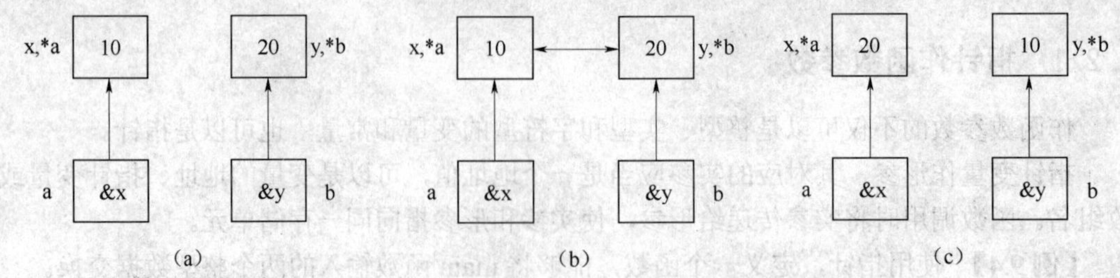

图 9.6　指针作为形参交换指针变量所指向的变量的值

（a）交换前；（b）交换；（c）交换后

执行函数 void swap (int *a,int *b)，把指针 a、b 所指的对象 x、y 的内容交换（但指针 a、b 的指向不变），如图 9.6（b）和图 9.6（c）所示。swap 执行完后，形参 a、b 和 temp 立即释放，不再存在。这样，在被调函数中通过形参 a、b 改变了实参 x、y 的值（这是另一个方向，与前一个方向相反），可知“地址传递”是双向的。

请思考：

如果把 temp=*a;*a=*b;*b=temp;改为 temp =a;a=b;b= temp;情况将如何？

由［例 9.4］可知，指针作为函数参数可以在调用一个函数时得到多个由被调函数改变了的值。

如果想通过函数调用得到 n 个要改变的值，操作步骤如下：

（1）在主调函数中设 n 个变量；

（2）将 n 个变量的地址作实参，传递给所调用的函数的形参（形参是指针变量）；

（3）通过形参指针变量，改变这 n 个变量的值；

（4）主调函数使用改变了值的变量。

下面举个例子。

【例 9.5】 编写一个函数，求某班级学生的高等数学成绩的最高分（整数）、最低分（整数）、平均分（实数，保留 2 位小数）和成绩优秀（不小于 90 分）的学生的平均分（实数，保留 2 位小数）。要求学生的成绩在 main 函数中输入，所求结果在 main 函数中输出。

题目分析：

题目要求编写一个函数求出最高分、最低分、全班学生的平均分和成绩优秀者的平均分这 4 个值并传回 main 函数，不能用通常的函数实现，因通常的函数只能返回 1 个值。可以如［例 8.1］那样通过全局变量实现，但是用全局变量，会导致函数间过多的数据联系，从而降低函数的独立性。用数组名作函数参数可以传递多个值（如［例 7.21］），但一个数组传递的只能是相同类型的数据，不能有的数据是整型，有的数据是实型。因此只能通过指针实现。

程序如下：

```
#include "stdio.h"
main()
{
    void max_min_aver(int x[ ],int *maximum,int *minimum,float *average,float * average90_100);
    int i,max=0,min=100;
```

```
    float aver,aver90_100;
    int a[40];
    printf("Enter 40 scores: \n");                    /*假设有 40 个学生*/
    for (i=0;i<40;i++)    scanf("%d",&a[i]);
    max_min_aver(a,&max,&min,&aver,&aver90_100);
    printf("max=%d,min=%d,average=%.2f,aver90_100=%.2f\n",max,min,aver,aver90_100);
}

void max_min_aver(int x[ ],int *maximum,int *minimum,float *average,float *average90_100)
{
    int j,k=0;
    float sum=0,sum90_100=0;
    for(j=0;j<40;j++)
    {   if(x[j]>*maximum) *maximum=x[j];
        if(x[j]<*minimum) *minimum=x[j];
        sum=sum+x[j];
        if(x[j]>=90) {sum90_100=sum90_100+x[j];k++;}
    }
    *average=sum/40;
    if(k!=0)*average90_100=sum90_100/k;
    else *average90_100=0;
}
```

某次运行结果为：

```
Enter 40 scores:
90  88  68  73  96  52  89  92  83  100↙
86  77  67  84  78  82  92  82  72  95↙
88  73  76  65  48  88  99  87  97  100↙
43  88  78  93  65  86  85  72  65  92↙
max=100,min=43,average=80.85,aver90_100=95.09
```

9.2.2 指向函数的指针（函数指针）

一个函数在内存中占用一段连续的内存单元，它有一个首地址（即函数的入口地址），函数名代表这个首地址（入口地址），通过这个地址可以找到该函数，这个地址称为函数的指针。把这个地址（即函数的入口地址）赋给一个指针变量，通过它也能调用该函数，这个指针变量称为指向函数的指针变量。

指向函数的指针变量定义的一般格式如下：

数据类型　(*指针变量名) ();

这里，数据类型是指函数的返回值的类型；“*”表示其后的变量是指针变量，然后与后面的“( )”结合，表示此指针变量指向函数，这个函数值（即函数返回的值）是数据类型所标明的类型。

例如：

```
int (*p)();
```

表示 p 是一个指针变量，它指向一个返回整型值的函数。

定义了指向函数的指针变量之后，可以将函数的入口地址赋给它，使指针变量指向该函数。例如：

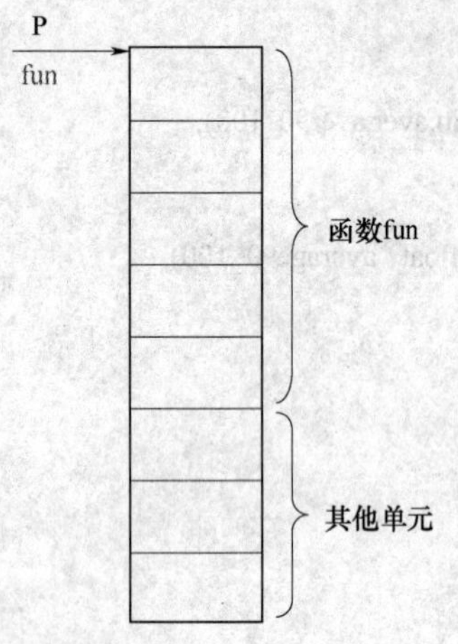

图 9.7　指针指向函数

```
p=fun;
```

这里假设已经定义了一个函数 fun，上述语句的功能是使 p 指向函数 fun，函数名代表这个入口地址，如图 9.7 所示。

调用函数的格式如下：

(*指针变量)(实参表列)

例如：(*p)(x,y)，它相当于 fun(x,y)。

【例 9.6】 编写一个函数，求两整数的大者。在 main 函数中定义指向函数的指针变量调用它。

题目分析：

本题要求使用函数指针调用函数。可按下述方法定义和使用指向函数的指针。

（1）定义一个指向函数的指针变量。例如：

```
int (*p)();
```

（2）将函数的入口地址赋给该函数的指针，格式如下：

```
p=函数名;
```

注意：只给出函数名，不要给出函数参数及括号。

（3）通过函数指针调用函数。调用格式如下：

```
z=(*p)(实参);
```

程序如下：

```
#include "stdio.h"
main()
{
    int max(int m,int n);          /*函数声明*/
    int x,y,z;
    int (*p)();                    /*定义指向函数的指针变量 p*/
    p=max;                         /*将函数的入口地址赋给 p*/
    printf("Input x,y:\n");
    scanf("%d,%d",&x,&y);
    z=(*p)(x,y);                   /*用指针变量 p 调用函数*/
    printf("max=%d\n",z);
}

int max(int m,int n)
{
    if(m>n)
      return(m);
    else
      return(n);
}
```

运行结果为：

```
Input x,y:
100,50↙
max=100
```

解释说明：

本程序中，赋值语句 p=max；的作用是将函数 max 的入口地址赋给指针变量 p，p 就是指向函数 max 的指针变量，即 p 和 max 都指向函数的开头，然后调用*p 就是调用函数 max。

对用函数入口地址作为实参的函数（如本程序中的 max 函数），若在函数定义之前引用它的名，应在主调函数中用函数原型作函数声明（例如本程序 main 函数中的 int max（int m，int n）;），即使是返回值为整型的函数也要声明。因为此时，主调函数在调用时只用函数名（如 max）作实参，后面没有括号和实参，编译系统无法判断它是变量名还是函数名。

【例 9.7】 定义一个函数 arr_addr，求一维数组元素的和，数组元素在 main 函数中输入。在 main 函数中用指向函数的指针变量调用 arr_addr 函数。

题目分析：

（1）本题算法的核心与上题类似，只是应用了数组，其中的一个形参是数组名。

（2）本题用两种方法调用函数，以作比较。

程序如下：

```
#include "stdio.h"
main()
{
    int arr_addr(int arr[ ],int n);          /*函数声明*/
    int a[10]={-1,-2,-3,-4,-5,0,200,15,100,70};
    int *p,sumall;
    int (*pt) ();                             /*定义指向函数的指针变量 pt*/
    pt=arr_addr;                              /*将函数的入口地址赋给 pt*/
    p=&a[0];
    sumall=arr_addr(p,10);                    /*用函数名 arr_add 调用函数*/
    printf("sumall=%d,",sumall);
    sumall=(*pt) (p,10);                      /*用指针变量 pt 调用函数,此时用(*pt)代替了函数名 arr_addr */
    printf("sumall=%d\n",sumall);
}

int arr_addr(int arr[ ],int n)
{
    int i,sum=0;
    for (i=0;i<n;i++)
        sum+=arr[i];
    return(sum);
}
```

运行结果为：

```
sumall=370,sumall=370
```

该程序用了两种方法调用 arr_addr 函数：一种是用函数名 arr_addr 调用（第 7 章）；另一种是用指针变量 pt 调用，两种方法效果相同。显而易见，用函数指针变量调用函数时，只需用（*p）代替以前的调用方式

sumall=函数名(实参)

中的函数名即可。

下面作较深入的应用，就是应用函数指针编写一个通用程序来完成不同的功能或专用的功能。

【例 9.8】 已知直角三角形的两条直角边的长度，求该直角三角形的面积、周长和短直角边所对应的锐角的大小。用指向函数的指针实现。

题目分析：

本题算法与［例 9.6］类似。

程序如下：

```
#include "stdio.h"
#include "math.h"
main()
{
    float area(float a,float b);                    /*函数声明*/
    float length(float a,float b);                  /*函数声明*/
    float angle(float a,float b);                   /*函数声明*/
    float fun(float aa,float bb,float (*q)(float,float));           /*函数声明*/
    float x,y;                                      /*两条直角边的长度*/
    float s,l,alf;                                  /*面积,周长和锐角*/
    float (*p)(float,float);                        /*定义指向函数的指针变量 p。这是另一种定义形式——带形
                                                      参类型*/
    printf("Input x,y:\n");
    scanf("%f,%f",&x,&y);
    p=area;                                         /*将函数名(入口地址)赋给 p*/
    s=fun(x,y,p);                                   /*取消上一行,本行改为 s=fun(x,y,area)直接用函数名作实参也
                                                      可以。此时未用到 p,前面的 float (*p)(float,float);可取消*/
    p=length;                                       /*将函数名(入口地址)赋给 p*/
    l=fun(x,y,p);
    p=angle;                                        /*将函数名(入口地址)赋给 p*/
    alf=fun(x,y,p);
    printf("s=%f\n",s);
    printf("l=%f\n",l);
    printf("alf=%f\n",alf);
}

float fun(float aa,float bb,float (*q)(float,float))       /*函数定义。float (*q)(float,float) 表示 q 是指向指
                                                             向函数的指针,该函数是一个实型函数,有两个实
                                                             型形参*/
{
    float value;
    value=(*q)(aa,bb);
    return(value);
```

```
}

float area(float a,float b)                    /*函数定义,求面积*/
{
    float sc;
    sc=a*b/2;
    return(sc);
}

float length(float a,float b)                  /*函数定义,求周长*/
{
    float lc,c;
    c=sqrt(a*a+b*b);                           /*求斜边长*/
    lc=a+b+c;
    return(lc);
}

float angle(float a,float b)                   /*函数定义,求锐角*/
{
    float temp,anglec;
    if(a>b) temp=b/a;
    else temp=a/b;
    anglec=atan(temp)*180/3.1415926;
    return(anglec);
}
```

某次运行结果为：

```
Input x,y:
30.0,40.0
s=60.000000
l=120.000000
alf=36.869900
```

在程序中，定义了 4 个函数，其中函数 area、length 和 angle 分别用于求直角三角形的面积、周长和较小的锐角。在 main 函数中定义 p 为指向函数的指针变量，定义的形式为“float(*p)(float,float)”，表示 p 指向返回值为实型的函数。在 main 函数中有“p=area”“p=length”和“p=angle”分别将 area、length 和 angle 函数的入口赋给 p，形参 q 也定义为指向函数的指针变量，这样形参 q 也分别指向 area、length 和 angle 函数，调用中(*q)(aa,bb)就相当于 area(aa,bb)、length(aa,bb)和 angle(aa,bb)。area(aa,bb)、length(aa,bb)和 angle(aa,bb)的值就是所要求的值。如此，通过调用通用函数 fun 求出了最终结果，完成了不同的功能。

本例中，调用 area、length 和 angle 函数的通用函数 fun 并没有任何改动，只是调用 fun 函数时改变了实参函数名。这就提高了函数使用的灵活性，可以编写一个通用函数来实现各种专用的功能（例如求多个函数的积分这种专用的功能，此时通用函数有 3 个形参：下限 a、上限 b 和指向函数的指针变量 fun）。

需要说明的是：

指向函数的指针变量的定义，也可以用下面的写法：

数据类型　(*指针变量名) (形参类型 1 形式参数 1,形参类型 2 形式参数 2,…);

或

数据类型　(*指针变量名) (形参类型 1,形参类型 2,…);

这最后一种写法在本程序中已经使用（在程序的注释中作了说明）。

9.2.3　返回指针的函数（指针函数，函数的返回值是指针）

一个函数在被调用后将返回一个值（void 函数除外）给主调函数，这个值可以是整型、实型、字符型等类型，也可以是指针类型。当一个函数的返回值是指针类型时，它称为指针函数——返回指针的函数，即函数的返回值是指针（地址）。

返回指针的函数的定义格式如下：

数据类型　*函数名 (参数表列)

例如：

```
int *fun(int a,int b)
```

表示 fun 是一个函数，它返回一个指针值，这个指针指向一个整型数据，a 和 b 是形参。fun 先与后面的圆括号“( )”结合，再与前面的“*”结合，因为( )的优先级高于*。

【例 9.9】 编写一个函数 f1，求两个 int 型变量中值较大的变量的地址，把该地址返回给 main 函数并输出，再输出该地址中所存放的数值（即输出两个 int 型变量中较大的值）。两个 int 型变量中的值从 main 函数输入。

题目分析：

（1）题目要求返回地址，因此使用返回指针的函数。

（2）本题是为了说明概念和如何使用返回指针的函数而设置的。

（3）算法为：定义一个指针函数，它有两个形参（都是指针变量）；main 函数将两个整型变量的地址传递给两个形参；在指针函数中通过比较，将数值大者的地址返回给 main 函数；main 函数输出此地址中的数值。

程序如下：

```
#include "stdio.h"
main()
{
    int *f1(int *x,int *y);             /*函数声明*/
    int a=2,b=3;
    int *p;
    p=f1(&a,&b);                        /*返回的地址赋给指针变量 p*/
    printf("(4)p=%p\n",p);              /*输出返回的地址,此即所求*/
    printf("(5)*p=%d\n",*p);            /*输出 p 所指向变量(a、b 中的大者)的值,此即所求*/
    printf("(6)&p=%p\n",&p);            /*输出指针变量 p 的地址*/
    printf("(7)&a=%p,&b=%p\n",&a,&b);              /*输出 a,b 的地址*/
}
```

```
int *f1(int *x,int *y)                                /*定义函数*/
{
    printf("(1)*x=%d,*y=%d\n",*x,*y);                 /*输出指针变量 x、y 所指向的变量 a、b 的值*/
    printf("(2)x=%p,y=%p\n",x,y);                     /*输出指针变量 x、y 的值,即 a、b 的地址*/
    printf("(3)&x=%p,&y=%p\n",&x,&y);                 /*输出指针变量 x、y 的地址*/
    if(*x>*y)
        return (x);                                   /*返回地址*/
    else
        return (y);                                   /*返回地址*/
}
```

某次运行结果为：

```
(1)*x=2,*y=3
(2)x=0012FF7C,y=0012FF78
(3)&x=0012FF20,&y=0012FF24
(4)p=0012FF78
(5)*p=3
(6)&p=0012FF74
(7)&a=0012FF7C,&b=0012FF78
```

解释说明：

地址以十六进制(%p)输出(请见表 3.1)。f1 函数返回的是 a、b 中较大者的地址(FFDE)，它赋给了 main 函数中的 p。如图 9.8 所示。输出的第 4 行和第 5 行是题目所要求的结果，其他行都是为理解概念而输出的。请仔细理解输出的这 7 行的含义。

【例 9.10】 编写一个函数 strchar，其功能是从一个字符串中寻找一个指定的字符，将该字符第一次出现的地址返回给 main 函数（若字符串中没有指定的字符，则返回 0），在 main 函数中根据返回的地址求出该字符是此字符串中的第几个字符。

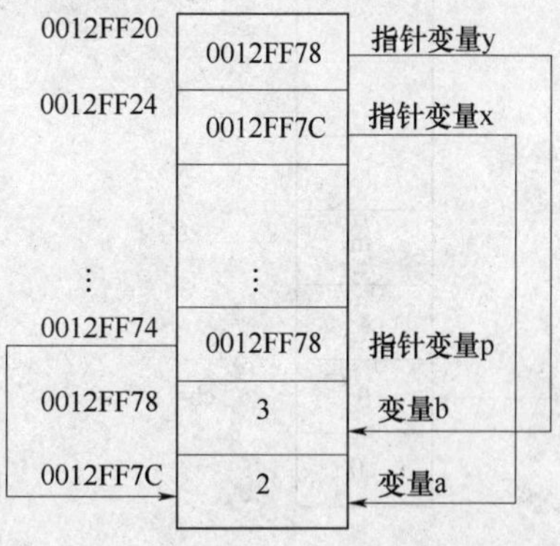

图 9.8 指针和各变量的存储情况

题目分析：

本题与［例 9.9］有类似之处。请思考，确定出算法。

程序如下：

```
#include "stdio.h"
main( )
{
    char *strchar(char *str,char ch);              /*函数声明*/
    char *p,ch,linechar[ ]= "I am a man";          /*一个字符串*/
    ch='n';                                        /*指定的字符*/
    p= strchar(linechar,ch);                       /*调用函数*/
    if(p==0) printf("\nThere is not char %c.\n",ch);
    else
{   printf("\nString starts at address %p.\n",linechar);
    printf("First occurrence of char %c is address %p.\n",ch,p);
    printf("This is position %d(starting from 0)\n",p–linechar);          /*1 个字符占 1 个字节*/
}
}
```

```
char *strchar(char *str,char ch)                    /*定义函数*/
{
    while(*str!= '\0')
    {   if(*str==ch)
            return(str);                            /*返回地址*/
        else
            str++;
    }
    return (0);
}
```

某次运行结果为：

```
String starts at address 0012FF6C.
First occurrence of char n is address 0012FF75.
This is position 9(starting from 0)
```


图 9.9 指针和字符数组

解释说明：

如图 9.9 所示，数组 linechar 的首地址是&linechar[0]，根据调用关系把它赋给 str，它是 str 的初值。在 strchr 函数中，比较*str 和 ch，如果*str 不等于 ch，则 str++，使 str 向下移动一个字符，直到 str 指向要寻找的字符 n。然后把 str 的值（即字符 n 的地址）返回 main 函数。如果从头至尾都找不到，返回 0，表明字符串里没有该字符。

再看一个比较深入的例子。

【例 9.11】 编写一个函数，求某班级学生的某门课的最高分（整数）、最低分（整数）、平均分（实数，保留 2 位小数）。要求学生的成绩在 main 函数中输入，所求结果也在 main 函数中输出。用返回指针的函数实现。

题目分析：

用返回指针的函数实现，就是将存放平均分的变量的地址返回到 main 函数。main 函数根据此地址得到平均分。

程序如下：

```
#include "stdio.h"
#define N 40                                          /*假设有 40 个学生*/
main()
{
    float *max_min_aver(int x[ ],int *maximum,int *minimum);      /*函数声明*/
    int i,max=0,min=100;
    float *p;
    int a[N];
    printf("Enter %d scores:\n",N);
    for (i=0;i<N;i++)      scanf("%d",&a[i]);
```

```
    p=max_min_aver(a,&max,&min);
    printf("max=%d,min=%d,average=%.2f\n",max,min,*p);
}

float *max_min_aver(int x[ ],int *maximum,int *minimum)              /*函数定义*/
{
    int j;
    float sum=0,*aver;
    static float average; /*定义 average 为 static 变量,以使其值保留于整个程序运行期间 */
    aver=&average;
    for(j=0;j<N;j++)
    {   if(x[j]>*maximum) *maximum=x[j];
        if(x[j]<*minimum) *minimum=x[j];
        sum=sum+x[j];
    }
    average=sum/N;
    return(aver);                                                    /*返回地址*/
}
```

某次运行结果为：

```
Enter 40 scores:
91  90  88  76  62  64  52  93  76  88↙
88  86  72  65  68  78  92  90  67  100↙
51  68  73  85  67  88  92  90  73  60↙
86  84  71  70  68  72  76  85  80  93↙
max=100,min=51,average=77.95
```

解释说明：

（1）通过函数的返回值得到保存平均分的变量的地址，由此得到平均分。

（2）本程序中，最高分和最低分仍然用［例 9.5］的方法获得。

请思考：

程序中，是否可以将语句 static float average;改为 float average;？请说明原因。

指针函数经常用于链表操作中。

9.3 指针与数组

指针的加减运算很适合处理存储在一段连续内存单元的同类数据，而数组正是按顺序连续存放数组元素的。因此，指针可以方便地操作数组和数组元素。

9.3.1 指针与一维数组

1. 一维数组的指针表示方法

数组名代表数组的首地址。数组中各元素的地址和各元素的值如何表示？

如果有一个整型数组 a，其首地址为 1010，且定义指针变量 p 指向数组 a，即：

```
int *p;
p=&a[0];或 p=a;
```

那么第 1 个元素（a[0]）的地址是 a（数组名代表数组的首地址）、&a[0]、p 或&p[0];第 2 个元素（a[1]）的地址是 a+1、&a[1]、p+1 或&p[1];第 3 个元素（a[2]）的地址是 a+2、&a[2]、p+2 或&p[2];……；第 i+1 个元素（a[i]）的地址是 a+i、&a[i]、p+i 或&p[i];……。第 1 个元素是 a[0]、*a、*p 或 p[0];第 2 个元素是 a[1]、*(a+1)、*(p+1)或 p[1];第 3 个元素是 a[2]、*(a+2)、*(p+2)或 p[2];……；第 i+1 个元素是 a[i]、*(a+i)、*(p+i)或 p[i];……，如图 9.10 所示。

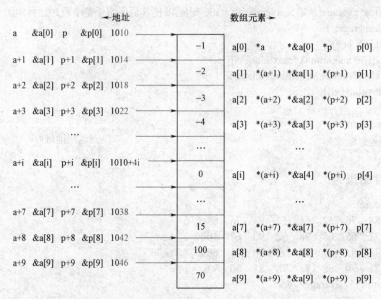

◄地址						数组元素►				
a	&a[0]	p	&p[0]	1010	−1	a[0]	*a	*&a[0]	*p	p[0]
a+1	&a[1]	p+1	&p[1]	1014	−2	a[1]	*(a+1)	*&a[1]	*(p+1)	p[1]
a+2	&a[2]	p+2	&p[2]	1018	−3	a[2]	*(a+2)	*&a[2]	*(p+2)	p[2]
a+3	&a[3]	p+3	&p[3]	1022	−4	a[3]	*(a+3)	*&a[3]	*(p+3)	p[3]
		…			…			…		
a+i	&a[i]	p+i	&p[i]	1010+4i	0	a[i]	*(a+i)	*&a[4]	*(p+i)	p[4]
		…			…			…		
a+7	&a[7]	p+7	&p[7]	1038	15	a[7]	*(a+7)	*&a[7]	*(p+7)	p[7]
a+8	&a[8]	p+8	&p[8]	1042	100	a[8]	*(a+8)	*&a[8]	*(p+8)	p[8]
a+9	&a[9]	p+9	&p[9]	1046	70	a[9]	*(a+9)	*&a[9]	*(p+9)	p[9]

图 9.10　一维数组的指针、地址、数组元素

因此，数组元素的表示方式有：

下标法——例如 a[i]等;

指针法（地址法，间接访问）——例如*(a+i)、*&a[i]、*(p+i)等。

【例 9.12】 分别用下标法和各种指针法输出一维数组元素。

题目分析：

（1）定义一个数组。

（2）定义一个循环控制变量。

（3）定义一个指针变量。

（4）分别用下标法和指针法输出数组元素，共有 5 种方法。

程序如下：

```
#include "stdio.h"
main()
{
    int a[10]={-1,-2,-3,-4,-5,0,200,15,100,70};
    int i;
    int *p;
    for(i=0;i<10;i++)
        printf("%d  ",a[i]);                    /*下标法*/
```

```
    printf("\n");
    for(i=0;i<10;i++)
      printf("%d   ",*(a+i));              /*指针法 1*/
    printf("\n");
    for(i=0;i<10;i++)
      printf("%d   ",*&a[i]);              /*指针法 2*/
    printf("\n");
    for(i=0,p=a;i<10;i++)
      printf("%d   ",*(p+i));              /*指针法 3*/
    printf("\n");
    for(p=a;p<a+10;p++)
      printf("%d   ",*p);                  /*指针法 4*/
    printf("\n");
}
```

运行结果为：

```
-1  -2  -3  -4  -5  0  200  15  100  70
-1  -2  -3  -4  -5  0  200  15  100  70
-1  -2  -3  -4  -5  0  200  15  100  70
-1  -2  -3  -4  -5  0  200  15  100  70
-1  -2  -3  -4  -5  0  200  15  100  70
```

指针法 3 是使 p 指向 a 数组的第 1 个元素，然后依次输出各个*（p+i)，如图 9.10 所示。

指针法 4 是使 p 指向 a 数组的第 1 个元素，此时*p 是 a[0]，它输出后，p++使 p 指向 a 数组的下一个元素，此时*p 是 a[1]，它输出后，p++使 p 指向 a 数组的下一个元素，依此类推，直到输出 a[9]。这种方法比前面的 4 种方法简捷、高效，因为 p++这种自加操作是很快的；而前面的 4 种方法均需先通过 i 计算元素的地址，费时较多。

注意：p++合法，因为 p 是变量，它的值不断加 1，从而指向不同的数组元素。a++错误，因为 a 是数组名，是数组的首地址，是常量，是不变的。

2．指向数组的指针变量作函数参数

第 7 章曾介绍了数组名作函数参数的使用方法。数组名代表数组的首地址，用数组名作参数传递的是地址，将它传递给被调函数的形参，由于地址可以作参数传递，所以指向数组的指针变量也能够作函数参数。

【例 9.13】 使用指针指向一个一维数组，定义一个函数求数组元素的和，数组元素在 main 函数中输入，计算结果在 main 函数中输出。

题目分析：

定义一个指针变量，指向一维数组，此指针变量作实参，传递给形参数组。

程序如下：

```
#include "stdio.h"
main()
{
   int arr_addr(int arr[ ],int n);            /*函数声明*/
   int a[10]={-1,-2,-3,-4,-5,0,200,15,100,70};
   int *p,all;
   p=&a[0];
```

```
    all=arr_addr(p,10);
    printf("all=%d\n",all);
}

int arr_addr (int arr[ ],int n)
{
    int i,sum=0;
    for (i=0;i<n;i++)
        sum+=arr[i];
    return(sum);
}
```

运行结果为：

```
all=370
```

解释说明：

main 函数中 p 是指针变量，指向一维数组 a，具体地说，是指向数组 a 的第一个元素，p=&a[0]或 p=a，调用函数 arr_addr 使实参 p 的值传递给形参数组 arr，从而使形参数组 arr 的首地址也是&a[0]，即数组 arr 与数组 a 占用同一段内存单元，如图 9.11 所示。

请思考：

将 arr_addr 函数中的 arr 改为指针*arr，是否可行？程序如下：

```
#include "stdio.h"
main()
{
    int arr_addr(int *arr,int n);                /*此行改动*/
    int a[10]={-1,-2,-3,-4,-5,0,200,15,100,70};
    int *p,all;
    p=&a[0];
    all= arr_addr(p,10);
    printf("all=%d\n",all);
}

int arr_addr (int *arr,int n)                    /*此行改动*/
{
    int i,sum=0;
    for (i=0;i<n;i++,arr++)                      /*此行改动*/
      sum+=*arr;                                 /*此行改动*/
    return(sum);
}
```

a　p &a[0]　　　　arr　&arr[0]

−1	a[0] arr[0]
−2	a[1] arr[1]
−3	a[2] arr[2]
−4	a[3] arr[3]
−5	a[4] arr[4]
0	a[5] arr[5]
200	a[6] arr[6]
15	a[7] arr[7]
100	a[8] arr[8]
70	a[9] arr[9]

图 9.11　指向数组的指针和数组

3．指向数组的指针变量或数组名作函数参数时实参和形参的对应关系

如果有一个实参数组，想在函数中改变此数组的元素的值，让指向数组的指针变量或数组名作函数参数（实参或形参），那么实参和形参的对应关系有下面 4 种。这 4 种实际上都是地址传递。

（1）实参和形参都用数组名。

```
#include "stdio.h"
main()
{
    int a[10];
    …
    fun(a,10)
    …
}

fun(int x[ ],int n)
{
    …
}
```

【例 9.14】 将数组 a 中的 n 个整数按相反顺序存放。形参和实参都用数组名。

题目分析：

把 a[0]和 a[n−1]对调，再把 a[1]和 a[n−2]对调，……，直到把 a[(n−1)/2]和 a[n−(n−1)/2−1]对调。设变量 i 和 j，i 初值为 0，j 初值为 n−1，把 a[i]和 a[j]对调，之后，i 加 1，j 减 1，再把 a[i]和 a[j]对调，直到 i=(n−1)/2。

程序如下：

```
#include "stdio.h"
main()
{
    void fun(int x[ ],int n);
    int i,a[10]={7,99,9,8,11,63,76,15,24,23};
    fun(a,10);
    printf("The    reverse    array:\n");
    for(i=0;i<10;i++)
       printf("%d,",a[i]);
    printf("\n");
}

void fun(int x[ ],int n)
{
    int t,i,j,m=(n−1)/2;
    for(i=0;i<=m;i++)
    {   j=n−1−i;
        t=x[i];
        x[i]=x[j];
        x[j]=t;
    }
}
```

运行结果为：

```
The    reverse    array:
23,24,15,76,63,11,8,9,99,7,
```

（2）实参用数组名，形参用指针变量。

```
#include "stdio.h"
main()
{   int a[10];
    …
    fun(a,10)
    …
}

fun(int *x,int n)
{
    …
}
```

【例 9.15】 将数组 a 中的 n 个整数按相反顺序存放。实参用数组，形参用指针变量。

```
#include "stdio.h"
main()
{
    void fun(int *x,int n);
    int i,a[10]={7,99,9,8,11,63,76,15,24,23};
    fun(a,10);
    printf("The   reverse   array:\n");
    for(i=0;i<10;i++)
      printf("%d,",a[i]);
    printf("\n");
}

void fun(int *x,int n)
{
    int t,*p,*i,*j,m=(n-1)/2;
    i=x;
    j=x+n-1;
    p=x+m;
    for(;i<=p;i++,j--)
    {    t=*i;
         *i=*j;
         *j=t;
    }
}
```

（3）实参、形参都用指针变量。

```
#include "stdio.h"
main()
{
    int a[10],*p=a;
    …
    fun(p,10)
```

```
    …
}

fun(int *x,int    n)
{
    …
}
```

【例 9.16】 将数组 a 中的 n 个整数按相反顺序存放。实参、形参都用指针变量。

```
#include "stdio.h"
main()
{
    void fun(int *x,int n);
    int i,a[10]={ 7,99,9,8,11,63,76,15,24,23},*p=a;
    fun(p,10);
    printf("The    reverse    array:\n");
    for(p=a;p<a+10;p++)
    printf("%d,",*p);
}

void fun(int *x,int n)
{
    int t,*p,*i,*j,m=(n-1)/2;
    i=x;
    j=x+n-1;
    p=x+m;
    for(;i<=p;i++,j--)
    {     t=*i;
          *i=*j;
          *j=t;
    }
}
```

（4）实参为指针变量，形参为数组名。

```
#include "stdio.h"
main()
{
    int a[10],*p=a;
    …
    fun(p,10)
    …
}

fun(int x[ ],int n)
{
    …
}
```

【例 9.17】 将数组 a 中的 n 个整数按相反顺序存放。实参为指针变量，形参为数组名。

```
#include "stdio.h"
main()
{
    void fun(int x[ ],int n);
    int i,a[10]={ 7,99,9,8,11,63,76,15,24,23},*p=a;
    fun(p,10);
    printf("The    reverse    array:\n");
    for(p=a;p<a+10;p++)
      printf("%d,",*p);
}

void fun(int x[ ],int n)
{
    int t,i,j,m=(n-1)/2;
    for(i=0;i<=m;i++)
    {   j=n-1-i;
        t=x[i];
        x[i]=x[j];
        x[j]=t;
    }
}
```

[例 9.13] 也属于实参为指针变量，形参为数组名这种情况。

9.3.2　指针与二维数组

1. 二维数组的指针表示方法

前面讲解了一维数组各元素的地址和各元素的值的表示，那么二维数组各元素的地址和各元素的值如何表示呢？

设有一个 3 行 4 列的整型二维数组 a，如表 9.1 所示。

表 9.1　　**3 行 4 列的整型二维数组**

列 行	第 0 列 ↓	第 1 列 ↓	第 2 列 ↓	第 3 列 ↓
第 0 行→	10 a[0][0]	20 a[0][1]	30 a[0][2]	40 a[0][3]
第 1 行→	50 a[1][0]	60 a[1][1]	70 a[1][2]	80 a[1][3]
第 2 行→	90 a[2][0]	100 a[2][1]	110 a[2][2]	120 a[2][3]

如果一维数组的各元素都是一个一维数组，那么就是二维数组。对于二维数组 a，可以把它看做是由 3 个元素 a[0]、a[1]、a[2]组成的一维数组（如图 9-12 虚线框中所示），由于数组名代表数组的首地址（第一个元素的地址），所以 a 代表&a[0]。a+1 为将指针从 a 处开始向下移动一行，因此 a+1 代表&a[1]。如此 a+i 代表二维数组第 i 行的首地址，即 a+i 代表&a[i]。如图 9-12 虚线框左侧部分所示。

由于数组名代表数组的首地址，a[0]、a[1]、a[2]分别是一个一维数组的名字，因此 a[0]、

a[1]、a[2]分别代表 a[0] [0]、a[1] [0]、a[2] [0]的地址，即 a[0]、a[1]、a[2] 分别代表&a[0] [0]、&a[1] [0]、&a[2] [0]。通项为 a[i] 代表&a[i] [0]。如图 9.12 虚线框右侧和实线框左侧部分所示。

对于数组第 0 行（看成是一维数组）来说，由于 a[0] 代表&a[0][0]，所以 a[0]+1 表示将指针向下移动一个元素，就是&a[0][1]。a[0]+2 表示将指针再向下移动一个元素，就是&a[0][2]。如此通项为 a[0]+j 代表&a[0][j]。对不同的行而言，通项为 a[i]+j 代表&a[i][j]。如图 9.12 虚线框右侧和实线框左侧部分所示。

由第 9.3.1 小节已知 a[i]代表*(a+i)，因此在 a[i]和*(a+i)上都加 j，可得 a[i]+j 代表*(a+i)+j，这又是一个通项，是元素 a[i][j]的地址。如图 9-12 虚线框右侧和实线框左侧部分所示。

由于在地址左边加"*"表示取内容（值），所以在通项 a[i]+j、*(a+i)+j、&a[i][j]前加*表示数组元素，即*(a[i]+j)、*(*(a+i)+j)、*&a[i][j]表示数组元素。如图 9.12 实线框右侧部分所示。

因此，二维数组元素的表示方式有：

下标法——例如 a[i][j]；

指针法（地址法，间接访问）——例如*(a[i]+j)，*(*(a+i)+j)，*&a[i][j]。

还需指出的是，图 9.12 虚线框左侧部分，a+i 和&a[i]等是二级指针，指向行；图 9.12 的虚线框右侧和实线框左侧部分，a[i]+j、*(a+i)+j 和&a[i][j]等是一级指针，指向列。

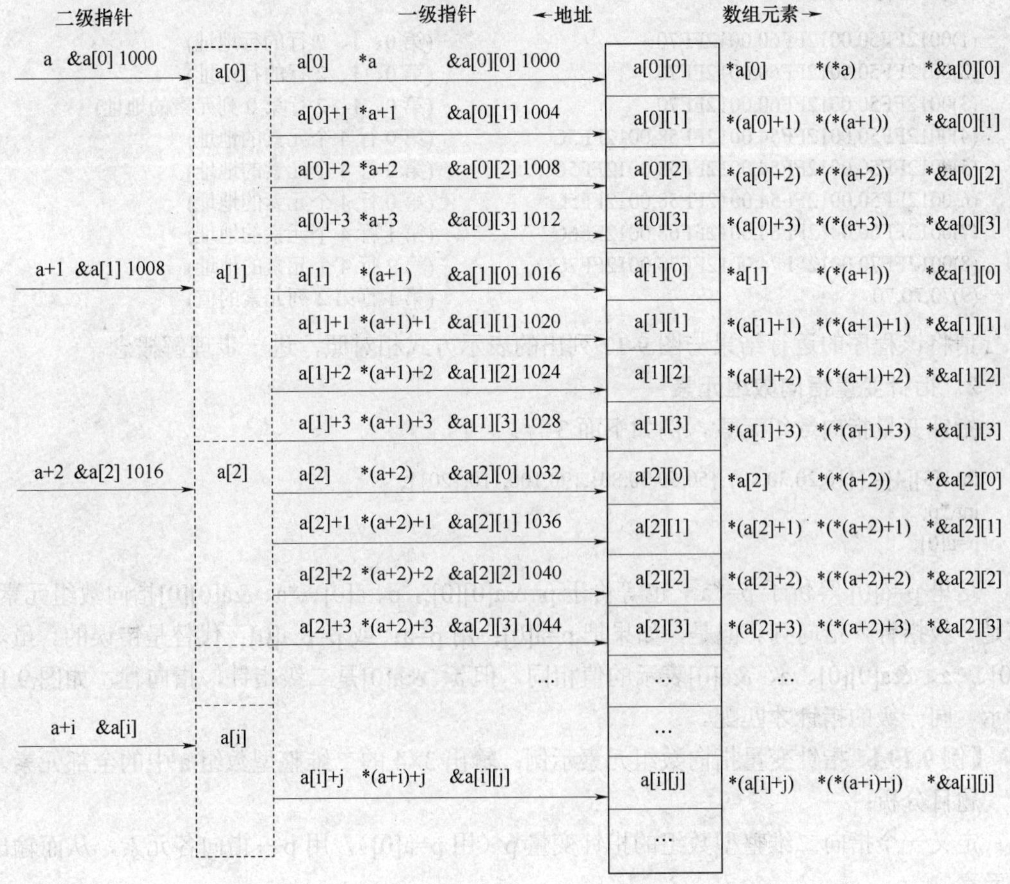

图 9.12 二维数组的指针、地址、数组元素

【例 9.18】 输出 3×4 的二维整型数组有关的地址和值举例。

题目分析：

采用图 9.12 中的各种方式输出。

程序如下：

```
#include "stdio.h"
main()
{
    int a[3][4]= {{10,20,30,40},{50,60,70,80},{90,100,110,120}};
    printf("(1)%p,%p,%p\n",a,a+1,a+2);                    /*第 0、1、2 行的行地址*/
    printf("(2)%p,%p,%p\n",&a[0],&a[1],&a[2]);            /*第 0、1、2 行的行地址*/
    printf("(3)%p,%p,%p\n",*a,*(a+1),*(a+2));             /*第 0、1、2 行第 0 列元素的地址*/
    printf("(4)%p,%p,%p,%p\n",*a,*a+1,*a+2,*a+3);         /*第 0 行 4 个元素的地址*/
    printf("(5)%p,%p,%p,%p\n",&a[0][0],&a[0][1],&a[0][2],&a[0][3]);   /*第 0 行 4 个元素的地址*/
    printf("(6)%p,%p,%p,%p\n",a[0],a[0]+1,a[0]+2,a[0]+3);            /*第 0 行 4 个元素的地址*/
    printf("(7)%p,%p,%p,%p\n",*(a+1),*(a+1)+1,*(a+1)+2,*(a+1)+3);    /*第 1 行 4 个元素的地址*/
    printf("(8)%p,%p,%p,%p\n",*(a+2),*(a+2)+1,*(a+2)+2,*(a+2)+3);    /*第 2 行 4 个元素的地址*/
    printf("(9)%d,%d,%d\n",*(a[1]+2),*(*(a+1)+2),a[1][2]);           /*第 1 行第 2 列元素的值*/
}
```

某次运行结果为：

```
(1)0012FF50,0012FF60,0012FF70                     (第 0、1、2 行的行地址)
(2)0012FF50,0012FF60,0012FF70                     (第 0、1、2 行的行地址)
(3)0012FF50,0012FF60,0012FF70                     (第 0、1、2 行第 0 列元素的地址)
(4)0012FF50,0012FF54,0012FF58,0012FF5C            (第 0 行 4 个元素的地址)
(5)0012FF50,0012FF54,0012FF58,0012FF5C            (第 0 行 4 个元素的地址)
(6)0012FF50,0012FF54,0012FF58,0012FF5C            (第 0 行 4 个元素的地址)
(7)0012FF60,0012FF64,0012FF68,0012FF6C            (第 1 行 4 个元素的地址)
(8)0012FF70,0012FF74,0012FF78,0012FF7C            (第 2 行 4 个元素的地址)
(9)70,70,70                                       (第 1 行第 2 列元素的值)
```

请将该程序的运行结果与图 9-12 列出的表示方式相对照，进一步理解概念。

2．指针变量指向数组元素

指针变量指向数组元素，例如下面 3 行：

```
int a[3][4]= {{10,20,30,40},{50,60,70,80},{90,100,110,120}};
int *p;
p=a[0];
```

这里 p=a[0];等价于 p=*a;，也等价于 p=&a[0][0];，p、a[0]、*a、&a[0][0]指向数组元素，都是一级指针，指向列。但是，如果把 p=a[0]；用 p=a；或 p=&a[0]；代替是错误的。虽然 a[0]、*a、&a[0][0]、a、&a[0]表示的值相同，但 a、&a[0]是二级指针，指向行，如图 9.12 所示。同一级的指针才匹配。

【例 9.19】 指针变量指向数组元素示例：输出 3×4 的二维整型数组 a 中的全部元素。

题目分析：

定义一个指向二维整型数组的指针变量 p（用 p=a[0]），用 p++指向各元素，从而输出各元素。

程序如下：

```
#include "stdio.h"
main()
{
    int a[3][4]= {{10,20,30,40},{50,60,70,80},{90,100,110,120}};
    int *p;
    for(p=a[0];p<a[0]+12;p++)
    {   if((p-a[0])%4==0)   printf("\n");
        printf("%5d",*p);
    }
}
```

运行结果为：

```
10    20    30    40
50    60    70    80
90    100   110   120
```

3．指针变量指向一维数组

定义格式如下：

数据类型 (*指针名)[一维数组维数];

例如：

```
int (*p)[4];
```

这里，p 指向包含 4 个元素的一维数组，其中元素的类型为 int 型。

p 的值是一维数组的首地址，p 是行指针，必须指向行。一维数组指针变量的维数（这里为 4）与二维数组分解为一维数组时一维数组的维数（长度）即二维数组的列数必须相同，例如 int a[3][4]。

对于一个二维数组，例如 a[3][4]={{10,20,30,40},{50,60,70,80},{90,100,110,120}}，由于它的每一行 a[0]、a[1]、a[2]可以看成是含有 4 个 int 型元素的一维数组，因此，可以将每一行的首地址赋给 p。例如，将第 0 行的首地址赋给 p：

```
p=a;或 p=&a[0];
```

两者等价，p、a 和&a[0]都是二级指针（指向行）。但是，如果写成 p=*a;、p=a[0];或 p=&a[0][0];则是错误的，因为 p 是二级指针（指向行），*a、a[0]、&a[0][0]都是一级指针（指向列），不匹配。

【例 9.20】 指针变量指向一维数组示例：输出 3×4 的二维整型数组 a 中的全部元素。

题目分析：

应用指针变量指向一维数组，用 int(*p)[4]和 p=a。

程序如下：

```
#include "stdio.h"
main()
{
    int   a[3][4]= {{10,20,30,40},{50,60,70,80},{90,100,110,120}};
    int   (*p)[4],i,j;
```

```
    p=a;
    for(i=0;i<3;i++)
    {   for(j=0;j<4;j++)
            printf("%5d",*(*(p+i)+j));
        printf("\n");
    }
}
```

运行结果为：

```
10    20    30    40
50    60    70    80
90   100   110   120
```

说明：

((p+i)+j)与*(*(a+i)+j)的含义相同，都是指 a[i][j]。因为 p 的值为 a，是第 0 行的首地址，p+i 则为第 i 行的首地址，它指向一维数组 a[i]，*(p+i)等于 a[i]，也等于&a[i][0]。推而广之，*(p+i)+j 等于&a[i][j]。因此，*(p+i)+j 和&a[i][j]的前面都加*，得到*(*(p+i)+j)等于 a[i][j]，即第 i 行第 j 列元素的值。这一系列推理请对照图 9.12 来理解。

9.3.3　指针数组

一个数组，它的每个元素都是指针，则称其为指针数组。即指针数组中的每一个元素都相当于一个指针变量。一维指针数组的定义格式如下：

数据类型 *数组名[数组长度];

例如：

```
int *p[3];
```

这里，[ ]优先级高于*，所以 p 先与[3]结合，成为 p[3]，这很明显是数组，它有 3 个元素，即 p[0]、p[1]、p[2]。之后再与前面的“*”结合，“*”表示该数组是指针类型的，每个数组元素都是指向整型量的指针。由于每个数组元素都是指针，它只能是地址。

【例 9.21】 用指针数组输出 3×4 的二维整型数组 a 中的全部元素。

题目分析：

（1）定义一个指针数组*p[3]。

（2）进行初始化：p[0]=a[0];p[1]=a[1];p[2]=a[2];。

（3）循环输出*(p[i]+j)。

程序如下：

```
#include "stdio.h"
main()
{
    int a[3][4]= {{10,20,30,40},{50,60,70,80},{90,100,110,120}};
    int i,j;
    int *p[3];
    p[0]=a[0];p[1]=a[1];p[2]=a[2];          /*初始化*/
    for(i=0;i<3;i++)
```

```
    {   for(j=0;j<4;j++)
            printf("%5d",*(p[i]+j));        /*   *(p[i]+j)即*(*(p+i)+j),也就是 a[i][j]     */
        printf("\n");
    }
}
```

运行结果：

```
10    20    30    40
50    60    70    80
90    100   110   120
```

该程序建立的指针数组*p[3]与二维数组的关系如表 9.2 所示。

表 9.2　　指针数组* p[3]与二维数组的关系

p[0]→	10 a[0][0]	20 a[0][1]	30 a[0][2]	40 a[0][3]
p[1]→	50 a[1][0]	60 a[1][1]	70 a[1][2]	80 a[1][3]
p[2]→	90 a[2][0]	100 a[2][1]	110 a[2][2]	120 a[2][3]

为什么要提出指针数组？主要是它比较适合于指向若干个字符串，更便于对字符串进行操作。

1）如果把 4 个字符串存储在数组中，最长的字符串为 7 个字符，连同'\0'共 8 个字符，则要定义 4×8 的二维字符数组：

```
char str[4][8]={ "Program"," c","and","Design"};
```

这会浪费很多内存单元（参见图 6.10）。

如果定义成指针数组：

```
char *str[4]={ "Program"," c","and","Design"};
```

则不会浪费内存单元，如图 9.13 所示。因为定义指针数组时，只定义了行数，没有定义行的长度，用指针数组中的元素 str[0]、str[1]、str[2]、str[3]指向长度不同的字符串。

2）移动指向字符串的指针（改变地址）要比移动整个字符串所花的时间少。

str[0] →	P	r	o	g	r	a	m	\0
str[1] →		c	\0					
str[2] →	a	n	d	\0				
str[3] →	D	e	s	i	g	n	\0	

图 9.13　指针数组和二维数组

【例 9.22】 用指针数组将 3 个字符串"Program"、"and"、"Design"按字母的顺序输出。

题目分析：

（1）定义一个指针数组，并初始化。

（2）用 strcmp 函数比较字符串的大小。

（3）按字母的顺序输出3个字符串。

程序如下：

```
#include "stdio.h"
#include "string.h"
main()
{
    char *str[3]={ "Program","and","Design"};        /*定义指针数组,其元素分别指向3个字符串*/
    char *p,i;
    if(strcmp(str[0],str[1])>0)
    {   p=str[0];
        str[0]=str[1];
        str[1]=p;                                     /*这3行交换指向*/
    }
    if(strcmp(str[0],str[2])>0)
    {   p=str[0];
        str[0]=str[2];
        str[2]=p;                                     /*这3行交换指向*/
    }
    if(strcmp(str[1],str[2])>0)
    {   p=str[1];
        str[1]=str[2];
        str[2]=p;                                     /*这3行交换指向*/
    }
    for(i=0;i<3;i++)
      printf("%s\n",str[i]);
}
```

运行结果为：

```
Design
Program
and
```

程序中改变了指针数组中的元素str[0]、str[1]、str[2]的指向，字符串本身并没移动位置。

9.4 指针与字符串

操作字符串既可以使用字符数组，也可以和本章的指针联系起来，使用字符指针，从而使指针指向不同的字符，达到操作字符串的目的。这种方法比使用字符数组更为方便、灵活。

9.4.1 用字符指针指向一个字符串

【例9.23】 用字符指针指向一个字符串"program"（图9.14），输出该字符串。

题目分析：

（1）定义字符数组str，并初始化。

（2）定义一个字符指针 p 指向该数组。

（3）用%s 和 p 输出整个字符串。

程序如下：

```
#include "stdio.h"
main()
{
    char str[ ]={"program"};          /*用 char str[]="Program";也可以*/
    char *p;
    p=str;              /*数组名代表首地址*/
    printf("%s\n",p);    /*%s 从指针指向的字符开始输出,直到'\0'为止*/
}
```

运行结果为：

```
Program
```

p | p | r | o | g | r | a | m | \

图 9.14　指针指向字符串

解释说明：

本程序中的 printf("%s\n",p);的作用与［例 6.13］中的 printf("%s",strg1);相同，p 与 strg1 的地位相同，都代表首地址。本程序中的%s 是输出该字符串时所用的格式符，在输出项中给出指针变量 p，系统先输出它指向的首个字符，然后自动使 p 加 1，使它指向下一个字符，而再输出一个字符……如此，直到遇到字符串结束标志'\0'为止。注意，在内存中，字符串的最后被自动加了一个'\0'，所以在输出时能确定字符串的结束为止。

【例 9.24】 使用字符指针删除一个字符串"welcome!"中指定的字符"!"。

题目分析：

（1）定义一个字符指针变量 p，并初始化。

（2）定义一个字符变量 s='!'和一个字符数组 str。

（3）使 p 作循环控制变量进行循环，将所有不是 s 的字符复制到 str 中，最后在 str 中加上'\0'。

（4）输出字符串。

程序如下：

```
#include "stdio.h"
main()
{
    char *p="welcome!";                    /*定义字符指针变量并初始化*/
    char str[10],s='!';
    int k=0;
    for(;*p!='\0';p++)
       if(*p!=s)
       {   str[k]=*p;
           k++;
       }
    str[k]= '\0';
    printf("Result:%s\n",str);
}
```

运行结果为：

Result : welcome

程序中的 char *p="welcome!"；相当于两行：

```
char *p;                /*定义字符指针变量 p*/
p="welcome!";           /*初始化。把字符串首个元素的地址赋给指针变量 p,使 p 指向首个元素*/
```

解释说明：

程序中的语句 if(*p!=s) {str[k]=*p;k++;}的含义是：只要*p!=s，则将*p 赋给 str[k]，然后执行 k++，把所有不是'!'的字符都赋给 str[k]后，用 str[k]= '\0';在 str[k]的最后加上'\0'。

9.4.2　字符指针作函数参数

将一个字符串从一个函数传递到另一个函数，可以用地址传递的方法，即用字符数组名或字符指针变量作参数。可以在被调函数中改变字符串的内容，从而在主调函数中得到改变了的字符串。

【例 9.25】 用函数调用实现字符串的复制。

题目分析：

（1）要实现字符串的复制，可以对字符串的每个字符逐个进行复制，用字符串结束标志'\0'来控制，当未遇到字符串结束标志时就进行字符的复制，当遇到时就结束复制。应当注意，产生的新字符串也必须有字符串结束标志，若没有则需加上。

（2）定义函数 copy_string 实现字符串复制，main 函数调用此函数。

（3）字符数组名和字符指针变量均可以作函数的形参和实参。

下面用两种形式实现。

（1）用字符数组作形参和实参。

```
#include "stdio.h"
main()
{
    void copy_string(char from[ ],char to[ ]);
    char a[ ]="I am using computer.";
    char b[ ]="I am designing C program.";
    printf("string a=%s\nstring b=%s\n",a,b);
    copy_string(a,b);                              /*字符数组名作函数实参*/
    printf("string a=%s\nstring b=%s\n",a,b);
}

void copy_string(char from[ ],char to[ ])          /*字符数组名作函数形参*/
{
    int i=0;
    while(from[i] != '\0')                         /*判断是否已复制结束*/
    {
        to[i]=from[i];                             /*字符复制*/
        i++;
    }
    to[i]='\0';                                    /*在新字符串的最后加上字符串结束标志*/
}
```

运行结果为：

```
string a=I am using computer.
string b=I am designing C program.
string a=I am using computer.
string b=I am using computer.
```

（2）用字符指针变量作形参和实参。

```
#include "stdio.h"
main()
{
    void copy_string(char *from,char *to);
    char *a="I am using computer.";              /*定义字符指针变量 a 并初始化*/
    char *b="I am designing C program.";         /*定义字符指针变量 b 并初始化*/
    printf("string a=%s\nstring b=%s\n",a,b);
    copy_string(a,b);
    printf("string a=%s\nstring b=%s\n",a,b);
}

void copy_string(char *from,char *to)            /*字符指针变量作函数形参*/
{
    for( ;*from != '\0';from++,to++)
        *to=*from;
    *to ='\0';
}
```

运行结果与上面的相同。

（3）用字符数组作形参，字符指针变量作实参。

（4）用字符指针变量作形参，字符数组作实参。

这两种情况留给大家，进行思考、编程，进而创新、提高。

9.5 指向指针的指针

如果一个指针变量指向的变量还是一个指针变量，就称为指向指针变量的指针变量，简称指向指针的指针，也叫二级指针。

（1）一级指针：指针变量中存放目标变量的地址。

（2）二级指针：指针变量中存放一级指针变量的地址。

指向指针的指针的定义格式如下：

数据类型 **指针变量名;

例如：

```
int **p;
int *pt;
int a=5;
pt=&a;
p=&pt;
```

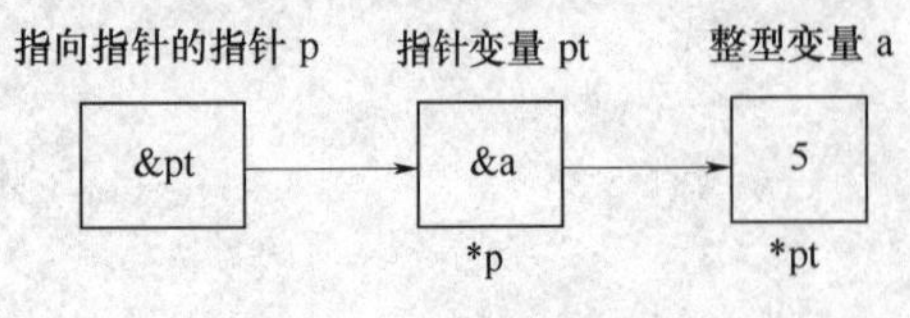

图 9.15 指向指针的指针

情形如图 9.15 所示。

这里，pt=&a;使指针变量 pt 指向整型变量 a,p=&pt;又使指针变量 p 指向指针变量 pt。访问整型变量 a 可以使用 a、*pt 和**p，例如执行语句：

```
printf("a=%d\n*pt=%d\n**p=%d\n",a,*pt,**p);
```

输出结果为：

```
a=5
*pt=5
**p=5
```

由于*pt 是取 pt 指向的内容，是 a。**p 就是*(*p)，是取*p 指向的内容（*p 是取 p 指向的内容，即&a），也是 a。

p 是二级指针，它只能指向另一个指针变量，即 p=&pt;，而不能指向一个整型变量，所以下面的写法是错误的：

```
p=&a;
```

9.6 main 函数的参数

前面 main 函数都是不带形参的。实际上，main 函数和其他一些函数一样，也可以有形参。其格式如下：

main(int argc,char *argv[ ])

形参 argc 为整型变量，argv 为指向字符串的指针数组（其元素指向字符型数据），也可以是二级指针变量 char **argv;。

argc 统计命令行中以空格隔开的字符串个数（如果字符串包含空格，则必须用双引号括起来）。argv[0]指向第一个字符串，argv[1]指向第二个字符串，依此类推。

形参的标识符也可以自己确定，如 main(int n，char **str)。

大家知道函数的形参，其值是由该函数的调用函数的实参传递过来的。而 main 函数不能被其他函数调用，那么 main 函数的形参值从哪儿来呢？应在操作系统提示符下，在键入可执行程序文件名时给出。形式为：

文件名　参数 1　参数 2　…　参数 n

这样，执行带参数的 main 程序时，命令行中除了有表示命令的可执行程序文件名外，还有 main 函数需要的实参，最后的回车符将作为输入命令行的结束。命令行中可执行程序名与实参、实参与实参间要用空格或 Tab 键分隔。程序名、实参均作为字符串数据使用。把命令行中字符串的个数传给形参 argc，指针数组 argv 的各个元素依次指向输入的每个字符串，因此 argv 数组的元素个数为 argc。

【例 9.26】 使用带参的 main 函数。程序如下：

```
/*exam1.c*/
#include "stdio.h"
```

```
main( int argc,char *argv[ ])
{
    int i;
    printf("There are %d strings.\n",argc);          /*命令行有%d 个字符串*/
    printf("%s is file's name.\n",argv[0]);          /*%s 是可执行程序的文件名*/
    printf("Others are:");                           /*命令行中的其他字符串依次为*/
    for(i=1;i<argc;i++)
       printf("%s\t",argv[i]);
}
```

此程序保存时以 exam1.c 为文件名，经编译、连接后形成 exam1.exe。

在命令行输入：

```
C:\tc>exam1.exe   c   basic   pascal   fortran↙
```

运行结果为：

```
There are 5 strings.
C:\tc\exam1.exe is file's name.
Others are: c     basic     pascal     fortran
```

应注意，命令行中第一个字符串必须是可执行程序的文件名。

下面再举一个例子。

【例 9.27】 计算圆的周长与面积，要求从命令行中输入圆的半径。

```
/*exam2.c*/
#include "stdio.h"
#include "stdlib.h"
#define PI 3.1415926
main( int n,char **str)
{
    float r,c,s;
    if(n!=2)
    {   printf("Please reinput file's name and r!");
        exit(0);            /*执行库函数 exit(0),则退出程序的执行状态,返回 DOS*/
    }
    r=atof(str[1]);         /*库函数 atof 的作用是把 str[1]指向的字符串转换成实数*/
    c=2*PI*r;
    s=PI*r*r;
    printf("c=%.4f\ns=%.4f\n",c,s);
}
```

此程序保存时以 exam2.c 为文件名，经编译、连接后形成 exam2.exe。

在命令行输入：

```
D:\>exam2.exe   10↙
```

运行结果为：

```
c=62.8319
s=314.1593
```

使用带参的 main 函数的目的是增加一条系统向程序传递数据的渠道，加大处理问题的活动余地。[例 9.27] 程序的函数体中，并没有要求输入圆的半径，但通过使用带参的 main 函数，从命令行中传递了半径的数值。

9.7　指针与内存的动态存储分配

在此之前，用于存储数据的变量、数组等都必须在声明部分进行定义，C 语言编译程序通过定义了解它们所需存储空间的大小，并预先分配适当的内存空间。这些空间分配后，在变量、数组等的生存期内是固定不变的。这是“静态存储分配”方式。这种方式有其缺点：例如，建立数组存放学生各门课的成绩，定义数组时要指定数组的大小，在不能确定学生人数的情况下，指定小了，就满足不了要求，指定大了，学生人数较少时，就会浪费内存空间。那么，能不能在程序开始运行后才确定数组的大小呢？

答案是可以的。C 语言还有一种内存的“动态存储分配”方式：在程序运行期间需要内存空间存储数据时，通过申请分配指定的内存空间，当有闲置不用的空间时，随时将其释放，由系统另做他用。

9.7.1　内存动态存储分配函数

ANSI C 定义了 4 个内存动态存储分配的函数，分别为 malloc、calloc、free 和 realloc。使用这些函数时必须在程序开头包含头文件 stdlib.h。

1. malloc 函数

malloc 函数原型为：

```
void  *malloc(unsigned int size);
```

它的作用是在内存的动态存储区分配一个长度为 size 的连续空间，它的函数返回值是一个指针，若分配成功，返回该存储空间的首地址，否则（如内存没有足够大的空间）返回空指针 NULL。NULL 的实际值是 0。

由于 malloc 返回的指针为 void *，在调用函数时必须使用强制类型转换将其转换为所需的类型。

例如：

```
int *pi;
pi=(int *)malloc(sizeof(int));
```

以上程序段使 pi 指向一个 int 类型的存储区域。

如果执行语句：

```
if (pi!= NULL) *pi=100;
```

则赋值后指针的指向及数据的存储情况如图 9.16 所示。

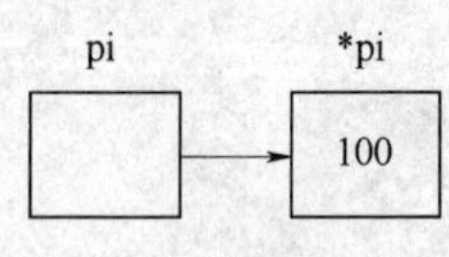

图 9.16　指针的指向

动态分配得到的存储单元没有名字，只能靠指针变量引用它。如果指针改变指向，原存储单元和所存的数据都无法再引用。

malloc 函数有可能返回 NULL，所以使用前一定要检查分配的内存指针是否为空，如果是空指针，则表示它不指向任何对象，不能引用该指针，否则将导致系统瘫痪。使用下面的检查语句：

```
if (pi == NULL)
{   printf("No enough memory!\n");
    exit(0);
}
```

一旦 pi 为空指针，则用 exit（0）；退出系统，不再引用。

当 pi 不是空指针时，才可以使用，例如下面的赋值：

```
if(pi!= NULL)*pi=100;
```

2. calloc 函数

calloc 函数原型为：

void *calloc(unsigned n,unsigned int size);

它的作用是在内存的动态存储区分配 n 个长度为 size 的连续空间，若分配成功，返回该存储空间的首地址，否则返回 NULL。

例如：

```
float *pf;
pf=(float *)calloc(20,sizeof(float));
```

表示申请 20 个连续的 float 类型的存储单元，并用指针 pf 指向该连续存储单元的首地址，申请的总的存储单元字节数为 20×sizeof（float）。

通常利用 calloc 函数为一维数组开辟动态存储空间，调用时 n 设置为数组元素个数，size 设置为每个数组元素的长度。

3. free 函数

free 函数原型为：

void free(void *p);

它的作用是释放指针 p 所指的存储空间（将该空间交还给系统，由系统重新分配做他用），该空间必须是以前由动态分配函数 malloc 或 calloc 分配的存储空间。该函数无返回值。

例如：

```
int *p;
p=(int *)malloc(sizeof(int));
…
free(p);
```

4. realloc 函数

realloc 函数原型为：

void *realloc(void *p,unsigned int size);

它的作用是将指针 p 指向的存储区（是此前由 malloc 函数或 calloc 函数分配的）的大小改为 size 个字节。若分配成功，返回新的存储空间的首地址，否则返回 NULL。这个新的首地址不一定与原地址相同。

9.7.2 内存动态存储分配函数的应用

1. 建立动态数组

【例 9.28】 利用内存动态存储分配函数，建立动态数组。输入一批学生某门课程的成绩，输出学生人数、最高分、最低分和平均分。学生人数在程序运行开始后从键盘输入。

题目分析：

（1）学生人数在程序运行开始后从键盘输入，学生人数相当于数组的元素个数，这就注定要使用内存动态存储分配函数，建立动态数组。如何建立？内存如何申请？何时释放？请思考。

（2）算法为：

- 程序定义变量后，首先输入学生人数，即一维数组元素的个数。
- 根据数组的类型和元素个数申请内存存储空间，其大小为元素个数与 sizeof（int）之积。
- 检查指针 p 是否为空，以确保指针使用之前不是空指针（使用空指针将使系统瘫痪）。如果是空指针，立即停止程序的运行；如果不是空指针，逐个输入学生的成绩，存入申请的内存存储空间。
- 输入成绩后，进行数据处理：通过比较求最高分、最低分，通过计算求平均分。
- 输出要求的数据。
- 释放申请的存储空间。

程序如下：

```
#include "stdio.h"
#include "stdlib.h"
main()
{
    int *p,n,i,max,min,sum;
    float aver;
    printf("Please input number for students:\n");
    scanf("%d",&n);
    p=(int *)malloc(n*sizeof(int));                    /*申请存储空间*/
    if (p == NULL)                                     /*检查指针 p 是否为空*/
    {   printf("No enough memory!\n");
        exit(0);                                       /*p 为空指针,则程序停止运行*/
    }
    for(i=0;i<n;i++)
    {   printf("Please input the %d student's score:\n",i);
        scanf("%d",p+i);
    }
    sum=0;
    max=*p;
    min=*p;

    for(i=0;i<n;i++)
```

```
    {   sum=sum+*(p+i);                         /*求各个学生的成绩之和*/
        if(*(p+i)>max)   max=*(p+i);            /*求最高分*/
        if(*(p+i)<min)   min=*(p+i);            /*求最低分*/
    }
    aver=(float)sum/n;
    printf("number=%d,max=%d,min=%d,aver=%.2f\n",n,max,min,aver);     /*输出*/
    free(p);                                    /*释放申请的存储空间*/
}
```

运行结果为：

```
Please input number for students:
3↙
Please input the 0 student's score:
98↙
Please input the 1 student's score:
86↙
Please input the 2 student's score:
78↙
number=3,max=98,min=78,aver=87.33
```

说明：

本题也可以用 calloc 函数申请内存存储空间，其语句为：

```
p=(int *)calloc(n,sizeof(int));
```

2．建立动态数据结构

建立动态数据结构需要内存动态存储分配，建立动态数据结构的例子请见第 10.5 节链表。

习　题　9

一、选择题

1．若有定义：int x，*p；则以下正确的赋值表达式是（　　）。

A．p=&x　　B．p=x　　C．*p=&x　　D．*p=*x

2．有以下程序段：

```
int *p,a=10,b=1;
p=&a;
a=*p+b;
```

执行该程序段后，a 的值为（　　）。

A．12　　B．11　　C．10　　D．编译出错

3．若有定义：int x,y=2,*p =&x;则能完成 x=y 赋值功能的语句是（　　）。

A．x=*p;　　B．*p=y;　　C．x=&y;　　D．x=&p;

4．以下程序的输出结果是（　　）。

A．20　　B．30　　C．21　　D．31

```
#include "stdio.h"
main()
{
    int a[5]={10,20,30,40,50},*p ;
    p=&a[1];
    printf("%d",*p++);
}
```

5. 以下程序的输出结果是（ ）。

A. 20　　B. 30　　C. 21　　D. 31

```
#include "stdio.h"
main()
{
    int a[5]={10,20,30,40,50},*p;
    p=&a[1];
    printf("%d",*++p);
}
```

6. 以下程序的输出结果是（ ）。

A. 20　　B. 30　　C. 21　　D. 31

```
#include "stdio.h"
main()
{
    int a[5]={10,20,30,40,50},*p;
    p=&a[1];
    printf("%d",++*p);
}
```

7. 以下程序的输出结果是（ ）。

A. 2　　B. 3　　C. 1　　D. 4

```
#include "stdio.h"
main()
{
    int a[10]={1,2,3,4,5,6,7,8,9,10},*p;
    p=a;
    printf("%d",*(p+2));
}
```

8. 以下程序的输出结果是（ ）。

A. 17　　B. 18　　C. 11　　D. 20

```
#include "stdio.h"
main()
{
    int a[ ]={2,4,6,8,10},*p,y=1,x;
    p=&a[1];
    for(x=0;x<2;x++)
```

```
        y+=*(p+x);
    printf("%d",y);
}
```

9. 以下能正确进行字符串赋值的语句组是（　　）。

A. char s[5]={'g','o','o','d','!'};　　B. char*s;s="good!";

C. char s[5]= "good!";　　D. char s[5];s="good";

10. 有以下程序：

```
#include "stdio.h"
main()
{
    char a[]="programming",b[]="language";
    char *p1,*p2;
    int x;
    p1=a;p2=b;
    for(x=0;x<7;x++)
       if( *(p1+x)==*(p2+x))
          printf("%c",*(p1+x));
}
```

输出结果是（　　）。

A. gm　　B. rg　　C. or　　D. ga

11. 有以下程序：

```
#include "stdio.h"
int   fun(int x,int y,int *cp,int *dp)
{   *cp=x+y;
    *dp=x-y;
}

main()
{
    int a,b,c,d;
    a=30;b=50;
    fun(a,b,&c,&d);
    printf("%d,%d\n",c,d);
}
```

输出结果是（　　）。

A. 50，30　　B. 30，50　　C. 80，−20　　D. 80，20

12. 以下程序的输出结果是（　　）。

A. AfghdEFG　　B. Abfhg　　C. Afghd　　D. Afgd

```
#include "stdio.h"
#include <string.h>
main()
```

```
{
    char *p1,*p2,str[50]="ABCDEFG";
    p1="abcd";
    p2="efgh";
    strcpy(str+1,p2+1);
    strcpy(str+3,p1+3);
    printf("%s",str);
}
```

二、编程题

1. 练习指针变量。有 3 个整型变量 i、j、k。请编写一个程序，设置 3 个指针变量 p1、p2、p3，分别指向 i、j、k。然后通过指针变量使 i、j、k 这 3 个变量的值顺序交换，即原来 i 的值赋给 j，原来 j 的值赋给 k，原来 k 的值赋给 i。i、j、k 的原值由键盘输入，要求输出 i、j、k 的原值和新值。

提示：可参考［例 9.3］。

2. 练习指针变量。从键盘输入 3 个整数给整型变量 i、j、k，要求设置 3 个指针变量 p1、p2、p3 分别指向 i、j、k，通过比较使 p1 指向 3 个数的最大者，p2 指向次大者，p3 指向最小者，然后由从大到小的顺序输出 3 个数。

提示：*p1 与*p2 比较，若*p1<*p2，则*p1 与*p2 交换；*p1 与*p3 比较，若*p1<*p3，则*p1 与*p3 交换；*p2 与*p3 比较，若*p2<*p3，则*p2 与*p3 交换。经过这 3 次比较，即可使*p1 最大，*p2 次之，*p3 最小。

3. 练习指针作为函数参数。使用指针，定义一个函数，能够将 main 函数传递过来的 3 个整型数据按从小到大的顺序排好序；在 main 函数中输出排序的正确结果。

4. 练习指向函数的指针。编写一个函数，求 3 个实数的最小者；在 main 函数中定义指向函数的指针变量调用它。

5. 练习指针作为函数参数。一个数组有 10 个元素{1,8,10,2,–5,0,7,15,4,–5}，利用指针作为函数参数编程，输出数组中最大的和最小的元素值。

6. 练习用指向数组的指针变量作为函数参数。求 3×4 的二维数组{1,3,5,7,9,11,13,17,19,21,23,25}中的所有元素之和。

7. 练习指向函数的指针。用指向函数的指针变量求 3×4 的二维数组{1,3,5,7,9,11,13,17,19,21,23,25}中的所有元素之和。

8. 练习返回指针值的函数。编写一个函数 strcat，使一个字符串 str2 接到另一个字符串 str1 之后，原来字符串 str1 最后的'\0'被 str2 的第 1 个字符所取代。函数返回 str1 的值，在 main 函数输出 str1。

9. 练习指针与数组。分别用下标法、指针法（指针变量 p）访问数组 a[10]={–2,–10,0,–1,7,99,–35,43,61,–110}，用这两种方法输出数组各元素的值，每种方法输出的 10 个元素在一行上。

10. 练习指针数组。求 3×4 的二维数组{1,3,5,7,9,11,13,17,19,21,23,25}中的所有元素之和。

11. 练习指针数组。有 3 个字符串"China"、"America"、"France"，请按字母顺序（A、

C、F）的逆顺序（F、C、A）输出这 3 个字符串（要求用指针数组指向这 3 个字符串）。

12. 练习指针与字符串。在一行字符串中修改一个指定的字符。例如，修改字符串"I study C Language"中的"C"为"B"。

13. 练习［例 9.26］和［例 9.27］。

14. 写一个用矩形法求定积分的通用函数，分别求 $\int_0^1 \sin x d_x$，$\int_0^1 \cos x d_x$ $\int_0^1 e^x d_x$ 。

提示：sin、cos、exp 在数学库函数中，可调用它们。

第 10 章 结构体、共用体和枚举类型

数组作为一种构造型数据类型，为将多个相关数据作为一个整体进行处理提供了方便。但是，数组只能按序组织多个相同类型的数据，当需要将若干不同类型的相关数据作为一个整体进行处理时，数组就不再适合了。如表 10.1 所示，学生信息表包括学生的学号（code——长整型）、姓名（name——字符型）、性别（sex——字符型）、年龄（age——整型）、家庭住址（address——字符型）这 5 个数据，它们的数据类型不同，无法使用数组；但若将 code、name、sex、age、address 分别定义为相互独立的简单变量，则难以反映出这 5 个数据之间的内在联系（某一行的数据都是属于同一个学生的，都与这个学生相联系）。这客观上提出了应当有一种构造型数据类型，能够把具有不同数据类型的数据作为一个整体来处理。C 语言提供了这样的数据类型，这就是结构体。

表 10.1　　学 生 信 息 表

cord	name	sex	age	address
2013110001	赵佳	男	18	青岛市中山路某号
2013110002	李奇	男	19	上海市南京路某号
2013110003	张丽华	女	18	北京市正义路某号
⋮	⋮	⋮	⋮	⋮

本章除介绍结构体之外，还介绍共用体、枚举以及用 typedef 定义新类型名。

10.1　结构体和结构体变量

将若干个不同数据类型的数据组织在一起形成的数据类型称为结构体类型。结构体中的数据称为结构体的成员。

10.1.1　结构体类型的定义

一个结构体由若干个成员组成，定义的一般格式如下：

```
struct 结构体名
{    类型名 1     结构体成员名 1;
     类型名 2     结构体成员名 2;
     ...
     类型名 n     结构体成员名 n;
};
```

其中，struct 是关键字，结构体名和结构体成员名是用户定义的标识符。注意必须在结尾加分号，因为结构体类型定义本身为一条语句。关键字 struct 和后面的结构体名共同构成了结构体类型名。

依此格式，可以定义如下结构体类型来描述上述学生档案的信息：

```
struct student
{    char name[20];
     int code;
     char sex;
     int age;
     char address[40];
};
```

这里定义的是结构体类型，其名为 struct student，该类型名同整型的类型名 int、单精度实型的类型名 float、字符型的类型名 char 等一样，地位和作用相同。

10.1.2　结构体变量的定义

结构体类型定义仅仅是声明了这些数据的结构形式，系统并没有为其分配实际的内存单元，要在程序中使用结构体类型的数据，应当定义结构体变量。

定义结构体变量有如下 3 种方法。

1. 先定义结构体类型再定义变量

一般格式如下：

```
struct 结构体名
{    类型名 1     结构体成员名 1;
     类型名 2     结构体成员名 2;
     ...
     类型名 n     结构体成员名 n;
};
struct 结构体名 变量名表列;
```

例如：

```
struct student
{    char name[20];
     int code;
     char sex;
     int age;
     char address[40];
};
struct student std1,*pstd;
```

在这里，定义了一个结构体变量 std1，一个可以指向结构体变量的指针 pstd。

在定义了结构体变量之后，系统会为其分配内存单元。例如，结构体变量 std1 在内存中占 1×20+1×2+1+2+1×40=65 个字节（Turbo C2.0），在 Visual C++6.0 中它在内存中理论上占 1×20+1×4+1+4+1×40=69 个字节，用 sizeof 测试是 72 个字节（原因是 sex 占用 1 个字节后余下的 3 个字节没有接着存放下一个数据，空置了 3 个字节）。

2．在定义结构体类型的同时定义变量

一般格式如下：

```
struct  结构体名
{    类型名 1     结构体成员名 1;
     类型名 2     结构体成员名 2;
     …
     类型名 n     结构体成员名 n;
}变量名表列;
```

例如：

```
struct student
{    char name[20];
     int code;
     char sex;
     int age;
     char address[40];
}std1,*pstd;
```

采用这种方式时，如果在程序中只需定义结构体变量一次，即此后不需要再定义此类型的结构体变量，结构体名可以省略，student 可以不写。

3．直接定义结构体类型变量

一般格式如下：

```
struct
{    类型名 1     结构体成员名 1;
     类型名 2     结构体成员名 2;
     …
     类型名 n     结构体成员名 n;
}变量名表列;
```

例如：

```
struct
{    char name[20];
     int code;
     char sex;
     int age;
     char address[40];
}std1,*pstd;
```

不出现结构体名。

关于结构体中的成员，有如下几点需要说明：

（1）成员可以单独引用，作用与地位相当于同类型的普通变量。

（2）成员名可以与程序中的变量名相同，两者代表不同的对象。

（3）成员也可以是一个结构体变量，此时形成结构体的嵌套。ANSI C 允许嵌套 15 层，且不同层的结构体成员的名字可以相同。

例如，可以用更能准确反映学生年龄的出生日期（birthday）取代年龄（age）这一项，出生日期是由年、月、日组成的，定义为结构体类型：

```
struct date
{    int day;
     int month;
     int year;
};
```

由此可以定义如下结构体类型：

```
struct person
{    char name[20];
     int code;
     char sex;
     struct date birthday;        /*定义结构体变量 birthday*/
     char address[40];
};
```

或者可以直接写成：

```
struct person
{    char name[20];
     int code;
     char sex;
     struct date                  /*date 可以省略不写*/
     {    int day;
          int month;
          int year;
     }birthday;
     char address[40];
};
```

struct person 的结构如图 10.1 所示。

name	code	sex	birthday			address
			day	month	year	

图 10.1　struct person 的结构

10.1.3　结构体变量的初始化

同普通变量和数组一样，结构体变量可以在定义的同时赋初值。

对结构体变量初始化，应将各成员所赋初值依照结构体类型定义中成员的顺序依次放在一对花括号“{}”中。例如：

```
struct student
{    char name[20];
     long int code;
     char sex;
     int age;
     char address[40];
}std1={"zhaogang",20001234,'M',18,"shandong"};
```

结构体变量初始化时，不允许跳过前面的成员给后面的成员赋值，但可以只给前面若干个成员赋初值，后面未赋初值的成员中，数值型和字符型的数据，系统会自动赋值零。

10.1.4　结构体变量的引用

由于结构体类型的特殊构造，结构体变量的引用也较为特殊。

定义了结构体变量之后就可以引用这个变量，但应遵守以下规则：

（1）C 语言不允许将一个结构体变量作为一个整体进行输入、输出，只能对结构体变量中的各个成员分别输入、输出。例如不能这样引用：

```
printf("%s,%ld,%c,%d,%s",std1);
```

引用结构体变量中成员的格式如下：

结构体变量名.成员名

其中，“.”是成员运算符。

例如，用 scanf 对上面定义的结构体变量 std1 进行赋值：

```
scanf("%s",std1.name);
scanf("%ld%c%d",&std1.code,&std1.sex,&std1.age);
scanf("%s",std1.address);
```

这里，由于成员 name 和 address 是字符数组名，本身代表地址，所以不应再用&运算符。

用 printf 输出结构体变量 std1 的数据：

```
printf("%s,%ld,%c,%d,%s",std1.name,std1.code,std1.sex,std1.age,std1.address);
```

（2）如果成员本身又属于一个结构体类型，则要用若干个成员运算符，一级一级地找到最低一级的成员，只能对最低级的成员进行引用和操作。

假设有如下定义：

```
struct person
{   char name[20];
    long int code;
    char sex;
    struct
    { int day,month,year;
    }birthday;
    char address[40];
} std1;
```

则 std1.code 引用结构体变量 std1 中的成员 code，std1.birthday.day 引用结构体变量 std1 中结构体变量 birthday 中的成员 day。

（3）允许将一个结构体变量直接整体赋值给另一个具有相同结构的结构体变量。如果有：

```
struct student
{   char name[20];
    long int code;
    char sex;
    int age;
    char address[40];
}std1={"zhaogang",20001234,'M',18,"shandong"},std2;
```

则以下操作是合法的：

```
std2=std1;
```

（4）结构体变量的成员可以像基本变量一样进行各种运算，例如统计 sex 为 M 的人数（求和）、对 age 求平均值等。

10.1.5　结构体变量应用举例

【例 10.1】 输入一个学生的信息（姓名、学号、性别、年龄、住址），将信息定义在一个结构体中，然后输出到屏幕上。

题目分析：

（1）这里要将若干个不同数据类型的数据（姓名、学号、性别、年龄、住址）组织在一起，形成一条信息，需要使用结构体类型。

（2）本题是结构体变量的输入、输出。程序由哪几部分构成？如何编写程序？请思考。

（3）算法为：先定义结构体类型，包括学生信息的各成员，然后用它定义结构体变量，再输入各成员的值，然后输出该结构体变量的各成员。

程序如下：

```
#include "stdio.h"
struct student
{   char name[20];
    long int code;
    char sex;
    int age;
    char address[40];
} std1;
main()
{
    printf("Input: Name    Code    Sex    Age    Address \n");
    scanf("%s%ld%c%d%s",std1.name,&std1.code,&std1.sex,&std1.age,std1.address);
    printf("Name=%s\nCode=%ld\nSex=%c\n",std1.name,std1.code,std1.sex);
    printf("Age=%d\nAddress=%s\n",std1.age,std1.address);
}
```

运行结果为：

```
Input: Name    Code    Sex    Age    Address
Zhangmingmin 1001M 19 Beijing↙
```

```
Name=Zhangmingmin
Code=1001
Sex=M
Age=19
Address=Beijing
```

解释说明：

程序的 scanf 函数中，成员 std1.code、std1.sex 和 std1.age 的前面都有地址符&，但是 std1.name 和 std1.address 的前面没有&，这是因为 name 和 address 是数组名，本身就代表地址，再加&就不对了。

请思考：

本程序在输入时，“1001”和“M”之间没有加空格，能不能加空格？

10.2　结构体数组

如果用数组替换结构体变量，则称其为结构体数组。

10.2.1　结构体数组的定义

结构体数组的定义与结构体变量的定义类似，有 3 种方法。下面举例说明。

方法 1：

```
struct student
{   char name[20];
    long int code;
    char sex;
    int age;
    char address[40];
};
struct student std[2];
```

方法 2：

```
struct student
{   char name[20];
    long int code;
    char sex;
    int age;
    char address[40];
} std[2];
```

方法 3：

```
struct
{   char name[20];
    long int code;
    char sex;
    int age;
    char address[40];
} std[2];
```

10. 2. 2 结构体数组的初始化

对结构体数组进行初始化，除了要遵循数组初始化的规则，还要把每个数组元素的初值数据用花括弧括起来。下面举例说明。

```
struct student
{   char name[20];
    long int code;
    char sex;
    int age;
    char address[40];
};
struct student std[2]={ {"Zhang",10100,'M',19,"Beijing"},{"Wang",10102,'F',18,"Jilin"}};
```

或者：

```
struct student
{   char name[20];
    long int code;
    char sex;
    int age;
    char address[40];
} std[2]={ {"Zhang",10100,'M',19,"Beijing"},{"Wang",10102,'F',18,"Jilin"}};
```

或者：

```
struct
{   char name[20];
    long int code;
    char sex;
    int age;
    char address[40];
} std[2]={ {"Zhang",10100,'M',19,"Beijing"},{"Wang",10102,'F',18,"Jilin"}};
```

在输入全部数组元素时，可以省略元素个数（这里为“2”），例如：

```
struct student
{   char name[20];
    long int code;
    char sex;
    int age;
    char address[40];
};
struct student std[]={ {"Zhang",10100,'M',19,"Beijing"}, {"Wang",10102,
'F',18,"Jilin"}};
```

系统会自动确定元素个数。

结构体数组各元素在内存中连续存放，如图 10.2 所示。

std[0]	"Zhang"
	10100
	'M'
	19
	"Beijing"
std[1]	"Wang"
	10102
	'F'
	18
	"Jilin"

图 10.2 在内存中连续存放

10. 2. 3 结构体数组的引用

结构体数组引用的一般格式如下：

数组名[下标].成员名

例如：

```
std[0].name
std[0].code
```

还允许将一个结构体数组元素整体赋给同一个结构体数组的另一个元素，或赋给同一类型的变量。例如：

```
std[1]=std[0];
```

10.2.4　结构体数组应用举例

【例 10.2】 利用第 10.2.2 小节的结构体数组的已知信息，输出这些学生的姓名、学号、性别、年龄、住址，并计算输出这些学生的平均年龄。

题目分析：

想一想，本例的算法是什么？是不是定义结构体类型→定义结构体数组，定义的同时初始化→计算平均年龄→输出结果？

程序如下：

```
#include "stdio.h"
#define N 2
struct student
{   char name[20];
    long int code;
    char sex;
    int age;
    char address[40];
};
struct student std[N]={ {"Zhang",10100,'M',19,"Beijing"},{"Wang",10102,'F',18,"Jilin"}};

main()
{    int i,sum=0;
     float aver_age;
     for(i=0;i<N;i++)
        sum=sum+std[i].age;
     aver_age=(float) sum/N;
     printf("Name\tCode\tSex\tAge\tAddress\n");
     for(i=0;i<N;i++)
     {  printf("%s\t%ld\t%c\t",std[i].name,std[i].code,std[i].sex);
        printf("%d\t%s\n",std[i].age,std[i].address);
     }
     printf("The average age=%f\n",aver_age);
}
```

运行结果为：

```
Name    Code    Sex    Age    Address
Zhang   10100   M      19     Beijing
```

```
Wang      10102    F        18        Jilin
The average age=18.500000
```

本程序在定义结构体变量时赋初值，比［例 10.1］运行程序时输入初值要简化些。

10.3　结构体指针

结构体指针是指指向结构体的指针，包括指向结构体变量的指针和指向结构体数组的指针。一个结构体变量的指针就是该变量在内存中占有的存储单元的起始地址。设一个指针变量，用来指向一个结构体变量，这时该指针变量的值就是结构体变量的起始地址。指针变量也可以指向结构体数组中的元素。

10.3.1　指向一个结构体变量的指针

定义结构体类型的指针变量与定义结构体变量类似，有 3 种方法。第一种方法格式如下：

struct 结构体名 *指针变量名;

其他两种方法可以仿此写出。

若定义了基类型为结构体类型的指针变量，可以用成员运算符“.”和指向成员运算符“–>”两种方式引用。

格式如下：

(*指针变量名).成员名
指针变量名–>成员名

它们与前面介绍的：

结构体变量名.成员名

的引用方式等价。

假设有如下语句：

```
struct person std1,*pstd;
pstd=&std1;
```

则引用结构体变量 std1 的成员 code，可写成：

```
(*pstd).code
pstd–>code
```

当然也可以用：

```
std1.code
```

来引用，这种方式没有用到指针。

再强调一下，对嵌套的结构体，若要引用内层结构体的成员，必须从最外层开始，逐层使用成员名定位。例如，对结构体变量 std1 中出生年份 year 的引用可写成：

```
(*pstd).birthday.year
pstd–>birthday.year
std1.birthday.year
```

下面举一个指向结构体变量的指针的例子。

【例 10.3】 把［例 10.1］的程序修改为利用指向结构体变量的指针输出已知信息。

题目分析：

定义一个指向结构体变量的指针变量，将结构体变量的首地址赋给它，然后利用该指针输出指针所指向的结构体变量的信息。

程序如下：

```
#include "stdio.h"
main()
{   struct student
    {   char name[20];
        long int code;
        char sex;
        int age;
        char address[40];
    } std1;
    struct student *p;
    p=&std1;
    strcpy(std1.name,"Zhangmingmin");
    std1.code=1001;
    std1.sex='M';
    std1.age=19;
    strcpy(std1.address,"Beijing");
    printf("Name=%s\nCode=%ld\nSex=%c\n",(*p).name,(*p).code,(*p).sex);
    printf("Age=%d\nAddress=%s\n",(*p).age,(*p).address);
    printf("\n");
    printf("Name=%s\nCode=%ld\nSex=%c\n",p->name,p->code,p->sex);
    printf("Age=%d\nAddress=%s\n",p->age,p->address);
}
```

运行结果为：

```
Name=Zhangmingmin
Code=1001
Sex=M
Age=19
Address=Beijing

Name=Zhangmingmin
Code=1001
Sex=M
Age=19
Address=Beijing
```

显然，“(*指针变量名）.成员名”和“指针变量名->成员名”两种引用方式等价。本程序的运行结果与［例 10.1］也相同，表明它们也与“结构体变量名.成员名”的引用方式等价。

本程序把从键盘输入数据改成了赋初值方式。

要明确以下几种运算：

p–>n：得到 p 指向的结构体变量中的成员 n 的值。

p–>n++：得到 p 所指向的结构体变量中的成员 n 的值，用完该值后再使它加 1。

++p–>n：得到 p 所指向的结构体变量中的成员 n 的值加 1，然后再使用它。

10.3.2 指向一个结构体数组的指针

下面举一个指针变量指向结构体数组的例子。

【例 10.4】 把［例 10.2］的程序修改为利用指向结构体数组的指针完成要求的任务。

题目分析：

（1）定义一个指向结构体数组的指针变量，将结构体数组的首地址赋给它，然后利用该指针逐步输出指针所指向的结构体数组的信息。

（2）采用循环，输出完一个元素的信息后，指针指向下一个元素继续输出，如此直到将所有元素的信息输出完毕为止。

程序如下：

```
#include "stdio.h"
#define N 2
struct student
{     char name[20];
      long int code;
      char sex;
      int age;
      char address[40];
};
struct student std[N]={ {"Zhang",10100,'M',19,"Beijing"},{"Wang",10102,'F',18,"Jilin"}};

main()
{     struct student *p;
      int i,sum=0;
      float aver_age;
      for(p=std;p<std+N;p++)
         sum=sum+p->age;
      aver_age=(float) sum/N;
      printf("Name\tCode\tSex\tAge\tAddress\n");
      for(p=std;p<std+N;p++)
      {   printf("%s\t%ld\t%c\t",p->name,p->code,p->sex);
          printf("%d\t%s\n",p->age,p->address);
      }
      printf("The average age=%f\n",aver_age);
}
```

运行结果为：

```
Name     Code     Sex      Age      Address
Zhang    10100    M        19       Beijing
Wang     10102    F        18       Jilin
The average age=18.500000
```

本程序的运行结果与［例 10.2］相同。

解释说明：

这里，p 是指向 struct student 结构体类型数据的指针变量。在第二个 for 语句中，先使 p 的初值为 std，即数组 std 的起始地址，也就是&std[0]，在第一次循环中输出 std[0]的各个成员值。然后执行 p++，使 p 自加 1，p+1 意味着 p 所增加的值为结构体数组元素 std 的一个元素所占的字节数（在本例中为 20+4+1+2+40=67 字节），即 p 向后移动一个结构体数组元素。执行 p++后 p 的值等于 std+1，p 指向 std[1]的起始地址，在第二次循环中输出 std[1]的各个成员值。再次执行 p++后，p 的值等于 std+2，已经不再小于 std+2，因而结束循环。

注意：

（1）如果 p 的初值为 std，即指向第一个结构体数组元素，则 p+1 后 p 就指向下一个结构体数组元素的起始地址。例如：

(++p)–>name 先使 p 自加 1，然后指向它指向的元素中的 name 成员值（即 Wang）。

(p++)–>name 先得到 p–>name 的值（即 Zhang），然后使 p 自加 1，指向 std[1]。

（2）p 定义为指向 struct student 类型的数据，它只能指向一个 struct student 类型的数据，而不应指向 std 数组元素中的某一个成员。例如，下面的用法是错误的：

```
p=std[1].name;
```

10.4　结构体与函数

本节分以下几种情况详细讨论结构体与函数的数据传递问题。

10.4.1　结构体的成员作函数参数

与数组元素可以作函数参数一样，结构体变量中的成员也可以作函数参数。此时，结构体成员作函数的实参，普通变量作被调函数中的形参。结构体成员作函数实参的用法与普通变量作函数实参的用法相同，形参和实参之间仍然是“值传递”的方式。

【例 10.5】 用结构体的成员作函数参数，求一个学生的两门考试课的成绩之和。

题目分析：

（1）编写一个主函数，一个自定义函数。

（2）结构体成员作实参，普通变量作形参。

程序如下：

```
#include "stdio.h"
#include "string.h"
struct data
{   char name[20];
    int s1;                         /*第一门课的成绩*/
    int s2;                         /*第二门课的成绩*/
    int total;                      /*两门课的成绩之和*/
};

main()
```

```
{    int sum(int a,int b);                        /*函数声明*/
     struct data stu;
     strcpy (stu.name,"Wangli");
     stu.s1=98;
     stu.s2 =95;
     stu.total=sum(stu.s1,stu.s2 );               /*成员 stu.s1,stu.s2 作实参*/
     printf("%s:%d+%d=%d\n",stu.name,stu.s1,stu.s2,stu.total);
     printf("\n");
}

int sum(int a,int b)                              /*求和。stu.s1 传给形参 a,stu.s2 传给形参 b*/
{    int k;
     k=a+b;
     return(k);
}
```

运行结果为：

```
Wangli:98+95=193
```

10.4.2 结构体变量作函数参数

旧的 C 系统不允许用结构体变量作函数参数，只允许指向结构体变量的指针作函数参数，即传递结构体变量的首地址。ANSI C 取消了这一限制，可以直接将实参结构体变量的各个成员的值全部传递给对应的形参结构体变量。这要求形参必须是同类型的结构体变量。这里采用的是“值传递”的方式，对形参结构体变量的任何操作都不会影响对应实参结构体变量的值。使用这种传递方式，由于要为相应形参在内存中开辟一片与实参同样大小的存储单元，并一一传递各成员的数据，当结构体的规模很大时，系统在空间和时间上的开销很大，势必影响程序的运行效率。所以在实际中较少使用这种方式。尽管如此，这里仍然举一个例子。

【例 10.6】 用结构体变量作函数参数，重新编写［例 10.5］。

题目分析：

结构体变量作函数参数，就是将结构体变量的名字作实参和形参。

程序如下：

```
#include "stdio.h"
#include "string.h"
struct data
{    char name[20];
     int s1;                        /*第一门课的成绩*/
     int s2;                        /*第二门课的成绩*/
     int total;                     /*两门课的成绩之和*/
};

main()
{    int sum(struct data count);    /*函数声明*/
     struct data stu;
```

```
        strcpy (stu.name,"Wangli");
        stu.s1=98;
        stu.s2 =95;
        /*printf("stu.total=%d\n",stu.total);此语句作检测用*/
        stu.total=sum(stu);                    /*变量 stu 作实参*/
        printf("%s:%d+%d=%d\n",stu.name,stu.s1,stu.s2,stu.total);
        printf("\n");
    }

    int sum(struct data count)                 /*求和*/
    {   /*printf("count.total=%d\n",count.total);此语句作检测用*/
        count.total =count.s1+count.s2;
        return(count.total);
    }
```

运行结果为：

```
Wangli:98+95=193
```

说明：

（1）结构体变量 stu 通过语句 stu.total=sum(stu);传递给了形参 count，即 stu.s1、stu.s2 和 stu.total 分别传递给了 count.s1、count.s2 和 count.total。但 stu.total 并没有赋值，其值是随机的，用语句：

```
printf("stu.total=%d\n",stu.total);
printf("count.total=%d\n",count.total);
```

检测的结果为：

```
stu.total=3129
count.total=3129
```

（2）如果在 main 函数定义结构体变量的语句 struct data stu；前加入 static 而成为 static struct data stu;，则结构体变量 stu 通过语句 stu.total=sum(stu);传递给形参 count 时，stu.total 的值就不是随机的了，其值为 0。

（3）被调函数 sum 中，也可以定义一个整型变量 k，而用 k 代替求和语句、return 语句中的 count.total。

10.4.3　指向结构体的指针作函数参数

用指向结构体的指针作函数参数，由实参向形参传递的是结构体变量的首地址，这是“地址传递”方式，形参和实参在内存中使用共同的存储单元。此时对应形参是一个相同结构体类型的指针。调用时系统只需为形参指针开辟存储单元存放实参结构体变量的起始地址值。这种方式既可以降低空间上和时间上的开销，提高程序运行效率，也可以通过函数调用，通过双向传递修改相应结构体变量的值。

【例 10.7】 用结构体指针作函数参数，重新编写［例 10.6］。

题目分析：

指向结构体的指针作函数参数，就是将结构体变量的首地址作实参传递给形参。

程序如下：

```
#include "stdio.h"
#include "string.h"
struct data
{    char name[20];
     int s1;                                   /*第一门课的成绩*/
     int s2;                                   /*第二门课的成绩*/
     int total;                                /*两门课的成绩之和*/
};

main()
{    void sum(struct data *count);             /*函数声明*/
     struct data stu;
     strcpy (stu.name,"Wangli");
     stu.s1=98;
     stu.s2 =95;
     sum(&stu);                                /*结构体变量 stu 的首地址&stu 作实参*/
     printf("%s:%d+%d=%d\n",stu.name,stu.s1,stu.s2,stu.total);
     printf("\n");
}

void sum(struct data *count)
{    count->total=count->s1+count->s2;         /*两门课成绩之和*/
}
```

运行结果为：

```
Wangli:98+95=193
```

解释说明：

sum 函数中的形参 count 被定义为指向 struct data 类型数据的指针变量，main 函数调用该函数时，用结构体变量 stu 的首地址&stu 作实参，调用时将该地址传给形参 count，这样指针变量 count 就指向了 stu。count 所指向的结构体变量的各个成员值，也就是 stu 的成员值。

【例 10.8】 用结构体指针作函数参数，给结构体变量赋值、输出。

题目分析：

（1）除编写一个主函数外，编写两个被调函数：一个用于输入数据，一个用于输出数据。

（2）将结构体变量的首地址作实参传递给形参。

程序如下：

```
#include "stdio.h"
struct student
{    char name[20];
long int code;
char sex;
int age;
```

```
char address[40];
};


void getdata(struct student *s)
{    scanf("%s",s->name);
     scanf("%ld,%c,%d",&s->code,&s->sex,&s->age);
     scanf("%s",s->address);
}

void print(struct student *s)
{    printf("%s,%ld,%c,%d,%s\n",s->name,s->code,s->sex,s->age,s->address);
}

main()
{    struct student std;
getdata(&std);
print(&std);
}
```

运行结果为：

```
zhangsan↙
2008001,M,21↙
Jinan↙
zhangsan,2008001,M,21,Jinan
```

这两个例题是用指向结构体变量的指针作函数参数，除此之外，还可以用指向结构体数组的指针作函数参数。与数组名或指向数组的指针变量作函数参数的实参或形参时，实参和形参的对应关系有 4 种（请见第 9 章）类似，用结构体数组名或指向结构体数组的指针作函数参数，实参和形参的对应关系也有 4 种：

- 第 1 种对应关系：实参和形参都用结构体类型数组名。
- 第 2 种对应关系：实参用结构体类型数组名，形参用结构体类型指针变量。
- 第 3 种对应关系：实参和形参都用结构体类型指针变量。
- 第 4 种对应关系：实参用结构体类型指针变量，形参用结构体类型数组名。

10.4.4　结构体数组作函数参数

向函数传递结构体数组实际上也是传递数组的首地址。形参数组与实参数组在内存中使用共同的存储单元。函数形参、实参应当是同类型的结构体数组名或结构体指针。

【例 10.9】 用结构体数组作函数参数，求某班级每个学生的两门考试课的成绩之和。

题目分析：

（1）结构体数组的名字（数组的首地址）作函数实参，传递给形参数组。

（2）如果学生人数很多，调试程序会不方便，因此以两个学生的较少数据为例编写程序。这里使用宏定义“#define N 2”，程序调试成功后通过更改 N 值，就可以方便地适合于大量学生的成绩统计。

（3）这是一个很实际的题目，如果再添加些信息（学号、手机号、更多课程的成绩等），并与第 12 章的文件结合起来把数据存储在磁盘上，程序开发成功后，就可以在实际工作、生活中使用，成为一个简单实用的信息系统。

程序如下：

```
#include "stdio.h"
#define N 2
struct data
{   char name[20];
    int s1;                                      /*第一门课的成绩*/
    int s2;                                      /*第二门课的成绩*/
    int total;                                   /*两门课的成绩之和*/
};

main()
{   void sum(struct data t[N],int m);            /*函数声明,N 可以省略*/
    struct data stu[N];
    int i;
    for (i=0;i<N;i++)                            /*输入*/
    {   printf("Please input the %d student's name:\n",i);
        scanf("%s",stu[i].name);
        printf("Please input the %d student's score1:\n",i);
        scanf("%d",&stu[i].s1);
        printf("Please input the %d student's score2:\n",i);
        scanf("%d",&stu[i].s2);
        sum(stu,i);                              /*调用*/
    }
    printf("------------------------------------\n");   /*输出*/
    printf("The results:\n");
    for (i=0;i<N;i++)
        printf("%s:%d+%d=%d\n",stu[i].name,stu[i].s1,stu[i].s2,stu[i].total);
}

void sum(struct data t[N],int m)                 /*N 可以省略*/
{   t[m].total=t[m].s1+t[m].s2;                  /*两门课成绩之和*/
}
```

运行结果为：

```
Please input the 0 student's name:
Zhangjianhua↙
Please input the 0 student's score1:
98↙
Please input the 0 student's score2:
95↙
Please input the 1 student's name:
Puchengzhe↙
Please input the 1 student's score1:
```

```
86↙
Please input the 1 student's score2:
89↙
----------------------------------------
The results:
Zhangjianhua:98+95=193
Puchengzhe:86+89=175
```

该程序对［例 10.7］的程序进行了改写，使用了结构体数组，且实参、形参都用结构体数组名。这是第 10.4.3 小节所说的第 1 种对应关系。

该程序运行时，如果成绩输入负数，照样可得到一个结果，例如：

```
Zhangjianhua:–20+95=75
Puchengzhe:86–89=–3
```

这需要程序使用者自己保证输入数据的正确性。请考虑，程序如何改动，就可以不用用户自己来保证输入的数据一定正确，即输入错误的数据后，程序将告知相应的数据输入错误，而要求改正？这是在开发大程序时必须考虑的问题。

下面再对［例 10.9］的程序进行改写，使之更加模块化，为输入、输出专门编写函数 input、output，并将 sum 函数重新编写。

【例 10.10】 用结构体数组作函数参数，求某班级每个学生的两门考试课的成绩之和。

```
#include "stdio.h"
#define N 2
struct data
{    char name[20];
     int s1;                              /*第一门课的成绩*/
     int s2;                              /*第二门课的成绩*/
     int total;                           /*两门课的成绩之和*/
};

main()
{    void input(struct data t[N],int m);   /*函数声明*/
     void sum(struct data *x,int m);       /*函数声明*/
     void output(struct data *x,int m);    /*函数声明*/
     struct data stu[N];
     struct data *q;                       /*定义结构体指针*/
     q=stu;                                /*指针赋值*/
     input(q,N);                           /*调用*/
     sum(stu,N);                           /*调用*/
     output(q,N);                          /*调用*/
}

void input(struct data t[N],int m)         /*输入*/
{    int i;
     for (i=0;i<m;i++)
     {    printf("Please input the %d student's name:\n",i);
          scanf("%s",t[i].name);
```

```
            printf("Please input the %d student's score1:\n",i);
            scanf("%d",&t[i].s1);
            printf("Please input the %d student's score2:\n",i);
            scanf("%d",&t[i].s2);
        }
}

void sum(struct data *x,int m)                /*求和*/
{   int i;
    for (i=0;i<m;i++)
        (x+i)->total=(x+i)->s1+(x+i)->s2;
}
void output(struct data *x,int m)             /*输出*/
{   int i;
    printf("------------------------------------\n");
    printf("The results:\n");
    for (i=0;i<m;i++)
        printf("%s:%d+%d=%d\n",(x+i)->name,(x+i)->s1,(x+i)->s2,(x+i)->total);
}
```

运行结果与［例 10.9］相同。

本程序中，main 函数调用 3 个函数 input、sum、output。input 函数用于输入数据，sum 函数用于计算数据，output 函数用于输出数据。input 函数的实参为结构体类型指针变量，形参为结构体类型数组名；sum 函数的实参为结构体类型数组名，形参为结构体类型指针变量；output 函数的实参和形参均为结构体类型指针变量。

这样，通过［例 10.9］和［例 10.10］，第 10.4.3 小节所说的用结构体数组名或指向结构体数组的指针作函数参数时，实参和形参的 4 种对应关系就都得到了使用。请读者仔细阅读理解，消化吸收。这 4 种对应关系的任何一种都能实现相同的功能，在具体编程时，可以使用自己最顺手的对应关系，从而省些脑力，少些错误，一举两得，提高程序开发的效率。

10.4.5 函数的返回值是结构体类型

返回值是结构体的函数是指一个函数，它的返回值是结构体类型的。

一个函数可以返回一个函数值，这个函数值允许是整型、实型、字符型、指针型等，当然也允许是结构体类型。返回结构体类型值的函数也称为结构体型函数。

结构体类型的函数返回的是结构体变量的值。这是“值传递”方式。

结构体类型的函数定义的一般格式如下：

struct 结构体名 函数名([形参表])

先看一个简单的例子。

【例 10.11】 定义一个结构体类型的函数，通过函数返回结构体类型的值。

题目分析：

定义的结构体类型的函数，它的类型要与主函数中定义的结构体变量的类型相同。

程序如下：

```
#include "stdio.h"
struct st
{    char tag;
     int data;
};

struct st getdata(struct st x)                    /*定义一个结构体类型的函数*/
{    struct st y;
     y.tag=x.tag+1;
     y.data=x.data+1;
     return (y);
}

main()
{    struct st s={'a',99};                         /*定义变量 s,且初始化*/
     struct st t;
     printf("s.tag=%c,s.data=%d\n",s.tag,s.data);  /*打印原值*/
     t=getdata(s);                                 /*调用*/
     printf("t.tag=%c,t.data=%d\n",t.tag,t.data);  /*打印返回值*/
}
```

运行结果为：

```
s.tag=a,s.data=99
t.tag=b,t.data=100
```

解释说明：

程序中，getdata 函数被定义为结构体类型的函数，它的类型为 struct st；main 函数中，t 被定义为 struct st 类型的结构体变量，它与 getdata 函数的类型相同，用于接收 getdata 函数的返回值 y；getdata 函数中，y 被定义为 struct st 类型的结构体变量，它与形参 x 以及 getdata 函数的类型相同，用于接收 x 运算后的值。getdata 函数返回的是结构体 struct st 类型的值。

【例 10.12】 用返回值是结构体类型的函数，求一个学生的两门考试课的成绩之和。

题目分析：

定义的结构体类型的函数的类型，要与主函数中定义的结构体变量的类型相同。

程序如下：

```
#include "stdio.h"
struct data
{    char name[20];
     int s1;                       /*第一门课的成绩*/
     int s2;                       /*第二门课的成绩*/
     int total;                    /*两门课的成绩之和*/
};

main()
{    struct data input();          /*函数声明*/
```

```
    struct data sum(struct data count);          /*函数声明*/
    void output(struct data count);              /*函数声明*/
    struct data stu;
    stu=input();                                 /*第一个调用语句*/
    /*printf("2.%s:%d+%d=%d\n",stu.name,stu.s1,stu.s2,stu.total);测试语句 2*/
    stu=sum(stu);                                /*第二个调用语句*/
    /*printf("4.%s:%d+%d=%d\n",stu.name,stu.s1,stu.s2,stu.total);测试语句 4*/
    output(stu);                                 /*第三个调用语句*/
}

struct data input()                              /*输入*/
{   struct data count;
    printf("Please input student's name:\n");
    scanf("%s",count.name);
    printf("Please input score1:\n");
    scanf("%d",&count.s1);
    printf("Please input score2:\n");
    scanf("%d",&count.s2);
    /*printf("1.%s:%d+%d=%d\n",count.name,count.s1,count.s2,count.total);测试语句 1*/
    return(count);
}

struct data sum(struct data count)               /*求和*/
{   count.total=count.s1+count.s2;
    /*printf("3.%s:%d+%d=%d\n",count.name,count.s1,count.s2,count.total);测试语句 4*/
    return(count);
}

void output(struct data count)                   /*输出*/
{   printf("-----------------------------\n");
    printf("The results:\n");
    printf("%s:%d+%d=%d\n",count.name,count.s1,count.s2,count.total);
}
```

运行结果为：

```
Please input student's name:
Luming↙
Please input score1:
96↙
Please input score2:
94↙
-----------------------------
The results:
Luming:96+94=190
```

进行中间测试，将 4 个测试语句一并运行，其运行结果为：

```
Please input student's name:
Luming↙
Please input score1:
```

```
96↙
Please input score2:
94↙
1. Luming:96+94=15891     (测试语句 1 的输出结果)
2. Luming:96+94=15891     (测试语句 2 的输出结果)
3. Luming:96+94=190       (测试语句 3 的输出结果)
4. Luming:96+94=190       (测试语句 4 的输出结果)
----------------------------
The results:
Luming:96+94=190
```

解释说明：

（1）测试语句 1 和测试语句 2 的输出结果看似错误，但却是合理的。因为此时只输入了两门课的成绩，尚未进行求和计算，此和是一个随机值。

（2）input 函数和 sum 函数是结构体类型的函数，output 函数是结构体变量作函数参数。第一个调用语句 stu=input();调用 input 函数，输入姓名和两门课的成绩，input 函数把这 3 个成员值连同随机的 total 值作为结构体变量的值返回给 stu=input()；语句左边的 stu；接着第二个调用语句 stu=sum(stu);将此 stu 作为实参调用 sum 函数，求和，sum 函数把这 4 个成员值作为结构体变量的值返回给 stu=sum(stu);语句左边的 stu；然后第三个调用语句 output(stu);将此 stu 作为实参调用 output 函数，打印最终结果。

（3）有人认为对第二个调用语句 stu=sum(stu);的左边，第三个调用语句 output(stu);的右边仍然使用 stu 感到糊涂。实际上是可以这样使用的，借用数学上函数的概念，3 个调用语句：

```
stu=input();
stu=sum(stu);
output(stu);
```

的含义是：

```
s←f1(c);   (把 f1(c)的值赋给 s)
s←f2(s);   (把 f2(s)的值赋给 s)
求 f3(s);   (求 f3(s)的值)
```

如果还不理解，可以再定义一个 struct data 类型的结构体变量 stue，把上面的程序改写一下，把 3 个调用语句：

```
stu=input();
stu=sum(stu);
output(stu);
```

改为：

```
stu=input();
stue=sum(stu);
output(stue);
```

相应地，main 函数中的语句：

```
struct data stu;
```

改为：

```
struct data stu,stue;
```

3 个调用语句的含义是：

s←f1(c);　(把 f1(c)的值赋给 s)
r←f2(s);　(把 f2(s)的值赋给 r)
求 f3(r);　(求 f3(r)的值)

【例 10.13】 用返回值是结构体类型的函数，求某班级每个学生的两门考试课的成绩之和。

题目分析：

此题把上一个程序改写一下，加入循环即可。请先自己编写程序，然后再对照下面的程序。

```
#include "stdio.h"
#define N 2
struct data
{   char name[20];
    int s1;                              /*第一门课的成绩*/
    int s2;                              /*第二门课的成绩*/
    int total;                           /*两门课的成绩之和*/
};

main()
{   struct data input();                 /*函数声明*/
    struct data sum(struct data count);  /*函数声明*/
    void output(struct data count);      /*函数声明*/
    struct data stu[N];
    int i;
    for (i=0;i<N;i++)
    {   printf("Please input the %d student's name score1 score2:\n",i);
        stu[i]=input();                  /*第一个调用语句*/
    }
    for (i=0;i<N;i++)
      stu[i]=sum(stu[i]);                /*第二个调用语句*/
    printf("--------------------------------------------------------\n");
    printf("The results:\n");
    for (i=0;i<N;i++)
      output(stu[i]);                    /*第三个调用语句*/
}

struct data input()                      /*输入*/
{   struct data count;
    scanf("%s%d%d",count.name,&count.s1,&count.s2);
    return(count);
}

struct data sum(struct data count)       /*求和*/
```

```
{     count.total=count.s1+count.s2;
      return(count);
}

void output(struct data count)                          /*输出*/
{     printf("%s:%d+%d=%d\n",count.name,count.s1,count.s2,count.total);
}
```

运行结果为：

```
Please input the 0 student's name score1 score2:
Liuxin 98 96↙
Please input the 1 student's name score1 score2:
Wangjie 86 87↙
-------------------------------------------------------
The results:
Liuxin:98+96=194
Wangjie:86+87=173
```

请思考：

将 main 函数中的 for 循环移动到被调函数中，如何移动？

10.4.6　函数的返回值是指向结构体变量或结构体数组元素的指针

函数的返回值可以是结构体变量的首地址，或结构体数组元素的地址。当函数的返回值是结构体变量的首地址或结构体数组元素的地址时，该函数称为结构体指针型函数。显然这是“地址传递”方式。

定义的一般格式如下：

struct 结构体名 *函数名([形参表])

【例 10.14】 通过函数返回指向结构体变量的指针举例。

题目分析：

算法是这样的：

（1）定义结构体类型。

（2）定义结构体指针型函数，该函数需定义一个结构体变量并返回结构体变量的首地址。

（3）编写一个主调函数，在这个主调函数中要定义一个结构体变量的指针，以接收返回的首地址。

程序如下：

```
#include "stdio.h"
struct st
{     char tag;
      int data;
};

struct st *getdata()
{     struct st y;
```

```
    printf("Please input tag,data:\n");
    scanf("%c,%d",&y.tag,&y.data);
    return (&y);
}

main()
{   struct st *s;
    s=getdata();
    printf("s->tag=%c,s->data=%d\n",s->tag,s->data);
}
```

运行结果为：

```
a,100↙
s->tag=a,s->data=100
```

本程序中，getdata 函数的 return(&y);语句返回结构体变量的首地址；main 函数定义了指向结构体变量的指针 s，接收 getdata 函数返回的首地址。

【例 10.15】 利用函数的返回值是指向结构体数组元素的指针，输入班级某个学生的姓名，查找该学生的信息（姓名、两门考试课的成绩、成绩之和）。

题目分析：

（1）这也是一个实践意义很强的题目。

（2）算法与题［例 10.4］类似。请自己确定。

程序如下：

```
#include "stdio.h"
#include "stdlib.h"
#include "string.h"
#define N 2
struct data
{   char name[20];
    int s1;                                    /*第一门课的成绩*/
    int s2;                                    /*第二门课的成绩*/
    int total;                                 /*两门课的成绩之和*/
};
struct data stu[N];

main()
{   void input(struct data t[N],int m);        /*函数声明*/
    struct data *found(char name2[20]);        /*函数声明*/
    void output(struct data *x);               /*函数声明*/
    struct data *p;
    char name1[20];
    input(stu,N);                              /*调用*/
    printf("Please input the student's name to be gained:\n");
    scanf("%s",name1);
    p=found(name1);                            /*调用*/
    output(p);                                 /*调用*/
}
```

```
void input(struct data t[N],int m)                    /*输入*/
{    int i;
     for (i=0;i<m;i++)
     {    printf("Please input the %d student's name score1 score2:\n",i);
          scanf("%s%d%d",t[i].name,&t[i].s1,&t[i].s2);
          t[i].total=t[i].s1+t[i].s2;                  /*求和*/
     }
}

struct data *found(char name2[20])                    /*查找*/
{    struct data *q;
     for (q=stu;q<stu+N;q++)
     {   if (strcmp(q->name,name2)==0)     return(q); }
     printf("------------------------------------------------------\n");
     printf("%s not found!\n",name2);
     exit(0);
}

void output(struct data *x)                           /*输出*/
{    printf("------------------------------------------------------\n");
     printf("The results:\n");
     printf("%s:%d+%d=%d\n",x->name,x->s1,x->s2,x->total);
}
```

第一次运行结果为：

```
Please input the 0 student's name score1 score2:
Huajianmin 98 94↙
Please input the 1 student's name score1 score2:
Zhaoxiang 86 89↙
Please input the student's name to be gained:
Huajianmin↙
------------------------------------------------------
The results:
Huajianmin:98+94=192
```

第二次运行结果为：

```
Please input the 0 student's name score1 score2:
Huajianmin 98 94↙
Please input the 1 student's name score1 score2:
Zhaoxiang 86 89↙
Please input the student's name to be gained:
Dongmenqiang↙
------------------------------------------------------
Dongmenqiang not found!
```

本程序中，结构体数组 stu 在函数外部定义。在 found 函数中，如果找到姓名，则返回存放该姓名及其他信息的元素地址，如第一次运行结果；如果找不到，则打印该姓名未找到，如第二次运行结果。

10.5 链 表

用数组存放数据时，必须事先定义固定的长度。如果要用同一数组先后处理几批数目不同的数据，就必须按数目最多的那批数据定义数组长度，这显然会造成空间的浪费。而采用动态存储分配的链表结构则可以很好地解决这个问题，避免浪费。

10.5.1 用指针和结构体构成链表

图 10.3 是一个链表的示例（它由 3 个学生的数据组成，数据是学生的学号和某门课的成绩）。链表由若干个称为结点的元素组成，这些结点都包括两部分：

（1）用户需要的实际数据。

（2）下一个结点的地址。

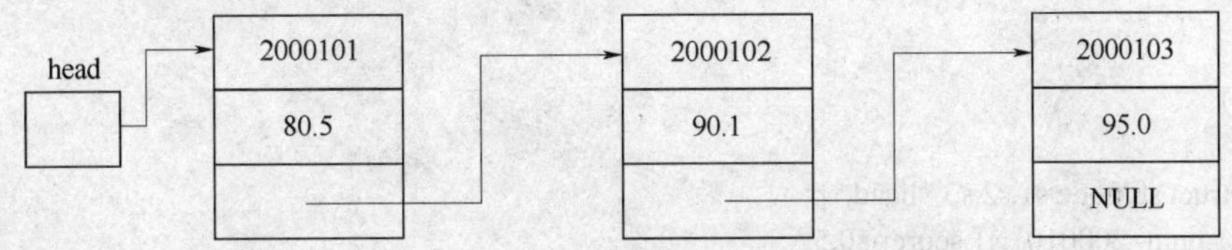

图 10.3 链表示例

也就是第一个结点指向第二个结点，第二个结点指向第三个结点，往后依此类推，直到最后一个结点，最后一个结点不再指向其他结点，地址部分存放 NULL（'\0'），表示表尾。另外，还有一个“头指针”变量 head，存放链表第一个结点即表头的地址。

由于此种链表中每个结点只保存了下一个结点的地址，所以只能从当前结点找到它后面的那个结点（称为该结点的后继结点），因此这种链表称为“单向链表”。如果再在每个结点中保存其前一个结点（称为该结点的前趋结点）的地址，就可以构成“双向链表”。本书后面讨论的链表均指单向链表。

从前面对结构体的介绍可以知道，结构体变量非常适合作链表中的结点。由于一个结构体可以包含若干个不同数据类型的成员，可以根据需要在结构体中定义若干个数值类型、字符类型或数组等类型的成员来保存实际数据，再定义一个指针类型成员来存放下一个结点的地址。

例如，可以定义这样一个结构体类型：

```
struct stdnode
{    long int num;
     float score;
     struct stdnode *next;
};
```

之后就可以利用上面定义的结构体类型建立链表了。

【例 10.16】 建立一个如图 10.3 所示的简单链表。

题目分析：

（1）可以定义一个结构体类型，其成员有 num（学号）、score（成绩）和 next（指针变量）。

（2）为成员 num、score 赋值，并将第一个结点的起始地址赋给头指针 head，将第二个结点的起始地址赋给第一个结点的 next 成员，将第三个结点的起始地址赋给第二个结点的 next 成员，将第三个结点的 next 成员的值为 NULL，以此形成链表。

（3）用 while 循环输出结果。

程序如下：

```
#include "stdio.h"
#define NULL '\0'
struct stdnode
{     long int num;
      float score;
      struct stdnode *next;
};

main()
{
      struct stdnode s1,s2,s3,*head,*p;
      s1.num=2000101;s1.score=80.5;
      s2.num=2000102;s2.score=91.0;
      s3.num=2000103;s3.score=95.0;
      head=&s1;
      s1.next=&s2;
      s2.next=&s3;
      s3.next=NULL;
      p=head;
      while(p)
      {    printf("num:%ld,score:%f\n",p->num,p->score);
           p=p->next;
      }
}
```

运行结果为：

```
num:2000101,score:80.500000
num:2000102,score:91.000000
num:2000103,score:95.000000
```

本例中的 3 个结点 s1、s2、s3 都是在程序中定义的，它们所使用的存储空间是在程序运行前编译时确定的，不是程序运行过程中临时开辟的，也不能在用完后释放该存储空间，这种链表称为“静态链表”。在实际中应用更广泛的是“动态链表”。要建立“动态链表”，需借助于指针一章介绍的内存动态存储分配的函数——malloc、calloc、free 和 realloc。

10.5.2　链表的基本操作

本节介绍单向动态链表的基本操作：建立、访问、插入、删除。

假设已有定义：

```
#define NULL 0
struct node
{   int data;
    struct node *next;
};
```

1．建立

建立动态链表是指在程序执行过程中一个一个地开辟结点，输入该结点数据，并建立起前后相链接的关系。

基本步骤包括：

（1）读取数据。

（2）生成新结点。

（3）将数据存入新结点相应的成员中。

（4）将新结点加入链表中。

【例 10.17】 设计函数 creatlist，建立有 n 个结点的单向链表，返回头指针。

题目分析：

按上述基本步骤处理。

程序如下：

```
struct node *creatlist(int n)
{   struct node *head,*p,*r;
    int i,d;
    if (n==0)
        head=NULL;
    else
    {   r=(struct node *)malloc(sizeof(struct node));
        head=r;
        printf("\ninput data:");
        scanf("%d",&d);
        r->data=d;
        r->next=NULL;
        for (i=1;i<n;i++)
        {   printf("\ninput data:");
            scanf("%d",&d);
            p=(struct node*)malloc(sizeof(struct node));
            p->data=d;
            r->next=p;
            r=p;
        }
        r->next=NULL;
    }
    return head;
}
```

2．访问

这里的访问，是指输出结点数据域的值、取各结点数据域中的值进行各种运算、修改各结点数据域的值等各种操作。无论要对链表作何访问，都需要从头指针开始遍历链表。

【例 10.18】 设计 print 函数，顺序输出单向链表的各个结点的数据。

题目分析：

定义一个结构体类型的指针变量 p，先指向第一个结点，输出 p 所指的结点数据，然后使 p 后移一个结点，……直到输出最后的结点数据。

程序如下：

```
void print(struct node *head)
{    struct node *p;
     if (head==NULL)
         printf("This list is NULL!");
     else
     {   p=head;
         printf("head");
         do
         {    printf("->%d",p->data);
              p=p->next;
         }while(p!=NULL);
         printf("->end\n");
     }
}
```

3．插入结点

插入结点是指将一个新结点插入到一个单向链表的指定位置。在某个指定结点之前插入新结点，称为“前插”；在指定结点之后插入，称为“后插”。图 10.4 说明了在值为 x 的结点之前插入 n 指向的值为 y 的结点的步骤。

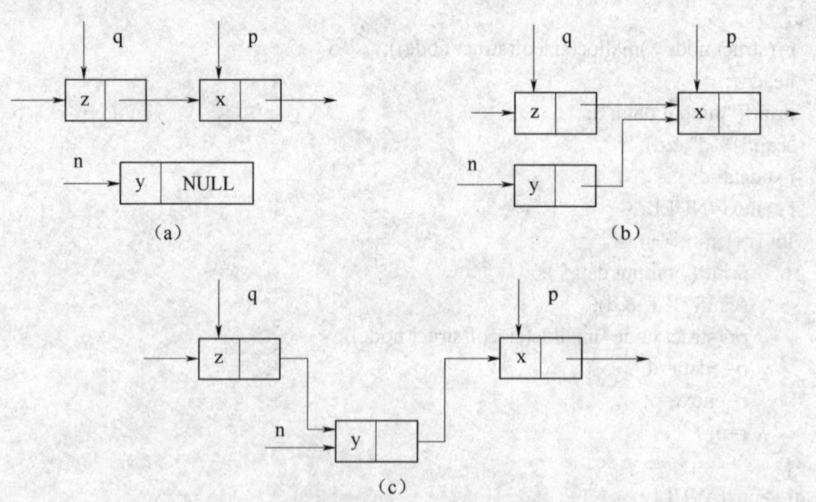

图 10.4　插入结点的步骤

（a）p 指向值为 x 的结点，q 指向其前趋结点；（b）n->next=q->next；（c）q->next=n；

【例 10.19】 设计函数 insert，在值为 x 的结点前插入值为 y 的结点。若值为 x 的结点不存在，则插在表尾。返回插入结点后的链表头指针。

题目分析：

在进行插入时，如果链表为空，新结点作为表的第一个结点，当然也是表尾。否则，若值为 x 的结点不存在，新结点插在表尾；若值为 x 的结点存在，将新结点插在该结点之前。

程序如下：

```
struct node *insert(struct node *head,int x,int y)
{    struct node    *n,*p,*q;
     n=(struct node *)malloc(sizeof(struct node));
     n->data=y;
     if (head==NULL)                                          /*是空表时*/
     {   n->next=NULL;
         head=n;
     }
     else
    {   p=head;
        while((p->next!=NULL)&&(p->data!=x))   { q=p;p=p->next;}
        if(p->data==x)                                        /*找到 x 结点*/
  {   if (p==head)      {n->next=p;head=n;}                   /*x 结点是第一个结点*/
      else    {n->next=p;q->next=n;}
  }
        else                                                  /*无 x 结点,插在表尾*/
  {   p->next=n;n->next=NULL;
        }
    }
    return head;
}
```

4．删除

删除链表中的某个结点。

【例 10.20】 设计函数 delete，删除链表中值为 y 的结点。返回删除结点后的链表头指针。

题目分析：

为了删除单向链表中的某个结点，首先要找到待删结点的前驱结点，令此前驱结点的指针域指向待删除结点的后续结点，释放被删除结点所占存储空间，如图 10.5 所示。

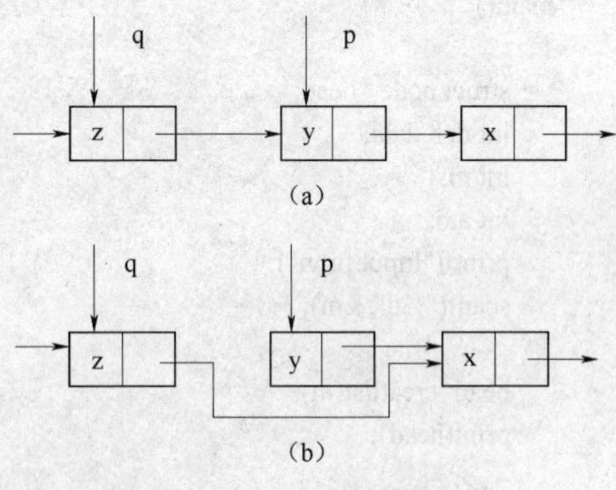

图 10.5 删除结点

（a）删除 y 结点前各结点的关系；（b）删除 y 结点

程序如下：

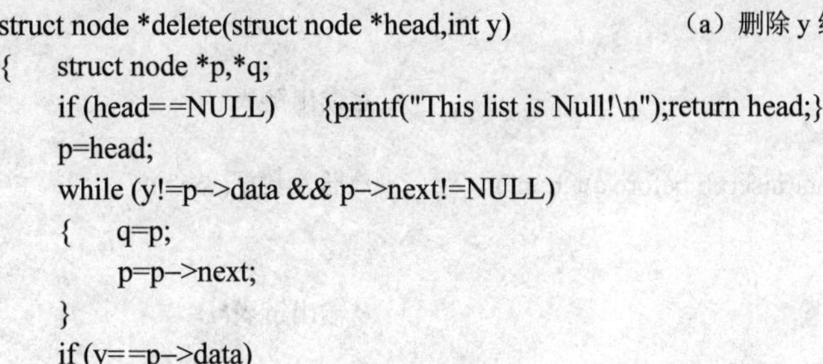

```
struct node *delete(struct node *head,int y)
{    struct node *p,*q;
     if (head==NULL)     {printf("This list is Null!\n");return head;}
     p=head;
     while (y!=p->data && p->next!=NULL)
     {    q=p;
          p=p->next;
     }
     if (y==p->data)
```

```
    {       if (p==head)      head=p->next;
  else      q->next=p->next;
  free(p);
  printf("node %d is deleted!\n",y);
}
    else printf("node %d isn't founded!\n",y);
    return head;
}
```

调用上面 4 个函数的 main 函数如下。程序运行时将下面的内容放在前面，上面的 4 个函数放在后面。

```
#define NULL 0
#include "malloc.h"
#include "stdlib.h"
#include "stdio.h"
struct node *creatlist(int n);
void print(struct node *head);
struct node *insert(struct node *head,int x,int y);
struct node *delete(struct node *head,int y);

struct node
{
    int data;
    struct node *next;
};

main()
{
    struct node *head;
    int del_data;
    int m;
    int a,b;
    printf("Input m:\n");
    scanf("%d",&m);

    head=creatlist(m);                                             /*建立链表*/
    print(head);                                                   /*输出链表*/

    printf("\nInput the deleted data:\n");                         /*删除数据(结点)*/
    scanf("%d",&del_data);
    head=delete(head,del_data);
    print(head);                                                   /*输出链表*/

    printf("\nInput the inserted data(insert b before a)a,b:\n");  /*插入数据(结点)*/
    scanf("%d,%d",&a,&b);
    head=insert(head,a,b);
    print(head);                                                   /*输出链表*/
}
```

请思考：

如果要删除、插入多个结点，程序应怎样修改？

10.6 共　用　体

有时需要使几种不同类型的变量存放到同一段内存单元中。例如，把一个整型变量和一个字符型变量存放在同一个地址开始的内存单元中。

允许不同类型的变量共占同一段内存单元的数据类型，称为共用体类型。共用体也是用户构造的一种数据类型，类似于结构体。

共用体采用了覆盖技术，允许不同类型的变量互相覆盖。

在程序设计中，采用共用体要比使用结构体节省空间，但访问速度较慢。

10.6.1 共用体类型的定义

共用体类型定义的一般格式如下：

```
union 共用体名
{   类型名 1    共用体成员名 1;
    类型名 2    共用体成员名 2;
    …
    类型名 n    共用体成员名 n;
};
```

其中 union 是关键字，共用体名和共用体成员名都是用户定义的标识符，共用体中的成员可以是简单变量，也可以是数组、指针、结构体和共用体。

例如：

```
union intchar
{   int i;
    char ch[3];
};
```

10.6.2 共用体变量的定义

共用体变量的定义和结构体变量相似，可以先定义共用体类型，再定义变量，也可以在类型定义的同时定义变量，还可以直接定义共用体变量。

例如，第一种定义方法为：

```
union shortchar
{   short i;
    char ch[3];
};
union shortchar v,*pv,t;
```

第二种定义方法为：

```
union shortchar
{   short i;
```

```
    char ch[3];
}v,*pv,t;
```

第三种定义方法为：

```
union
{   short i;
    char ch[3];
}v,*pv,t;
```

这里变量 v 的存储结构如图 10.6 所示。

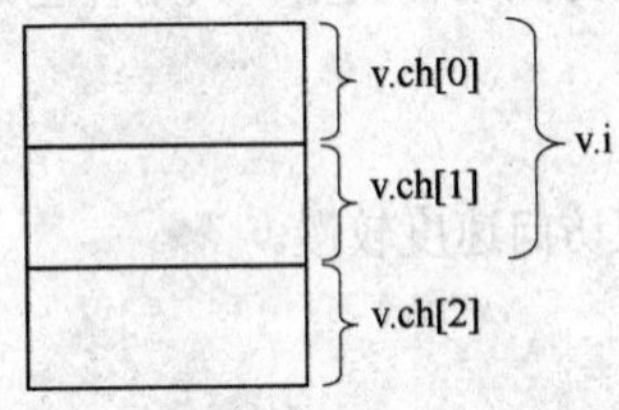

图 10.6　共用体变量 v 的存储结构

从图 10.6 不难看出，由于共用同一段内存区，而该段内存同一时刻只能存放共用体变量中某个成员的值，所以共用体变量中各成员值不能同时存在，即某一时刻只有一个成员的值起作用；共用体变量中起作用的成员值是最近一次存入的成员变量的值，向共用体变量中存入一个新成员的值后，原有成员的值将被覆盖。

共用体变量也可以在定义时进行初始化，但只能给出第一个成员的初值。例如：

```
union shortchar
{   short i;
    char ch[3];
}v={3};
```

初值必须放到{ }中。

10.6.3　共用体变量的引用

1. 共用体变量中成员的引用

共用体变量中每个成员的引用方式与结构体变量完全相同，有以下 3 种格式：

共用体变量名.成员名
(*指针变量名).成员名
指针变量名->成员名

同样，共用体中成员变量可以参与其所属类型允许的任何操作。

【例 10.21】 利用共用体的特点，分别取出 short 型变量中高字节和低字节的两个数。

题目分析：

（1）定义共用体类型，成员有 i（short 型）和字符数组 c（有 2 个元素），两者共用同一段内存区。

（2）定义共用体变量，给成员 i 赋值，利用字符数组 c 输出高低字节的两个数。

程序如下：

```
#include "stdio.h"
union shortchar
{   short i;
    char c[2];
```

```
};

main()
{
    union shortchar u;
    u.i=16961;
    printf("%d,%d\n",u.c[1],u.c[0]);
    printf("%c,%c\n",u.c[1],u.c[0]);
}
```

运行结果为：

```
66,65
B,A
```

给共用体变量 u 中成员 i 赋值 short 型数据 16961 后，由于是共用存储单元，分别输出 u.c[1]和 u.c[0]，实现了将 short 型数据 16961 按高字节和低字节输出，如图 10.7 所示。

2．共用体变量的整体赋值

新 ANSI C 标准允许相同类型的共用体变量之间进行赋值操作，例如，若 t、v 均已定义为上面的 union intchar 类型，且 v 已赋值，则使用 t=v；后，t 的内容与 v 相同。

u.c[1] 66('B')	u.c[0] 65('A')
01000010	01000001
高字节	低字节

u.i=1696

图 10.7 共用体变量 u 的存储结构

3．共用体变量作函数参数

同结构体变量一样，新 ANSI C 标准允许共用体类型变量和地址在函数调用中作实参。

共用体类型与结构体类型在形式上虽然相似，但有本质区别。

（1）结构体中每个成员分别占有独立的存储空间，首地址各不相同，所有成员占用内存字节数的总和就是结构体变量所占用内存的字节数，而共用体变量中所有成员共用同一段内存区域，所有成员首地址相同，共用体变量所占用内存的字节数和所有成员中占用字节数最多的那个成员相等。

（2）结构体变量中所有成员是同时存在的，而共用体变量中同一时刻只有一个成员的值起作用。

10.6.4 共用体应用举例

【例 10.22】 设学生的高等数学成绩表中包括学号、姓名和这门课的成绩。如果成绩大于等于 60 分，按整数录入成绩，如果成绩小于 60 分，写入字符“N”表示未通过、等待补考。要求利用共用体，编写一个程序，输入若干个学生的信息，然后显示出来，并显示通过的学生人数和这些通过者的平均成绩。

题目分析：

由题目要求可知，课程成绩需要使用共用体，大于等于 60 分的具体分数和字符“N”共用存储单元。

程序如下：

```
#define N 3
#include "stdio.h"
```

```
union result
{     int iscore;                     /*大于等于 60 分的具体分数*/
      char cscore[3];                 /*字符'N'*/
};

struct student
{     int num;                        /*学号*/
      char name[20];                  /*姓名*/
      int pass_no;                    /*考试通过否(大于等于 60 分为通过)？通过为 1,未通过为 0*/
      union result score;
};

main()
{      struct student member[N];
       int i,j=0;
       float sum=0,average;
       printf("Please input: num    name    pass_no    score:\n");
       for(i=0;i<N;i++)               /*输入已知数据*/
       {   scanf("%d%s%d",&member[i].num,member[i].name,&member[i].pass_no);
           if (member[i].pass_no==1)
           { scanf("%d",&member[i].score.iscore);
             j++;
             sum=sum+member[i].score.iscore;
           }
           else
               scanf("%s",member[i].score.cscore);
       }
       if (j==0)
          average=0;
       else
          average=sum/j;
       printf("The informations is as follows:\n");
       printf("No.\tName\t\tscore/pass\n");
       for(i=0;i<N;i++) /*输出已知数据和计算结果*/
       {   printf("%d\t%s\t",member[i].num,member[i].name);
           if (member[i].pass_no==1)
              printf ("%d\n",member[i].score.iscore);
           else
              printf("%s\n",member[i].score.cscore);
       }
       printf("The results:pass=%d,average=%.2f\n",j,average);
}
```

第一次运行结果为：

```
Please input: num    name    pass_no    score:
1001 Zhangmingjun 1 85↙
1002 Lishuangyu 1 90↙
1003 Huangqiang 1 60↙
The informations is as follows:
```

```
No.      Name            score/pass
1001     Zhangmingjun     85
1002     Lishuangyu       90
1003     Huangqiang       60
The results:pass=3,average=78.33
```

第二次运行结果为：

```
Please input: num  name  pass_no  score:
1001 Zhangmingjun 1 85↙
1002 Lishuangyu 0 N↙
1003 Huangqiang 0 N↙
The informations is as follows:
No.      Name            score/pass
1001     Zhangmingjun     85
1002     Lishuangyu       N
1003     Huangqiang       N
The results:pass=1,average=85.00
```

第三次运行结果为：

```
Please input: num  name  pass_no  score:
10010 Zhanghong 0 N
10011 Liyushuang 0 N
10012 Huahuanghe 0 N
The informations is as follows:
No.      Name            score/pass
10010    Zhanghong        N
10011    Liyushuang       N
10012    Huahuanghe       N
The results:pass=0,average=0.00
```

请思考：

（1）本程序在输入姓名时，能否将姓和名分开输入，例如，将“Zhangmingjun”输入成“Zhang　mingjun”（即“Zhang”和“mingjun”之间有空格）？

（2）在运行程序输入已知数据时，在一行里输入了 4 个数据，而语句

```
scanf("%d%s%d",&member[i].num,member[i].name,&member[i].pass_no);
```

却只需要 3 个数据，输入多了是否允许？

10.7　枚　　举

如果一个变量只有若干种可能的值，则可以定义为枚举类型。所谓“枚举”是指将变量的所有值一一列出，变量的值只限于列举出来的值的范围内。

10.7.1　枚举类型的定义

枚举类型定义的一般格式如下：

enum 枚举名 {枚举表};

例如：

```
enum color{red,blue,black,pink,white,yellow};
```

定义了一个枚举类型 enum color。

可以看出，枚举表是由若干用户定义的标识符（如 red、blue）组成的，这些符号通常称为枚举元素。

需要说明的是，各枚举元素是有确定整型值的常量，又称为枚举常量。除非进行了初始化，否则第一个枚举元素的值为 0，第二个为 1，依此类推。在上面的定义中，red 的值是 0，blue 的值是 1，……yellow 的值是 5。

可以用初始化方式指定一个或几个枚举元素的值，这可以通过在该枚举元素后面加一个等号和一个整型量来实现。但要注意初始化后的各个枚举元素所赋的值必须大于原先的初始值。例如：

```
enum color{ red,blue,black,pink=5,white,yellow };
```

现在，这些枚举元素的值为：

```
red  blue  black  pink  white  yellow
 0    1     2      5     6      7
```

可见各枚举元素仅是某个整型值的名字，它可以出现在任何整型表达式中。从这个意义上说，枚举类型是被命名的整型常数的集合。

10.7.2 枚举变量的定义

枚举变量的定义和结构体变量、共用体变量相似，可以先定义枚举类型，再定义变量，也可以在类型定义的同时定义变量，还可以直接定义枚举变量。

例如，第一种定义方法为：

```
enum color{red,blue,black,pink,white,yellow};
enum color c;
```

定义了一个枚举变量 c，其值只能是 red 到 yellow 这 6 个值之一。

第二种定义方法为：

```
enum color{red,blue,black,pink,white,yellow}c;
```

第三种定义方法为：

```
enum {red,blue,black,pink,white,yellow}c;
```

10.7.3 枚举变量的引用

在 enum color{red,blue,black,pink,white,yellow}c;的定义中，red 的值为 0，blue 的值为 1，……，yellow 的值为 5。

如果有赋值语句：

```
c=black;
```

则 c 变量的值为 2。这个值可以输出，例如，执行 printf("%d",c);将输出 2。

一个整数不能直接赋给一个枚举变量。例如：

```
c=4;
```

是错误的。它们属于不同的类型。应先进行强制类型转换再赋值。例如：

```
c=(enum color)4;
```

它相当于将顺序号为 4 的枚举元素赋给 c，相当于：

```
c=white;
```

枚举变量的取值范围只能是其定义时所列出的枚举元素或枚举常量（即枚举元素的值）。例如，下面的赋值语句是错误的：

```
c=(enum color)20;
```

因为 20 不在枚举范围内。

【例 10.23】 考虑程序运行结果，体会枚举类型的用法。

```
#include "stdio.h"
enum week{sunday,Monday,Tuesday,Wednesday,Thursday,Friday,saturday};
main()
{
    enum week w;
    for(w=sunday;w<=saturday;w++)
        printf("%4d\n",w);
}
```

运行结果为：

```
0   1   2   3   4   5   6
```

【例 10.24】 考虑程序运行结果，理解枚举类型的用法。

```
#include "stdio.h"
main()
{
    enum colors{ red,yellow,blue };
    enum colors color1,color2;
    color1=yellow;
    color2=(enum colors)1;
    printf("color1=%d\n",color1);
    printf("color2=%d\n",color2);
    if (color1==color2)
      printf("Yes!color1==color2.\n");
    else
      printf("No!color1!=color2.\n");
}
```

运行结果为：

```
color1=1
color2=1
Yes! color1==color2.
```

10.7.4　枚举应用举例

【例 10.25】 利用枚举类型，编写一个程序，输入一年中各月的月收入，输出年收入。

题目分析：

（1）将 12 个月的月号定义成枚举类型。

（2）程序中应提示输入 1～12 月各月的月收入。用 switch 结构。

（3）用一个 for 循环输入 12 个月的月收入，求和在 for 循环中进行。

（4）最后输出结果。

程序如下：

```
#include "stdio.h"
main()
{
    enum allmonth{ Jan=1,Feb,Mar,Apr,May,Jun,Jul,Aug,Sep,Oct,Nov,Dec };
    enum allmonth month;
    float yearearn,monthearn;
    yearearn=0;
    for(month=Jan;month<=Dec;month++)
    {   printf("Input the monthly earning for    ");
        switch(month)
        {   case Jan: printf("January:\n");break;
            case Feb: printf("February:\n");break;
            case Mar: printf("March:\n");break;
            case Apr: printf("April:\n");break;
            case May: printf("May:\n");break;
            case Jun: printf("June:\n");break;
            case Jul: printf("July:\n");break;
            case Aug: printf("August:\n");break;
            case Sep: printf("September:\n");break;
            case Oct: printf("October:\n");break;
            case Nov: printf("November:\n");break;
            case Dec: printf("December:\n");break;
        }
        scanf("%f",&monthearn);
        yearearn= yearearn+ monthearn;
    }
    printf("yearearn=%.2f \n",yearearn);
}
```

运行结果为：

```
Input the monthly earning for    January:
3000↙
Input the monthly earning for    February:
3000.5↙
Input the monthly earning for    March:
3010↙
Input the monthly earning for    April:
```

```
3020↙
Input the monthly earning for    May:
3045↙
Input the monthly earning for    June:
3055↙
Input the monthly earning for    July:
3089↙
Input the monthly earning for    August:
3088↙
Input the monthly earning for    September:
3098↙
Input the monthly earning for    October:
3100.5↙
Input the monthly earning for    November:
3100.6↙
Input the monthly earning for    December:
2998.5↙
yearearn=36605.10
```

10.8 用 typedef 定义新类型名

C 语言允许用 typedef 定义一种新类型名，来代替已有的类型名，格式如下：

typedef 类型名 标识符;

其中，类型名是在此语句前已有定义的类型标识符，标识符是用做新类型名的用户定义标识符。例如：

```
typedef   float   REAL;
```

该语句将用户命名标识符 REAL 定义成了一个 float 型的类型名，此后可以使用新类型名 REAL 定义 float 型的变量。例如，REAL a，b；等价于 float a，b；即用 REAL 替代 float。

typedef 并未产生新的数据类型，它的作用仅仅是给已存在的类型名起一个别名，且原有类型名依然有效。

习惯上常把用 typedef 声明的新类型名用大写字母表示，以便与系统提供的标准类型标识符相区分。

若有：
```
struct node
{    int data;
     struct node    *next;
};
typedef struct node STNODE;
```

则 STNODE　h；等价于 struct node h；。

若有：
```
typedef   struct
{   char name;int s1;
    int s2;
    int total;} DATA;
```

注意：DATA 是结构体类型名，而不是结构体变量名。

则 DATA stu;

等价于：

```
struct
{    char name;
     int s1;
     int s2;
     int total;
}stu;
```

这里，DATA 替代 struct { char name;int s1;int s2;int total;}。

使用 typedef 可以使程序更简洁，提高可读性，并有利于提高可移植性。

习　题　10

一、选择题

1．设有以下说明语句：

```
struct   teacher
  {   double a;
      char b;
      float c;
   } teachertype;
```

则以下叙述不正确的是（　　）。

A. a、b 和 c 都是结构体成员名

B. struct　teacher 是用户定义的结构体类型

C. struct 是结构体类型的关键字

D. teachertype 是用户定义的结构体类型名

2．根据下面的定义，可以输出字母 D 的是（　　）。

```
struct   person
  {  char name[9];
     int age;
   } class[10]={{"Smith",14},{"Johnson",15},{"Davis",13},
               {"Taylor",13},{"Anderson",13}};
```

A. printf("%c\n",class[3].name);

B. printf("%c\n",class[3].name[1]);

C. printf("%c\n",class[2].name[1]);

D. printf("%c\n",class[2].name[0]);

3．以下对结构体变量 stu1 中的成员 num 错误引用的是（　　）。

```
struct   member
  {  int num;
     char sex;
```

```
    } memb1,*p;
P=&memb1;
```

A. memb1.num　　B. membe.num　　C. p–> num　　D. (*p). num

4. 如有以下定义和语句：

```
union   data
  {  int i;
     char c;
     float f;
  } s;
int n;
```

则以下语句正确的是（　　）。

A. s=10;　　B. s={2,'k',2.54};

C. printf("%d\n",s);　　D. n=s;

二、编程题

1. 从键盘输入 10 名学生的姓名、性别、3 门课成绩，计算每个人的平均分，并显示 10 名学生的全部信息。要求用结构体类型实现。

2. 对候选人得票的统计程序。设有 3 个候选人，每次输入一个得票的候选人名字（设有 10 个投票人），最后输出各人得票结果。要求用结构体类型实现。

3. 将一个链表按逆序排列，即将链头当链尾，链尾当链头。

4. 编写程序，把由'a'、'b'、'c'、'd'这 4 个字符连续组成的 4 个字节内容作为一个 long int 类型数据输出。要求用共用体类型实现。

5. 口袋中有红、黄、蓝、白、黑 5 种颜色的球若干，每次从袋中取出 3 个球，问：得到 3 种不同色的球的可能取法，输出每种组合的 3 种颜色。要求用枚举类型实现。

第 11 章 位运算

C 语言是为开发系统软件而设计的，因此它具有位运算等汇编语言所完成的一些功能。在编写系统软件和数据采集、检测与控制中经常用到位运算。

位运算是指进行二进制位的运算。位运算包括位逻辑运算和移位运算，位逻辑运算可以方便地设置或屏蔽内存中某个字节的一位或几位，也可以对两个数按位相加等；移位运算可以对内存中某个二进制数左移或右移一位等。

11.1 位运算简介

C 语言提供了 6 种位运算符，如表 11.1 所示。

表 11.1　位运算符及含义

<table>
<tr><th>位运算符</th><th>含义</th><th>举例</th><th>位运算符</th><th>含义</th><th>举例</th></tr>
<tr><td>&</td><td>按位与</td><td>a&b</td><td>～</td><td>按位取反</td><td>～a</td></tr>
<tr><td>|</td><td>按位或</td><td>a|b</td><td><<</td><td>左移</td><td>a<<1</td></tr>
<tr><td>∧</td><td>按位异或</td><td>a∧b</td><td>>></td><td>右移</td><td>b>>2</td></tr>
</table>

说明：

（1）位运算量 a、b 只能是整型或字符型数据，不能是实型数据。

（2）位运算符中除按位取反运算符～为单目运算符外，其他均为双目运算符。

11.1.1　位逻辑运算符

假设 a、b 为字符型的数据，并且设 a=0x7a（等于二进制数 01111010），b=0x98（等于二进制数 10011000）。

1．按位与运算符&

运算规则：如果参加运算的两个运算量的相应位都是 1，则该位的结果值为 1，否则为 0。

例如：

a:01111010

b:10011000

&:00011000

即 a&b=0x18

2．按位或运算符|

运算规则：如果两个运算量的相应位都是 0，则该位的结果值为 0，否则为 1。

例如：

a:01111010

b:10011000

|:11111010

即 a|b=0xfa

3．按位异或运算符∧

运算规则：如果两个运算量的相应位不同，则该位的结果值为 1，否则为 0。

例如：

a:01111010

b:10011000

∧:11100010

即 a∧b=0xe2

4．按位取反运算符～

运算规则：对一个运算量的每一位都取反，即将 1 变为 0，0 变为 1。

例如：

a:01111010

～a:10000101

即～a=0x85

以上位逻辑运算规则如表 11.2 所示，表中是以两个运算量中相应某一位为例。

表 11.2　位逻辑运算规则

a	b	a&b	a|b	a∧b	～a	～b
0	0	0	0	0	1	1
0	1	0	1	1	1	0
1	0	0	1	1	0	1
1	1	1	1	0	0	0

5．位逻辑运算符的一些用途

位逻辑运算符的用途如下：

（1）判断一个数据的某位是否为 1。如判断一个 short 型整数 a（2 个字节）的最高位是否为 1，可以设一个与 a 同类型的测试变量 b，b 的最高位为 1，其余位均为 0，即 short b=0x8000;。

根据按位与运算规则，只要判断位逻辑表达式 a&b 的值就可以了，如果表达式的值为 b 的值，则 a 的最高位为 1；如果表达式的值为 0，则 a 的最高位为 0，如图 11.1 所示。

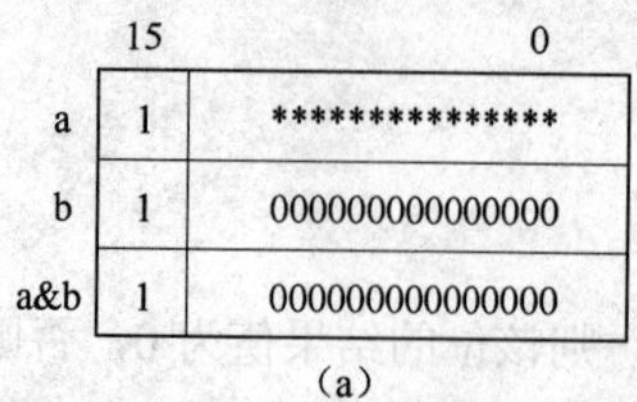

（a）

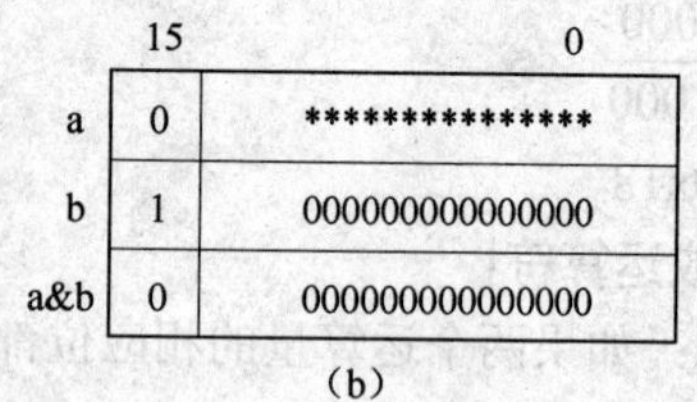

（b）

图 11.1　判断 a 的最高位是否为 1

（2）屏蔽掉一个数据中的某些位。如保留 short 型整数 a 的低字节，屏蔽掉其高字节。只需要将 a 和 b 进行按位与运算，其中 b 的高字节每位置为 0，低字节每位置为 1，即 short b=0xff;，如图 11.2 所示。

	15	0
a=0xaaaa	10101010	10101010
b=0xff	00000000	11111111
a&b	00000000	10101010

图 11.2　屏蔽 a 的高字节

（3）清零。如要把 a（00101011）的某个单元清零，只需要将它和一个各位都是 0 的二进制数 b 进行按位与运算。

例如：

a : 00101011
b : 00000000
& : 00000000

（4）保留若干位。如要把 a（01010100）右边的 0、1、4、5 位保留，只需要找一个数 b，b 的相应位取 1，进行按位与运算。

例如：

a : 01010100
b : 00111011
& : 00010000

（5）把一个数据的某位置为 1。如要把 a 的第 10 位置为 1，不要破坏其他位，可以对 a 和 b 进行按位或运算，其中 b 的第 10 位置为 1，其他位置为 0，即 short b=0x400;，如图 11.3 所示。

（6）把一个数据的某位翻转，即 1 变为 0，0 变为 1。如要把 a 的奇数位翻转，可以对 a 和 b 进行按位异或运算，其中 b 的奇数位置为 1，偶数位置为 0，即 short b=0xaaaa;，如图 11.4 所示。

	15　10	0
a	*****0**	********
b	00000100	00000000
a|b	*****1**	********

图 11.3　将 a 的第 10 位置为 1

	15	0
a	0*1*0*1*	1*0*0*1*
b	10101010	10101010
a∧b	1*0*1*0*	0*1*1*0*

图 11.4　将 a 的奇数位翻转

用某位翻转的特性可对数据进行加密。

例如，设对 s='a'进行加密，与之异或的是 t='\13'，则(s∧t)∧t 与 s 相同：

```
 s:01111010
 t:10011000
 ----------
 ∧:11100010
   11100010
 t:10011000
 ----------
 ∧:01111010
```

（7）不用中间变量，交换两个值。设 a=3，b=4。要将 a 和 b 的值交换，可以用以下 3 条语句实现：

```
a=a∧b;
b=b∧a;
a=a∧b;
```

其竖式是：

```
  a:011
 ∧b:100
 ------
  a:011  (a∧b后, a变为7)
 ∧b:100
 ------
  b:011  (b∧a后, b变为3)
 ∧a:111
 ------
  a:100  (a∧b后, a变为4)
```

11.1.2 移位运算符

1. 左移运算符<<

运算规则：对<<左边的运算量的每一位全部左移右边运算量表示的位数。

例如，a<<2 表示将 a 的各位依次向左移 2 位，a 的最高 2 位移出去舍弃，空出的低 2 位以 0 填补。定义：

```
char a=0x21;
```

a:	00100001
a<<2:	10000100

图 11.5　a<<2 的过程

则 a<<2 的过程如图 11.5 所示。

即 a<<2 的值为 0x84。

左移 1 位相当于该数乘以 2，左移 n 位相当于该数乘以 2 的 n 次方。

例如 a=0x21（相当于十进制数的 33），a<<2 的值为 0x84（相当于十进制数的 132），132 相当于 33 乘以 2^2=4 的值。

但是，a<<4:　<u>0010</u>　　0001<u>0000</u>

　　　　　　舍弃　　　　　补 0

即 a<<4 的值为 0x10（相当于十进制数的 16），这时因为在进行左移时发生了溢出，即移出的高位中含有 1 被舍弃。因此，左移 1 位相当该数乘以 2，只适合于未发生溢出的情况，即移出的高位中不含有 1 的情况。

2．右移运算符>>

运算规则：对>>左边的运算量的每一位全部右移右边运算量表示的位数，低位被移出去舍弃，空出的高位补 0 还是补 1，分两种情况：

（1）对无符号数进行右移时，空出的高位补 0。这种右移称为逻辑右移。

例如：unsigned char a=0x8a；

a:　　　10001010　　　　等于十进制数 138
a>>1:　01000101　0　等于十进制数 69
　　　　补 0　　　　舍弃

（2）对带符号数进行右移时，空出的高位以符号位填补。即正数补 0，负数补 1。这种右移称为算术右移。

例如：char a=0x8a；

a:　　　10001010　　　　等于十进制数-118
a>>1:　11000101　0　等于十进制数-59
　　　　补 1　　　　舍弃

又如：char a=0x76；

a:　　　01110110　　　　等于十进制数 118
a>>1:　00111011　0　等于十进制数 59
　　　　补 0　　　　舍弃

从上面的例子中可以看出，右移 1 位相当于除以 2，同样，右移 n 位相当于除以 2 的 n 次方。

整数在存储单元中是以补码形式存放的。

11.2　位赋值运算符

位赋值运算符是位运算符与赋值运算符的结合。

C 语言提供的位赋值运算符如表 11.3 所示。它们都是双目运算符。

表 11.3　　位 赋 值 运 算 符

位赋值运算符	含　义	举　例	等　同　于
&=	位与赋值	a&=b	a=a&b
|=	位或赋值	a|=b	a=a|b
^=	位异或赋值	a^=b	a=a^b
<<=	左移赋值	a<<=b	a=a<<b
>>=	右移赋值	a>>=b	a=a>>b

位运算符的优先级及结合性请见附录 C。

11.3　位　　段

前面介绍的整型、实型、字符型、数组、指针、结构体和共用体等各种数据类型，它们都是以字节为单位存储的。实际上，有时存储一个数据不必占用一个或几个字节，只需占用一个字节中的一位或几位，这样，可以用一个字节存放几个数据。尽管通过位运算符可以实现对这种数据的存储和访问，但这种方法比较麻烦。C 语言允许使用位段来解决这个问题。

C 语言允许在一个结构体中以位为单位来指定其成员所占的内存长度，这种以位为单位的成员称为“位段”或“位域”。“位段”或“位域”是一种特殊的结构体成员。

定义的一般格式如下：

```
struct 结构体名
{
  类型  成员 1: 长度;
  类型  成员 2: 长度;
  …
  类型  成员 n: 长度;
};
```

其中，冒号前的成员为位段，冒号后的长度表示存储位段需要占用字节的位数。

例如：

```
struct device
{
  unsigned a:1;
  unsigned b:2;
  unsigned c:4;
  short x;
  float y;
}data;
```

结构体变量 data 包含 5 个成员，它们分别是 a、b、c、x、y。

其中，a、b、c 为位段，分别占用 1 位、2 位、4 位，即 a、b、c 共占用 7 位。这样，用一个字节就可以存储这 3 个位段。x、y 为基本类型的成员，分别需要 2 个、4 个字节存储。因此，结构体变量 data 需要占用 7 个字节的内存单元。图 11.6 给出了结构体变量 data 的每个成员在内存中的分配情况。

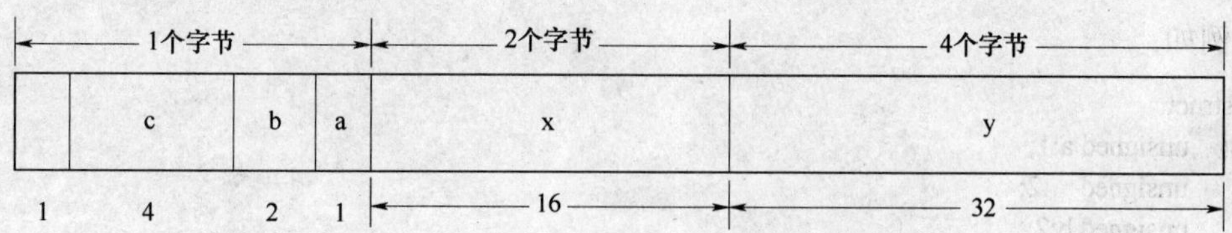

图 11.6 结构体变量 data 的内存分配情况

说明：

（1）位段在一个存储单元中是从高位到低位分配内存还是从低位到高位分配内存因机器而异，上例给出的是从低位向高位分配内存，第 7 位未用，空闲。在 PDP 中，则是从高位向低位分配，如图 11.7 所示，第 0 位空闲。

（2）位段的数据类型必须用 unsigned（即 unsigned int）或 int 类型，不能用 char 和其

他类型。有的 C 编译系统只允许用 unsigned 类型。

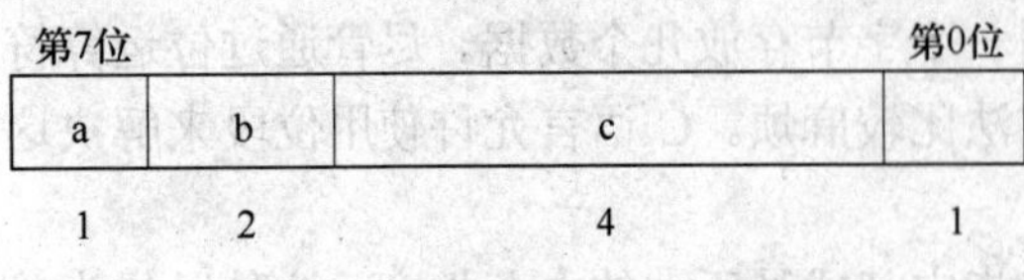

图 11.7　位段从高位到低位分配

（3）对位段的访问与其他结构体成员的访问方法一样，可以采用成员运算符（即圆点）和指向成员运算符（–>）。但必须注意不能对位段进行取地址运算，也不能使用超过位段最大值的数据。

例如，&data.a 是错误的。因为内存地址是以字节为单位的，无法指向位。下面的用法也是不合理的：

```
data.b=6;
```

因为 data.b 只占内存的 2 位，而数据 6 需要 3 位存放，因此，data.b 实际上只存储了 6 的二进制 110 的低 2 位 10，即整数 2。

（4）位段的长度不能超越整型边界。例如：

```
struct
{   unsigned a:18;
    unsigned b:12;
}data;
```

是错误的。因为 data.a 的长度为 18 位，超出了 2 个字节共 16 位的整型边界。而 data.b 的长度为 12 位，是正确的。

（5）如果某个位段要从下一个字节开始存放，可以采用：

```
struct
{   unsigned a:1;
    unsigned  :0;
    unsigned b:2;
}data;
```

这里，data 的第二个成员为无名位段，长度为 0，表示本位段后面定义的位段应从下一个字节开始存放，如图 11.8 所示。

这样，data 需占用内存 2 个字节。

如果无名位段后面的长度不为 0，则表示跳过长度表示的位数不用。

例如：

```
struct
{   unsigned a:1;
    unsigned  :2;
    unsigned b:2;
}data;
```

各位段在内存的分配情况如图 11.9 所示，data 只需占用内存 1 个字节。

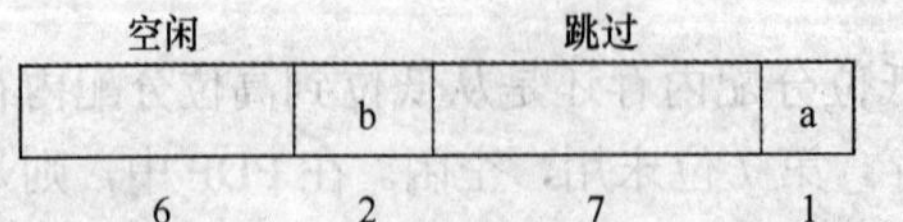

图 11.8　长度为 0 的无名位段占用内存情况

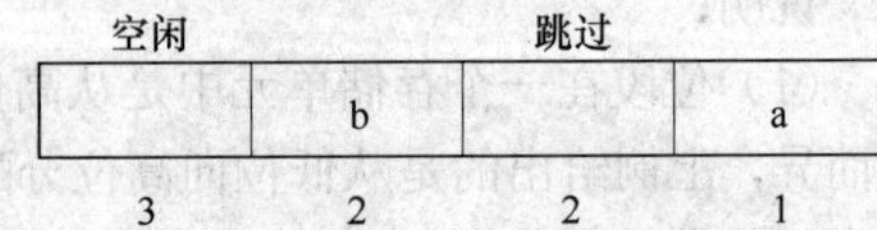

图 11.9　长度不为 0 的无名位段占用内存情况

11.4 应 用 举 例

【例 11.1】 输出一个 short 型整数的二进制形式。

题目分析：

（1）输出一个整数可以调用 printf 函数，但 printf 函数输出的整数只能是十进制、十六进制及八进制形式，分别采用%d、%x 及%o 格式说明。不能直接输出二进制形式。

（2）要输出二进制形式可以采用位运算符来实现。

（3）方法：要输出的 short 型整数 num 是 2 个字节，即 16 位的整型数据，则可以把 num 数据中 16 位的每一位看成是一个整数 bit，其值只能是 0 或 1 两种情况。从高位开始，逐位判断 num 的每一位是 0 还是 1，然后把该位的值赋给 bit，并输出 bit 的值。此判断输出要重复 16 次，这样就输出了 num 的二进制形式。

程序如下：

```
#include "stdio.h"
main()
{
    short num,bit,i;
    unsigned short test=0x8000;          /*  十六进制数 0x8000 的二进制为 1000000000000000 */
    printf("input mum:");
    scanf("%hd",&num);                   /*  输入 short 型整数用%hd */
    printf("binary of %x is: ",num);
    for(i=1;i<=16;i++)
    {   bit=((num&test)==0)?0:1;
        printf("%d",bit);
        test>>=1;
    }
}
```

test 是无符号的整型变量，因此进行的是逻辑右移，空出的高位以 0 填补。

运行结果为：

```
input num:12345↙
binary of 3039 is: 0011000000111001
```

十进制与二进制之间的转换较复杂，故在进行位运算时，数据的输入/输出通常采用十六进制或八进制。

【例 11.2】 循环移位的实现。

题目分析：

C 语言没有提供循环移位运算符，但可以利用已有的位运算符实现循环移位操作。

例如，将一个无符号 short 型整数 x 的各位进行循环左移 4 位的运算，如图 11.10 所示。即把移出的高位填补在空出的低位处。

可以用以下步骤实现：

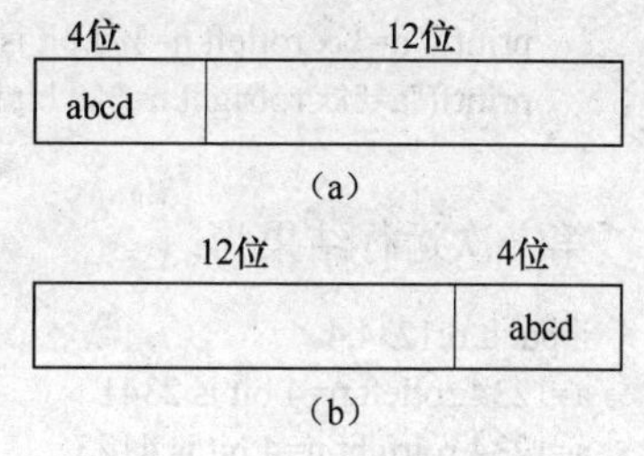

图 11.10 循环左移

（a）循环左移 4 位前；（b）循环左移 4 位后

（1）将 x（如图 11.11 第 1 行所示）左移 4 位，空出的低 4 位补 0，可通过表达式：x<<4 实现。如图 11.11 第 2 行所示。

（2）将 x 的左端高 4 位放到右端低 4 位，可通过表达式 x>>(16–4)实现。由于 x 为无符号整数，故空出的左端补 0，如图 11.11 第 3 行所示。

（3）将上述两个表达式的值进行按位或运算，即：

```
y=(x<<4)|(x>>(16–4));
```

该表达式的值 y 就是 x 循环左移 4 位的值。如图 11.11 第 4 行所示。

可以将一个无符号整数循环左移 n 位写成一个函数 rol。

```
unsigned short rol(unsigned short x,int n)
{     unsigned short   y;
      y=(x<<n)|(x>>(16–n));
      return(y);
}
```

12位	4位
abcdefghijkl	mnop
efghijklmnop	0000
000000000000	abcd
efghijklmnop	abcd

图 11.11 x 循环左移 4 位的实现

此函数的功能与汇编语言的 ROL 指令类似。

同样，可以写一个与汇编语言中 ROR 指令相类似的函数 ror，作用是把一个无符号整数循环右移 n 位。

```
unsigned short ror(unsigned short x,int n)
{     unsigned short y;
      y=(x>>n)|(x<<(16–n));
      return(y);
}
```

下面编写 main 函数调用 rol 和 ror 函数。

程序如下：

```
#include "stdio.h"
main()
{
    unsigned short rol(unsigned short x,int n);
    unsigned short ror(unsigned short x,int n);
    unsigned short a;
    int n;
    printf("input a,n:");
    scanf("%hx,%d",&a,&n);
    printf("a=%x rotleft n=%d bit is %x\n",a,n,rol(a,n));
    printf("a=%x rotright n=%d bit is %x\n",a,n,ror(a,n));
}
```

第一次运行结果为：

```
input a,n:1234,4↙
a=1234 rotleft n=4 bit is 2341
a=1234 rotright n=4 bit is 4123
```

运行开始时，输入十六进制数 1234，即二进制数 0001001000110100，循环左移 4 位后得到二进制数 0010001101000001，即十六进制数 2341。循环右移 4 位后得到二进制数

0100000100100011，即十六进制数 4123。

第二次运行结果为：

```
input a,n:f123,4↙
a=f123 rotleft n=4 bit is 123f
a=f123 rotright n=4 bit is 3f12
```

请思考：

如果 a 为带符号的整数，则如何实现其循环左移和右移？

【例 11.3】编写一个函数，实现字符串（例如用户使用的密码）的加密和解密[17]。

题目分析：

（1）利用某位与 1 进行异或可将该位翻转的特性，设置一个掩码 mask，mask 中的数据最好不能从键盘上直接输入，以避免 mask 碰巧与源码（输入的字符串）相同、进行按位“异或”运算、结果为 0、无法进行加密和解密的情况（如"123abc"∧"123abc"=0）。为此，查 ASCII 字符编码一览表（附录 A），选取 mask="\x14\x15"。

（2）上面的\x14 和\x15 的十进制分别是 20 和 21，分别代表¶和§，它们无法从键盘上直接输入。其二进制分别为：0000000000010100 和 0000000000010101。

（3）编写 strencrypt 函数。该函数有两个形参：一个是源码——要加密/解密的字符串，一个是掩码——加密使用的 mask。使用循环结构将需要加密/解密的字符串不断与掩码 mask 的对应二进制位进行多轮次的按位“异或”运算，直到加密/解密的字符串结束，完成字符串的加密/解密。

程序如下：

```
#include "stdio.h"
#define MASK "\x14\x15"                          /* 定义一个加密/解密的 mask */
char *strencrypt(char str[ ],char mask[ ])       /* 对字符串进行加密/解密 */
{   int i,j;
    for (i=0;str[i]!=0;)                         /* 循环到加密/解密字符串结束 */
      for (j=0;str[i]!=0 && mask[j];j++,i++)     /*循环到加密/解密字符串或 mask 字符串结束*/
      {
          str[i] = str[i] ^ mask[j];             /* 按位“异或” */
      }
    return (str);
}

main()
{
    char str[80];
    printf("Input a string: ");
    scanf("%s",str);                        /* 输入一个要加密/解密的字符串 */
    strencrypt(str,MASK);                   /* 加密 */
    printf("Encrypt string is:%s\n",str);   /* 输出加密后的字符串 */
    strencrypt(str,MASK);                   /* 解密 */
    printf("ReEncrypt string is:%s\n",str); /* 输出解密后的字符串 */
}
```

某次运行结果为：

```
Input a string:ac#@^&↙
Encrypt string is: uv7UJ3
ReEncrypt string is:ac#@^&
```

请思考：

请修改程序中的 mask 为可输入的字符，使 mask 碰巧与源码（输入的字符串）相同，看看能否加密和解密，以增强对这一点的认识。

习　题　11

一、选择题

1. 以下程序段的输出结果是（　　）。

```
int a=20;
printf("%d\n",~a);
```

A. 02　　B. –20　　C. –21　　D. –11

2. 表达式～0x13 的值是（　　）。

A. 0xFFEC　　B. 0xFF71　　C. 0xFF68　　D. 0xFF17

3. 若 p=2，q=3，则 p&q 的结果是（　　）。

A. 0　　B. 2　　C. 3　　D. 5

4. 若 m=1，n=2，则 m|n 的结果是（　　）。

A. 0　　B. 1　　C. 2　　D. 3

5. 设有以下语句：

```
char x=3,y=6,z;
z=x^y<<2;
```

则 z 的二进制值是（　　）。

A. 00010100　　B. 00011011　　C. 00011100　　D. 00011000

二、编程题

1. 用位运算方法实现将一个短（即 short 型）整数 i 的高字节和低字节输出。

2. 请编程实现取一个短整数最高端的第 0～5 位的二进制位。

3. 编写函数，使一个二进制整数的低 4 位（0～3 位）翻转，将得到的数作为函数值返回。

4. 输出一个整数 a 与（～1）进行按位与&运算的结果，即输出表达式 a&～1 的值。

5. 设计一个函数，给出一个数的原码，能得到该数的补码（要考虑该数是正数还是负数）。

6. 编写函数，实现左右循环移位。函数名为 move，调用方法为：

```
move(value,n)
```

其中 value 为要循环位移的数，n 为位移的位数。如 n<0 表示左移，当 n=–3，则要左移 3 位；n>0 为右移，当 n=4 则要右移 4 位。

第 12 章 文 件

前面各章的程序，其数据的输入、输出是通过标准输入/输出设备（如键盘、显示器）实现的，即从键盘上用 scanf、getchar、gets 函数输入数据，用 printf、putchar、puts 函数将运算结果输出到显示器上。

在数组、结构体等涉及大量数据处理的情况时，从键盘输入大量数据是很费时间和精力的，而且输入的数据也不能保留，到下次运行程序时仍然需要重新输入这些数据，这是很不经济的，也是人们很不愿做的。那么有没有不重新输入数据就能解决问题的办法呢？有办法。就是将这些数据以文件的形式存储在外部介质（如磁盘）上，需要时从磁盘读入计算机内存，处理完毕后输出到外部介质上保存起来。本章将介绍 C 语言的文件以及用于实现文件操作的一组输入/输出库函数。

12.1 C 文件的概念

文件一般是指存储在外存（如磁盘）上的数据的集合。不仅如此，操作系统还把每一个与主机相连的输入/输出设备也看作一个文件。例如，键盘是输入文件，显示器和打印机是输出文件。

C 语言把文件看作一系列字符（字节）的序列。在 C 语言中，对文件的存取是以字符为单位的，输入/输出数据流的开始和结束仅受程序控制而不受物理符号控制，这种文件称为流式文件。

C 文件根据数据的组织形式分为 ASCII 码文件和二进制文件。ASCII 码文件又称为文本文件，它的每一个字节存放一个字符。任何 ASCII 码文件都可显示或打印出来。二进制文件是把内存中的数据直接以二进制形式存放在文件中。二进制文件只能由计算机去读，不能显示或打印出来。例如，在内存中有一个整数 10000，若存放在 ASCII 码文件中，5 位数字对应的 ASCII 码占 5 个字节，而在二进制文件中只占 2 个字节（用 Turbo C2.0 时），如表 12.1 所示。

表 12.1　　数据存储形式

存储形式	数据				
内存中	00100111	00010000			
二进制形式	00100111	00010000			
ASCII 码形式	00110001	00110000	00110000	00110000	00110000

C 语言对文件的处理方式分为缓冲文件系统和非缓冲文件系统。缓冲文件系统是指系统自动地在内存区为每一个正在使用的文件名开辟一个缓冲区。从内存向磁盘输出数据必须先送到缓冲区，装满缓冲区后才一起送到磁盘上。如果从磁盘向内存读入数据，则一次从磁盘文件将一批数据输入到缓冲区（充满缓冲区），然后再从缓冲区逐个地将数据送到程序区（赋给程序变量）。缓冲区的大小因 C 版本而异，一般为 512 字节。非缓冲文件系统是指系统不自动开辟确定大小的缓冲区，而由程序为每个文件设定缓冲区。ANSI C 标准采用缓冲文件系统。

在介绍有关文件的函数之前，必须弄清楚什么是文件输入和输出。文件的输入，又称为读操作或读文件操作，是指把文件中的内容读到内存中，具体地说是输入到各变量、数组等存储单元中。文件的输出，又称为写操作或写文件操作，是指把内存中的数据（这些数据在程序中存放在变量、数组等存储单元中）输出到外存（如磁盘）上。

在C语言中，对文件的输入和输出操作通过C语言提供的库函数来实现。在调用这些库函数时必须在程序中包含头文件 stdio.h。

12.2　文件的打开和关闭

12.2.1　文件类型指针

在对文件进行操作时，必须按以下 3 个步骤进行：

（1）打开文件。

（2）文件处理（包括读文件，写文件）。

（3）关闭文件。

每个文件被打开和创建之后，都存在唯一确定该文件的文件标识，以后对文件的处理（包括读/写）都可通过文件标识进行。在缓冲文件系统中文件标识称为文件类型指针，它的定义格式为：

```
FILE *fp;
```

其中，FILE 是由 C 编译系统定义的一种结构体类型，存放在 stdio.h 文件中。FILE 类型的各成员用来描述存放文件的相关信息（如文件的名字、缓冲区的地址、缓冲区的大小、在缓冲区中当前活动指针的位置、文件的操作方式是“读”还是“写”、文件当前的读/写位置、是否已经遇到文件的结束标志等）。

FILE 的详细内容为：

```
typedef  struct
{
    int             level;      /*缓冲区“满”或“空”的程序*/
    unsigned        flags;      /*文件状态标志*/
    char            fd;         /*文件描述符*/
    unsigned char   hold;       /*如无缓冲区,不读取字符*/
    int             bsize;      /*缓冲区的大小*/
    unsigned char   *buffer;    /*数据缓冲区的位置*/
    unsigned char   *curp;      /*指针,当前的指向*/
    unsigned        istemp;     /*临时文件,指示器*/
    short           token;      /*用于有效性检查*/
} FILE;
```

这样，系统将此结构体类型的标识符定义为 FILE，称为“文件型”。

对用户而言，并不需要了解 FILE 由哪些成员组成，只要加上#include <stdio.h>或#include "stdio.h"就可以使用文件型指针来操作相应的文件。

fp 是指向 FILE 结构体类型的指针变量，该变量的值是在打开或创建文件时获得的。它指向某一文件的结构体变量。当需要对多个文件进行操作时也可定义一个文件类型指针数组。例如：

```
FILE f[5];
```

其中每个数组元素可以指向一个关于该文件的结构体变量。

12.2.2 打开文件——fopen 函数

打开文件用 fopen 函数。

1．功能及调用

fopen 函数在打开文件时，通知编译系统 3 个信息：需要打开的文件名，使用文件的方式，由哪个指针变量指向该文件。

调用格式如下：

```
FILE *fp;
fp=fopen(文件名,使用方式);
```

2．说明

说明如下：

（1）文件名可以是字符串常量，也可以是已赋值的字符数组。“使用方式”是指对打开文件的访问形式。例如：

```
fp=fopen("file1.dat","r");
```

表示以只读方式打开文件名为 file1.dat 的文件。文件指针变量 fp 指向该文件。使用方式如表 12.2 所示。

表 12.2　　文件使用方式及其含义

使用方式	含　义
r（只读）	以只读方式打开一个文本文件，如果文件不存在，则返回空指针 NULL

续表

使用方式	含　义
w（只写）	以只写方式打开一个空文本文件。如果指定的文件已存在则其中的内容将被删除，否则新创建一个文件
a（追加写）	以追加写方式打开一个文件，即向文件尾增加数据，如果指定的文件不存在，则新创建一个文件
r+（读/写）	以读/写方式打开一个文本文件，指定的文件必须存在
w+（读/写）	以读/写方式打开一个文本文件，如果指定的文件已存在，则其内容将被删除
a+（读和追加写）	以读和追加写打开一个文件，如果指定的文件不存在，则新创建一个文件。如果文件已存在，位置指针移到文件尾，可向文件写数据，也可读数据
rb（只读）	以只读方式打开一个二进制文件
wb（只写）	以只写方式打开一个二进制文件
ab（追加写）	以追加写方式打开一个二进制文件
rb+（读/写）	以读/写方式打开一个二进制文件
wb+（读/写）	以读/写方式建立一个新的二进制文件
ab+（读和追加写）	以读和追加写方式打开一个二进制文件

（2）在打开文件时，必须选择正确的文件使用方式，例如，某文件打开时选择“r”，要想向该文件写入数据就是错误的，如果既需要从一个文本文件读取数据，又要在该文件尾添加数据（写操作），那么只能选择“a+”。

（3）如果在打开文件时，因磁盘已满或磁盘故障等原因无法打开，则 fopen 函数将带回一个空指针值 NULL（NULL 在 stdio.h 文件中已被定义为 0）。

12.2.3　关闭文件——fclose 函数

使用完一个文件后必须关闭，以撤销文件信息区和缓冲区，使文件指针变量不再指向该文件，从而防止误用。

关闭文件用 fclose 函数。

1．功能及调用

在对文件操作完成后，必须用 fclose 函数关闭它，调用格式如下：

```
fclose(fp);
```

2．说明

其中 fp 是文件类型指针，它是文件打开时获得的。

文件关闭之后，就不能再对文件进行读/写等操作了。若需要再对文件进行读/写等操作，必须再次用 fopen 函数打开它。

需要说明的是，对文件进行操作时，fclose(fp);语句必不可少。原因在于：

（1）使用 fopen 函数打开一个文件之后，系统自动为其在内存中分配一个文件缓冲区，以后对文件的输入/输出操作都是通过文件缓冲区进行。也就是说，并不是每执行一个向文件写的操作（函数），都将数据写到磁盘上，而是先把数据存入文件缓冲区中，只有当缓冲区满时才把缓冲区中的数据真正写到磁盘上。这样，在文件操作结束后，如果不执行 fclose

函数，仍留在缓冲区（未满）的数据就会丢失。因此，需要执行 fclose 函数，将文件缓冲区中的数据写入磁盘中，并释放缓冲区。

（2）由于每个系统允许打开的文件数是有限的，所以，如果不关闭已处理完的文件，将有可能影响对其他文件的打开操作（因打开文件太多）。所以当一个文件使用完之后，应立即关闭它。

fclose 函数也带回一个值，当顺利地执行了关闭操作时，返回值为 0；否则返回 EOF（–1），EOF 是 End Of File 的缩写。可用 ferror 函数来测试。

12.3 文件的顺序读/写

文件打开后，下一步就是对它进行读写。文件的顺序读写可以一次读写一个字符，一次读写一个字符串，格式化方式读写和以二进制方式读写一个数据块（一组数据）等。下面分别介绍。

12.3.1 对文件读写一个字符——fgetc 和 fputc 函数

对文本文件读入或输出一个字符的函数见表 12.3。

表 12.3 读写一个字符的函数

函数名	fgetc	fputc
调用形式	fgetc(fp)	fputc(ch，fp)
功能	从文件指针 fp 指向的文件读入一个字符	把一个字符 ch 写到文件指针变量 fp 所指向的文件中
返回值	读成功，fgetc 带回所读的字符；文本文件读失败，返回文件结束标志 EOF（即–1）	输出成功，fputc 的返回值就是 ch; 输出失败，返回 EOF（即–1）

举例	fp=fopen("file.dat","r");
	ch=fgetc(fp);
	从文件 file1.dat 中读入一个字符给 ch 赋值
		fp=fopen("file1.dat","w");
		ch='a';
		fputc(ch,fp);
		把字符'a'写到文件 file1.dat 中

说明：

（1）当 fgetc 没有遇到文件结束标志时，fgetc 函数值就是从文件中读取的那个字符。EOF 的值为–1，它是系统在 stdio.h 中定义的符号常量。

（2）当 fgetc 遇到文件结束标志时，对于文本文件而言，fgetc 函数值为 EOF，EOF 在 stdio.h 中定义的符号常量–1。对于二进制文件，由于–1 有可能是某个字节中存放的数据，因此不能再用–1 作为文件结束标志。因此 C 语言提供了一个 feof（fp）函数来判断二进制文件或文本文件的文件位置指针是否指向文件结束标志，若指向文件结束标志，feof（fp）的值为 1，否则为 0。

如果想顺序读入一个二进制文件中的数据，可以用：

```
while (!feof(fp))                  /*若未遇到输入文件的结束标志*/
   {  c= fgetc(fp);                /*从输入文件读一个字符,放在变量 c 中*/
      ……
   }
```

当未到文件结束，feof(fp)的值为 0，!feof(fp)为 1，读入 1 个字节的数据赋给整型变量 c。直到文件结束，feof(fp)的值为 1，!feof(fp)为 0，不再进行循环。

这种方法也适用于文本文件。

在 stdio.h 中，系统把 fputc 和 fgetc 函数分别定义为宏名 putc 和 getc，因此可把它们看成是相同的函数。

【例 12.1】 从键盘输入若干字符，逐个保存到一个磁盘文件中，直到输入回车符为止。

题目分析：

（1）程序中需要使用什么函数？文件要打开和关闭，需要使用 fopen、fclose 函数；文件中的字符要读/写，需要使用 getchar、fputc 函数。

（2）算法的核心是用 getchar 逐个读入字符，再用 fputc 逐个输出一个磁盘文件中。详细的算法可见程序中的注释。

程序如下：

```
#include <stdio.h>
#include <stdlib.h>                          /*exit 函数要求有此行*/
main()
{
   FILE *fp;                                 /*定义指向 FILE 类型文件的指针变量*/
   char ch;                                  /*定义一个字符变量*/
   char filename[10];                        /*定义一个字符数组,以存放文件名*/
   printf("Enter file name:\n");
   scanf("%s",filename);                     /*输入文件的名字*/
   if((fp=fopen(filename,"w"))==NULL)        /*打开输出文件*/
   {  printf("Can not open filename.\n");    /*若打开时出错,则输出"Can not open infile."*/
      exit(0);                               /*结束程序*/
   }
   ch=getchar();                             /*接收最后输入的回车符*/
   printf("Please input a string(end when Enter):\n");
   ch=getchar();                             /*接收从键盘输入的字符串的第一个字符*/
   while(ch!='\n')                           /*若未遇到回车符*/
   {
      fputc(ch,fp);                          /*将 ch 写到输出文件中*/
      putchar(ch);                           /*将 ch 显示在屏幕上。此语句可不要*/
      ch=getchar();                          /*再接收从键盘输入的一个字符*/
   }
   fclose(fp);                               /*关闭输入文件*/
   putchar('\n');                            /*关闭输出文件*/
}
```

运行结果为：

```
Enter the infile name:
file1.dat↙
Please intput a string(end when Enter):
file2.c↙
C and program design.↙
C and program design.
```

用 Windows 的记事本打开文件 file1.dat 查看，其内容为：

C and program design.

这表明达到了程序设计的目标。

【例 12.2】 将一个磁盘文件中的信息复制到另一个磁盘文件中。现将上例建立的 file1.dat 文件中的内容复制到另一个磁盘文件 file2.dat 中。

题目分析：

（1）程序中需要使用什么函数？文件要打开和关闭，需要使用 fopen、fclose 函数；文件中的字符要读/写，需要使用 fgetc、fputc 函数；要判断指针是否指向文件结束标志，需要使用 feof（fp）函数。

（2）算法的核心是从文件逐个读入字符，再逐个输出到另一个文件中。详细的算法可见程序中的注释。

程序如下：

```
#include <stdio.h>
#include <stdlib.h>                    /*exit 函数要求有此行*/
main()
{
    FILE *in,*out;                     /*定义指向 FILE 类型文件的指针变量*/
    char ch;                           /*定义一个字符变量*/
    char infile[10],outfile[10];       /*定义两个字符数组,以存放输入、输出两个文件名*/
    printf("Enter the infile name:\n");
    scanf("%s",infile);                /*读入输入文件的名字*/
    printf("Enter the outfile name:\n");
    scanf("%s",outfile);               /*读入输入文件的名字*/
    if ((in=fopen(infile,"r"))==NULL)  /*打开输入文件*/
    {   printf("Can not open infile.\n");  /*若打开时出错,则输出“Can not open infile.”*/
        exit(0);                       /*结束程序*/
    }
    if ((out=fopen(outfile,"w"))==NULL)   /*打开输出文件*/
    {   printf("Can not open outfile.\n");
        exit(0);
    }
    while (!feof(in))                  /*若未遇到输入文件的结束标志*/
    {  ch= fgetc(in);                  /*从输入文件读一个字符,放在变量 ch 中*/
       fputc(ch,out);                  /*将 ch 写到输出文件中*/
       putchar(ch);                    /*将 ch 显示在屏幕上。此语句可不要*/
    }
    fclose(in);                        /*关闭输入文件*/
    fclose(out);                       /*关闭输出文件*/
}
```

运行结果为：

```
Enter the infile name:
file1.dat↙
Enter the outfile name:
file2.dat↙
C and program design.
```

打开文件 file2.dat 查看，其内容为：

```
C and program design.
```

可知达到了程序设计的目标。

这个程序是按文本方式处理的。若用此程序复制二进制文件也是可以的，这时要将两个 fopen 函数中的文件使用方式由"r"和"w"改为"rb"和"wb"。

12.3.2　对文件读写一个字符串——fgets 函数和 fputs 函数

对于多个字符，用 fgetc 和 fputc 函数一个字符一个字符地读写比较麻烦，用 fgets 和 fputs 函数可以一次读写一个字符串。

读写一个字符串的函数见表 12.4。

表 12.4　　读写一个字符串的函数

函数名	调用形式	功　能	返　回　值
fgets	fgets（str，n，fp）	从文件指针 fp 指向的文件读入一个长度为（n–1）字符串，存放到字符数组 str 中	读成功，返回 str 的首地址 str；失败（在读入的字符少于 n–1 个就遇到了换行符'\n'或 EOF），返回 NULL
fputs	fputs（str，fp）	把以 str 为起始地址的字符串输出到 fp 指定的文件中（字符串最后的'\0'不输出，也不会在最后输出'\n'）	输出成功，返回 0；否则返回非零值

说明：

由于 fputs 在文件中不写入'\0'和'\n'，因此文件中各字符串首尾相接。例如：

```
fputs("pen",fp);
fputs("book",fp);
```

执行以上语句将向文件输出一个连续的字符序列：

```
penbook
```

因为没有分隔符把原来的两个字符串分开，再读入时就无法分辨这两个字符串。可把以上两条语句改为：

```
fputs("pen",fp);fputs("\n",fp);
fputs("book",fp);fputs("\n",fp);
```

这样在每个字符串后加入了一个换行符，再用以下语句读入：

```
char a[2][6];
fgets(a[0],6,fp);
fgets(a[1],6,fp);
```

以上函数应从 fp 指定文件中分别读入 5 个字符，但由于在读入 5 个字符之前，就遇到了换行符'\n'，所以 a[0]中的字符串为"pen\n"，a[1]中的字符串为"book\n"，当然系统还在最后加上'\0'。

fgets 和 fputs 函数这两个函数的功能类似于 gets 和 puts 函数，只是前者以指定文件作为读写对象，后者以终端（键盘和显示器）作为读写对象。

【例 12.3】 从键盘上输入一个字符串，将其中的小写字母全部转换成大写字母，输出到文件 test.dat 中保存，输入的字符以“#”结束，然后再将该文件的内容读出，显示在屏幕上。

题目分析：算法如下。

（1）本题用到字符数组和循环。首先定义字符数组、文件型指针变量和循环控制变量。

（2）打开文件。

（3）向内存输入字符串，如是小写字母，转换成大写字母。

（4）将字符串写入文件中。

（5）关闭文件。

（6）打开文件，读取字符串，显示在屏幕上，关闭文件。

本题的要求比较简单，请先自己编写程序，然后与下面的程序核对。程序如下：

```
#include "stdio.h"
#include "stdlib.h"
#include "string.h"                         /*exit 函数要求*/
main()
{
    FILE *fp;
    char str[100],s1[100];
    int i=0;
    if ((fp=fopen("test.dat","w"))==NULL)
    {   printf("Can not open file\n");
        exit(0);
    }
    printf("input a string:\n");
    gets(str);                              /*向内存输入字符串*/
    while (str[i]!='#')
    {   if (str[i]>='a'&&str[i]<='z')
            str[i]=str[i]-32;               /*若是小写字母,转换成大写字母*/
        i++;
    }
    fputs(str,fp);                          /*写入文件中*/
    fclose(fp);                             /*关闭文件*/
    fp=fopen("test.dat","r");               /*打开文件*/
    fgets(s1,strlen(str)+1,fp);             /*从文件读字符串*/
    printf("%s\n",s1);                      /*显示在屏幕上*/
    fclose(fp);                             /*关闭文件*/
}
```

运行结果为：

```
input a string:
abcdE123#↙
ABCDE123
```

12.3.3　格式化方式读写文件——fscanf 函数和 fprintf 函数

除了对文件读写字符和字符串外，还有其他类型的数据需要读写。C 语言提供了 fscanf 和 fprintf 函数，针对不同类型的数据对文件进行格式化读写。

12.3.3.1　fscanf 函数

1．功能及调用

fscanf 函数与 scanf 函数作用相似，都是格式化读函数，区别仅在于 fscanf 函数是从磁盘文件中读入数据，而 scanf 函数是从键盘上输入数据。调用格式如下：

fscanf(文件指针,格式说明,输入表列);

其功能是从指定的文件中读入一个字符序列，经过相应的格式转换后，存于输入表列对应的变量中。

2．说明

（1）要注意格式说明符与对应的输入数据要一致，否则将出错。用什么格式符写入的数据就以什么格式读取。

（2）例如，磁盘文件中有如下字符序列：

12,32.84,100

执行以下语句分别将 3 个数据存入变量 a、b、c：

```
int a,b;
float c;
fscanf(fp,"%d,%f,%d",&a,&c,&b);
```

12.3.3.2　fprintf 函数

1．功能及调用

fprintf 函数与 printf 函数相似，都是格式化写函数，其区别在于 fprintf 函数是将数据写入文件而 printf 是输出到屏幕上。调用格式如下：

fprintf(文件指针,格式说明,输出表列);

将输出表列中的变量格式化后写入指定的文件中。

2．说明

例如，把变量 i 和 f 的值分别按%d 和%6.2f 的格式写入 fp 所指的文件中。

```
int i;
float f;
…
i=25;
f=3.14;
fprintf(fp,"%d,%6.2f ",i,f);
```

用 fscanf 和 fprintf 函数对文件读写，方便易懂，但由于输入时要将文件中的 ASCII 码转换成二进制形式再保存在内存变量中，输出时又要将内存中的二进制形式转换成字符，用时较多。因此，可以不用这两个函数，而用下面介绍的 fgets 和 fputs 函数直接进行二进制的读写。用 fscanf 和 fprintf 函数对文件读写，方便易懂，但由于输入时要将文件中的 ASCII

码转换成二进制形式再保存在内存变量中，输出时又要将内存中的二进制形式转换成字符，用时较多。因此，可以不用这两个函数，而用下面介绍的 fgets 和 fputs 函数直接进行二进制的读写。

12.3.4 用二进制方式对文件读写一个数据块——fread 函数和 fwrite 函数

fread 和 fwrite 函数可以一次读写一个数据块（即一组数据），例如一个结构体变量的值。读写时以二进制方式进行。数据在内存中是二进制的，在磁盘文件中也是二进制的，读写时不用转换。

12.3.4.1 fread 函数

1．功能及调用

fread 函数的功能是从指定的文件中以二进制形式读入一个数据块（即一组数据）。其调用格式如下：

```
fread(buffer,size,count,fp);
```

2．说明

（1）buffer：存放读入数据的缓冲区首地址。

（2）size：读入的每个数据项的字节数。

（3）count：要读入的数据项的个数。

（4）fp：文件型指针。

例如，要利用 fread 函数，从 fp 所指定的文件中读入 5 个 float 型数据，存入数组 a 中，则函数参数设置如下：

```
float a[5];
fread(a,4,5,fp);
```

因为一个 float 型数据占 4 个字节，故 size 值为 4，要读 5 个 float 型数，故 count 值为 5。

若 fread 函数调用成功，则函数值就是 count 的值；若调用失败，如读入的数据项少于 count 的值，或位置指针已指向文件尾，就会发生错误。可以用 feof 或 ferror 函数来确定发生了什么情况。

12.3.4.2 fwrite 函数

1．功能及调用

fwrite 函数的功能是以二进制形式将一个数据块（即一组数据）输出到指定的磁盘文件中。其调用格式如下：

```
fwrite(buffer,size,count,fp);
```

2．说明

（1）buffer：存放输出数据的缓冲区首地址。

（2）size：写入文件的每个数据项的字节数。

（3）count：写入的数据项个数。

（4）fp：文件类型指针。

例如，将数组 b 中 3 个单精度实数输出到磁盘文件中，则 fwrite 函数的参数可以这样设置：

```
float b[3]={1.1,2.7,3.9};
...
fwrite(b,4,3,fp);
```

若 fwrite 调用成功，函数值也是 count 的值。

12.3.4.3　举例

【例 12.4】 编写程序，从键盘上输入 10 个整数，存入 data.dat 文件中。再从该文件中读出，显示在屏幕上。

题目分析：

（1）程序中需要使用什么函数？要打开和关闭文件，需要使用 fopen、fclose 函数；要读/写数据，需要使用 fread、fwrite 函数。

（2）算法比较简单：定义一个有 10 个元素的整型数组，用于存放 10 个整数。然后输入数据，写入文件中。最后读取该文件，将数据显示在屏幕上。

程序如下：

```
#include "stdio.h"
main()
{
    FILE *fp;
    int data[10],i;
    for (i=0;i<10;i++)
    {   printf("Input data[%d]:",i);
        scanf("%d",&data[i]);
    }
    if ((fp=fopen("data.dat","wb"))==NULL)
    {   printf("Can not open file data.dat\n");
        exit(0);
    }
    else
    {   fwrite(data,sizeof(int),10,fp);                /*数据写入文件*/
        fclose(fp);
    }
    if ((fp=fopen("data.dat","r"))==NULL)
    {   printf("File data.dat have not been found\n");
        exit(0);
    }
    else
    {   fread(data,sizeof(int),10,fp);                 /*读文件*/
        fclose(fp);
        for (i=0;i<10;i++)
            printf("%d    ",data[i]);                  /*数据显示在屏幕上*/
    }
}
```

某次运行结果为：

```
Input data[0]: 99↙
Input data[1]: 7↙
Input data[2 : 6↙
Input data[3]: 5↙
Input data[4]: 4↙
Input data[5]: 3↙
Input data[6]: 0↙
Input data[7]: –1↙
Input data[8]: –8↙
Input data[9 : –90↙
99  7  6  5  4  3  0  –1  –8  –90
```

【例 12.5】 从键盘上输入 5 个学生的学号、姓名、总分，存入磁盘文件，再将该文件中总分大于 600 分的学生显示出来。

题目分析：

本题需使用结构体，结构体成员包括学号、姓名、总分。

程序如下：

```
#include <stdio.h>
#define K 5
struct student
{   int num;
    char name[20];
    int sum;
}s[K];                              /*定义结构体数组,包括 K 个学生的数据*/

void wfile()                        /*函数定义,将学生的数据写入文件*/
{   FILE *fp;
    int i;
    if ((fp=fopen("stu.dat","wb"))==NULL)
    {    printf("Can not open file\n");
         return;
    }
    for (i=0;i<K;i++)
       if (fwrite(&s[i],sizeof(struct student),1,fp)!=1)
       {    printf("File write error\n");
            return;
       }
    fclose(fp);
}

void rfile()                        /*函数定义,从文件中读出数据,显示符合条件者*/
{   FILE *fp;
    int i;
    if ((fp=fopen("stu.dat","rb"))==NULL)
    {    printf("Can not open file \n");
         return;
    }
    for (i=0;i<K;i++)
```

```
    {   fread(&s[i],sizeof(struct student),1,fp);
        if (s[i].sum>600)
           printf("%d,%s,%d\n",s[i].num,s[i].name,s[i].sum);
    }
     fclose(fp);
}

main()
{
    int i;
    for (i=0;i<K;i++)
      {   printf("input s[%d]: \n",i);        /*输入 K 个学生的数据,存放在数组 s 中*/
          scanf("%d%s%d",&s[i].num,s[i].name,&s[i].sum);
      }
     printf("result:\n");
     wfile();
     rfile();
}
```

运行结果为：

```
input s[0]:
1001 zhang 672↙
input s[1]:
1002 wang 721↙
input s[2]:
1003 huang 702↙
input s[3]:
1004 bai 593↙
input s[4]:
1005 tang 582↙
result:
1001,zhang,672
1002,wang ,721
1003,huang,702
```

12.4　文件的随机读写及出错检测

12.4.1　顺序存取和随机存取

C 语言所生成的数据文件是流式文件，C 语言提供的函数对于这类文件既可以进行顺序存取，也可以进行随机存取。

顺序存取文件，总是从头到尾顺次读/写，也就是说当顺序读时，若要读文件中第 n 个字节，必须先读取前 n–1 个字节。写操作也是如此。

随机存取文件，就是读/写文件时不必从头到尾顺次进行，而是通过人为控制文件位置指针，读取指定位置上的数据，或把数据写入文件指定位置来替代原来的数据。

注意文件位置指针和 FILE 类型的文件指针是两个不同的概念。通过 fopen 函数而赋值的文件指针指向一个文件，而文件位置指针对已存在的一个文件而言，既可指向文件头、文件尾（文件结束标志），也可指向文件中某个字符。调用读/写函数对文件进行的读/写操作，都要从位置指针指向的位置开始。

在用 fopen 函数打开文件时，除了指定"a"或"a+"（或"ab"，"ab+"）使用方式之外，位置指针总是指向文件开头。进行读/写操作时，使位置指针向后移动。

当用"a"或"a+"（或"ab"，"ab+"）方式打开文件时，文件的位置指针自动移到文件尾，这时不能进行读操作，而进行写操作时，数据写入当前文件最后，原来的内容并不丢失，文件尾标志后移。

12.4.2 使位置指针指向文件开头——rewind 函数

1．功能及调用

rewind 函数的作用是使位置指针重新返回文件的开头。调用格式如下：

```
rewind(fp);
```

此函数没有返回值。

2．说明

由于 rewind 函数使位置指针指向文件开头，因此使 feof 函数为 0。

12.4.3 使位置指针指向文件的某个位置——fseek 函数

1．功能及调用

要对文件进行随机读/写，就要用 fseek 函数先使位置指针移动到文件中指定的位置上。调用格式如下：

fseek（文件类型指针，位移量，起始点）；

该函数是从指定的起始点开始向前或向后移动位置指针，移动的字节数由位移量确定。

2．说明

说明如下：

（1）起始点可用字符号常量或数字 0、1、2 分别表示指针开始位置在文件开头、文件当前位置和文件尾，如表 12.5 所示。

表 12.5　　fseek 函数起始点说明

起　始　点	符 号 常 量	数　字
文件开头	SEEK__SET	0
当前位置	SEEK__CUP	1
文件尾	SEEK__END	2

（2）位移量是一个长整型数据。例如：

fseek(fp,15L,0);或 fseek(fp,15,SEEK–SET);表示将位置指针向后移到离文件头 15 个字

节处。

fseek(fp,30L,1);表示将位置指针向后移到离当前位置 30 个字节处。

fseek(fp,–10L,2);表示将位置指针向前移到离文件尾 10 个字节处。

3．举例

【例 12.6】 在磁盘文件中存有 5 个学生的数据（见［例 12.5］）。要求将第 1、3、5 个学生的数据显示在屏幕上。

请先返回去看［例 12.5］的程序，再回来看下面的程序。

```
#include <stdio.h>
struct student
{
    int num;
    char name[20];
    int sum;
}stud[5];

main()
{
    int i;
    FILE *fp;
    if((fp=fopen("stu.dat","rb"))==NULL)                /*以只读方式打开二进制文件*/
    {    printf("Can not open file\n");
         exit(0);
    }
    for (i=0;i<5;i+=2)
    {
      fseek(fp,i*sizeof(struct student),0);             /*移动位置指针*/
      fread(&stud[i],sizeof(struct student),1,fp);      /*读数据*/
      printf("%d,%s,%d \n",stud[i].num,stud[i].name,stud[i].sum);
    }
    fclose(fp);
}
```

运行结果为：

```
1001,zhang,672
1003,huang,702
1005,tang,582
```

12.4.4 得到文件的当前位置——ftell 函数

1．功能及调用

ftell 函数返回的是位置指针当前所在的位置，也就是指针相对于文件开头的字节数。调用格式如下：

ftell(fp);

例如：

```
long p;
p=ftell(fp);
```

2．说明

（1）调用失败时，函数值为-1L。

（2）可用该函数求文件长度（包含字节数）。

```
fseek(fp,0L,SEEK-END);
P=ftell(fp);
```

12.4.5 出错检测函数

C 语言提供了一些函数用于检测文件读写时是否出现了错误。

1．文件读写是否出错——ferror 函数

（1）功能及调用。在调用各种读/写函数（如 fputc、fgetc、fread、fwrite 等）时，若出错，ferror 的值为一个非零值，若函数值为 0，则表示没出错。调用格式如下：

ferror(fp);

（2）说明。对同一个文件每次调用读/写函数，都产生一个新的 ferror 函数值，因此，要当即检查该函数值才能判断读/写是否出错。

在执行 fopen 函数时，ferror（fp）的值自动置为 0。

2．将文件错误标志和文件结束标志置为 0——clearerr 函数

（1）功能及调用。clearerr 函数使 ferror(fp)的值置为 0，且使文件结束标志也置为 0。调用格式如下：

clearerr(fp);

（2）说明。如果调用一次读/写函数出错，ferror 的值为一个非零值，且一直保留，直到遇到 clearerr（重置为 0），或调用 rewind 函数或其他读/写函数，才产生一个新的 ferror 的值。

12.5 应 用 举 例

【例 12.7】 编程实现人员登录，每当从键盘接受一个姓名，便在文件 try.dat 中进行查找，若此姓名已在该文件中，则显示姓名已存在，否则，将其存入文件。当按【Enter】键时结束。

题目分析：

（1）本题需使用什么函数？请自己分析。

（2）这是本书的最后一个例题。请根据以前所学，自己确定算法。

程序如下：

```
#include <stdio.h>
main()
```

```
{
    FILE *fp;
    int flag;
    char name[30],data[30];
    if ((fp=fopen("try.dat","a+"))= =NULL)
    {     printf("Open file error\n");
          exit(0);
    }
    do
    {     printf("Enter name:");
          gets(name);
          if (strlen(name)= =0) break;
             strcat(name,"\n");
          rewind(fp);
          flag=1;
          while (flag&&((fgets(data,30,fp)!=NULL)))
             if (strcmp(data,name)= =0) flag=0;
                if (flag) fputs(name,fp);
             else
                printf("\tThe name has been existed.\n");
    }while (ferror(fp)= =0);
    fclose(fp);
}
```

运行结果为：

```
Enter name:Li bai↙
Enter name:Du fu↙
Enter name:Bai juyi↙
Enter name:Wang bo↙
Enter name:Jia dao↙
Enter name: Li bai↙
      The name has been existed.
Enter name: Wei zhuang↙
Enter name:  ↙
```

请思考：

将 try.dat 中的内容读出，显示在屏幕上，程序如何编写？

同［例 12.5］和［例 12.6］一样，本例也很有实践意义，可以在实际工作、生活中应用。这又从文件存取、人员登录方面体现了 C 语言程序设计的价值。

习　题　12

一、选择题

1. 在执行 fopen 函数时，ferror 的初值是（　　）。

   A. true　　B. −1　　C. 1　　D. 0

2. Ftell（fp）的作用是（　　）。

   A. 得到流式文件的当前位置　　B. 得到流式文件的位置指针

C. 初始化流式文件的位置指针　　D. 上面的3个答案都对

3. 当顺利执行了文件关闭操作时，fclose 函数的返回值是（　　）。

A. true　　B. –1　　C. 1　　D. 0

4. 若要用 fopen 函数打开一个新的二进制文件，该文件既能读也能写，则文件的使用方式是（　　）。

A. ab+　　B. wb+　　C. rb+　　D. ab

5. 当调用 fputc 函数输出字符成功，其返回值是（　　）。

A. EOF　　B. 1　　C. 0　　D. 输出的字符

二、编程题

1. 从键盘输入一个字符串，把它输出到磁盘文件 file1.dat 中。

2. 有两个文件 filea.dat 和 fileb.dat，各存放了一行字母，要求把两文件合并，按字母顺序排序后，输出到一个新文件 filec.dat 中。

3. 有5个学生，每个学生的信息包括学号、姓名、3门课成绩。要求从键盘输入以上数据，计算出平均成绩，将原有数据和平均成绩输出到 stud.dat 文件中。

4. 将上题文件中的学生数据，按平均分进行排序，将已排序的学生数据存入一个新文件 stu_sort.dat 中。

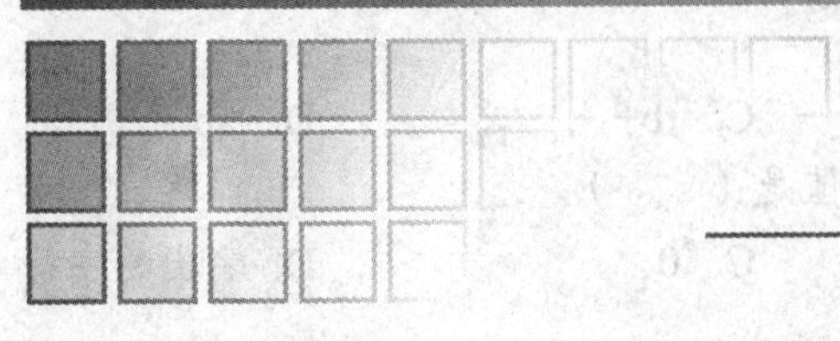

第 13 章 实验与指导

为了结合实际，强化操作，加强实践环节，激励创新意识，增强实验的针对性，提高程序设计的编程能力和调试能力，本章给出了与各章对应的实验题目，并给以必要的指导。

读者也可以举一反三，根据自己的学习兴趣，将自己专业领域或生活中的某些问题，作为实验题目，创造性地解决自己面临的实际问题，提高成就感和自豪感。

实验 1　C 程序的运行环境和运行 C 程序的方法

一、目的要求

1. 认识在计算机系统上编辑、编译、连接和运行 C 程序的步骤。

2. 在调试程序中观察系统提示，改正编译错误或连接错误。

3. 了解 C 语言源程序的结构及书写格式，了解表达 C 语言程序的各个组成部分的术语。

二、实验内容

思考问题：什么是源程序？C 语言源程序的结构是怎样的？C 语言源程序的书写格式怎样？指出第 1 章例题的程序中哪些是注释、预处理命令、声明部分、可执行语句、函数定义、函数调用、关键字、main 函数等。

1. 练习进入 C 语言编程界面。输入下列源程序，进行修改、编译、连接和运行。应了解是用什么命令进行编译、连接和运行的。运行的结果是什么？

程序如下：

```
#include "stdio.h"
main ()
{
    printf("Programming is Fun.\n");
}
```

运行结果为：

2．输入下列源程序，进行修改、编译、连接和运行。运行的结果是什么？

程序如下：

```
#include "stdio.h"
main ()
{   printf("Programming   \n");
    printf("is Fun.\n");
}
```

运行结果为：

运行结果比上题多一行，可知\n 的作用是：

3．输入下列源程序，进行修改、编译、连接和运行。运行的结果是什么？

程序如下：

```
#include "stdio.h"
#include <math.h>
main ()
{
    float x;
    x=sin(3.141593/4);
    printf("%f\n",x);
}
```

运行结果为：

语句 float x；的作用是：

实验 2　数据类型、运算符与表达式

一、目的要求

1．掌握 C 语言的基本数据类型。

2．学会如何书写整型、实型常量，如何定义整型、实型变量。

3．掌握 C 语言的算术运算符、赋值运算符、逗号运算符及运算规则。

4．掌握表达式的求值规则。

二、实验内容

思考问题：数据类型、运算符、表达式在 C 语句中充当什么成分？什么是标识符？如何书写整型、实型、字符型常量？如何定义整型、实型、字符型变量？怎样表示字符串？如何求表达式的值？混合表达式的求值规则是怎样的？

1．输入下列源程序，进行修改、编译、连接和运行。分析++运算符。

程序如下：

```
#include "stdio.h"
main ()
{
    int i,j,m,n;
    i=8;
    j=10;
```

```
    m=++i;
    n=j++;
    printf("%d,%d,%d,%d\n",i,j,m,n);
}
```

运行结果为：

前++的含义是：

后++的含义是：

2．输入下列源程序，进行修改、编译、连接和运行。分析++和––运算符。

程序如下：

```
#include "stdio.h"
main ()
{
    int i,j;
    i=8;
    j=10;
    printf("%d,%d\n",i,j);
    printf("%d,%d\n",i++,j––);
    printf("%d,%d\n",i,j);
    printf("%d,%d\n",++i,––j);
}
```

运行结果为：

分析如何得出此运行结果：

3．输入下列源程序，进行修改、编译、连接和运行。分析表达式的值。

```
#include <stdio.h>
main ()
{
    int a=7,b=3;
    float x=2.5,y=4.7,z1,z2;
    printf("z1=%f\n",x+a%3*(int)(x+y)%2/4);
    printf("z2=%f\n",(float)(a+b)/2+(int)x%(int)y);
}
```

运行结果为：

表达式 x+a%3*(int)(x+y)%2/4 得到这样的结果是因为：

表达式(float)(a+b)/2+(int)x%(int)y 得到这样的结果是因为：

4．输入下列源程序，进行修改、编译、连接和运行。分析表达式的值。

```
#include "stdio.h"
main()
{
    int x,z;
    float y,w;
    x=(1+2,5/2,–2*4,17%4);
    y=(1.+2. ,5./2. ,–2.*4.);
    z=(1+2,5/2 ,–2*4 ,–17%4);
```

```
    w=(1+2,-2*4 ,-17%4,5/2);
    printf("x=%d,y=%f,z=%d,w=%f\n",x,y,z,w);
}
```

运行结果为：

思考得出此运行结果的原因。

实验3 顺序结构程序设计

一、目的要求

1．正确使用数据输入/输出函数 scanf、printf 及整型、实型、字符型数据的输入/输出格式。

2．正确使用字符输入/输出函数 getchar、putchar。

3．学会编写简单顺序结构的程序。

二、实验内容

思考问题：scanf 与 printf 函数的格式控制字符串由什么组成？scanf 与 printf 函数中不同数据类型对应的格式字符和附加格式说明字符是怎样的？

1．输入下列源程序，进行修改、编译、连接和运行。

程序如下：

```
#include <stdio.h>
main ()
{
    char c1,c2,x;
    c1=97;
    c2=98;
    printf("%c,%c\n",c1,c2);
    printf("The following output int of c1 and c2. yes or no?\n");     /*下面是否输出 c1 和 c2 的数值*/
    printf("Please input y:\n");                                        /*请输入字母 y,从而输出*/
x=getchar();
    printf("%d,%d\n",c1,c2);
}
```

运行结果为：

程序最后两个 printf 输出的结果不同，这种不同是由什么引起的。

2．运行下面的程序，写出运行结果。

```
#include "stdio.h"
main()
{
    int a=5,b=7;
    float x=67.8564,y=-789.124;
    long n=1234567;
    char c='A';
    printf("a=%3d,b=%3d\n",a,b);
    printf("x=%10.2f,y=%10.2f\n",x,y);
```

```
    printf("n=%ld\n",n);
    printf("c=%c or c=%d(ASCII)\n",c,c);
    putchar(c);
    putchar('\n');
}
```

运行结果为：

3．编程求圆周长 c、圆面积 s、圆球表面积 area、圆球体积 v。在程序中调用 scanf 函数通过键盘输入半径 r，输出计算结果，输出要求有文字说明，计算结果精确到小数点后两位。

圆周长、圆面积、圆球表面积、圆球体积的计算公式为：

$c=2\pi r$，$s=\pi r^2$，$area=4\pi r^2$，$v=4/3\pi r^3$。

算法提示：

（1）定义符号常量 PI 的值为 3.1416。

（2）定义实型变量 r、c、s、area、v。

（3）提示输入"Please enter r:"。

（4）读入 r。

（5）根据公式计算 c=2* PI *r，s= PI *r*r，area=4* PI *r*r，v=PI *r*r*r*4/3。

（6）打印两位小数的结果 c、s、area、v。

编写程序：

测试结果为：

r	c	s	area	v
1.5				
3.45				

4．输入一个华氏温度 f，要求输出摄氏温度 c。公式为 c=5/9×(f−32)。

输出要求有文字说明，取两位小数。

算法提示：

（1）定义实型变量 c、f。

（2）提示输入"Please enter f:"。

（3）读入 f。

（4）根据公式计算 c。

（5）打印两位小数的结果。

编写程序：

测试结果为：

华氏温度 f	摄氏温度 c
100.25	
0.5	
23.78	

实验4　顺序结构程序设计（续）

一、目的要求

1．掌握编写简单顺序结构程序的方法。

2．掌握表达式的求值规则。

二、实验内容

1．输入两个正整数，求它们相除所得的商，商的整数部分、小数部分及余数。例如17除以2，其商为8.5，商的整数部分为8，小数部分为0.5，余数为1。

算法提示：若商为x，则(int)x即为商的整数部分。

编写程序：

输入为：

输出结果为：

2．设a=12，分析下列表达式的值，并编写1个（不是4个）程序，上机进行验证。

（1）a+=a。

（2）a−=2。

（3）a*=2+3。

（4）a/=a+a。

算法提示：给a赋值后，输出第一个表达式的值；重新给a赋值后，输出第二个表达式的值；……

程序为：

4个表达式的值分别为：

3．从键盘输入一个小写字母，把它转化为大写字母后输出。

编写程序：

输入为：

输出结果为：

实验5　选择结构程序设计

一、目的要求

1．掌握6个关系运算符、3个逻辑运算符及运算规则。

2．掌握if语句的3种形式及对应的语法规则、执行流程。

二、实验内容

思考问题：比较运算符==与赋值运算符=有何区别？如何表示复杂条件？逻辑表达式的求值规则是怎样的？怎样比较实数相等？

1．有3个整数a、b、c，由键盘输入，输出其中最大的数。

算法提示：

（1）定义整型变量a、b、c、max。

（2）提示输入"Please enter a，b，c:"。

（3）读入 a、b、c。

（4）找出 a、b 中的较大数存入 max。

（5）找出第 3 个数 c 与 max 中的较大数，并再次存入 max。

（6）3 个数中的最大数就是 max，打印 max。

编写程序：

测试结果为：

a	b	c	max
1	200	30	
−300	88	9	
2	1	3	

2．有一函数如下：

$$y=\begin{cases}x & x<1\\2x-1 \text{，当} & 1\leqslant x<10 \text{时}\\3x-11 & x\geqslant 10\end{cases}$$

用 scanf 函数输入 x 的值，求 y 值。

算法提示：

（1）定义实型变量 x、y。

（2）提示输入"Please enter x:"。

（3）读入 x。

（4）判断 x 所在的区间，应用 y 的计算公式求值。

（5）打印结果。

编写程序：

测试结果为：

x	y
−1	
5	
10	

3．给出一个百分制成绩，要求输出成绩等级 A、B、C、D、E。90 分以上（含 90 分）为 A；80 分以上、90 分以下（含 80 分、不含 90 分）为 B；70 分以上、80 分以下（含 70 分、不含 80 分）为 C；60 分以上、70 分以下（含 60 分、不含 70 分）为 D；60 分以下（不含 60 分）为 E。（不用 switch 语句）

算法提示：

（1）定义百分制成绩（整型变量）score。

（2）提示输入"Please enter score:"。

（3）读入 score。

（4）判断 score 所在的区间，对应得出 score 的等级并打印出来。

编写程序：

测试结果为：

score	打印等级
65	
54	
77	
89	
92	
100	

实验 6　选择结构程序设计（续）

一、目的要求

掌握选择结构程序设计的方法。

二、实验内容

1．从键盘输入一个字符，判断此字符属于下面哪一种。

（1）字母（a～z，A～Z）。

（2）数字字符（0～9）。

（3）其他字符。

显示相应的提示信息。

编写程序：

2．输入三角形的 3 条边长，求三角形的面积。要求检查输入的 3 条边是不是正数以及能否构成三角形（如果三角形的任意两条边的长度之和大于第三边，则可以构成三角形）。

编写程序：

输入为：

输出结果为：

3．求方程 $ax^2+bx+c=0$ 的根。a、b、c 从键盘输入，要考虑 a=0，$b^2-4ac>0$，$b^2-4ac=0$，$b^2-4ac<0$ 4 种情况。a=0 时方程不是二次方程，$b^2-4ac>0$ 时有两个不相等的实根，$b^2-4ac=0$ 时有两个相等的实根，b2–4ac<0 有两个共轭复根。

编写程序：

输入为：

输出结果为：

实验 7　循环结构程序设计

一、目的要求

1．掌握 while、do…while、for 语句的语法规则、执行流程。

2．比较 3 种循环语句的异同。

二、实验内容

思考问题：3 种循环语句的异同点是什么？能否互相转换？for 循环中的 3 个表达式与 while 循环中的表达式是如何对应的？

1．分别用 while、do…while、for 语句编程，求数列前 20 项之和：2/1，3/2，5/3，8/5，13/8，…

算法提示：

（1）定义实型变量 sum、term、a、b、c，整型变量 i。

（2）初始化：sum=0，分子 a=2，分母 b=1。

（3）初始化：计数器 i =1。

（4）计算第 i 项 term =a/b。

（5）累加 sum=sum+term。

（6）计算 c=a+b，更新 b=a，更新 a=c。

（7）计数器加 1，i++。

（8）重复步骤（4）～步骤（7），直到 i>20。

（9）输出 2 位小数的结果。

编写程序：

方法 1，用 while 语句：

方法 2，用 do…while 语句：

方法 3，用 for 语句：

3 次测试结果，数列前 20 项之和 sum 为多少？

2．计算多项式的值：s=1!+2!+3!+4!+…+20!

算法提示：该多项式迭代公式为：term=term*i，sum=sum+term。

请思考哪些变量需要初始化？变量应采用什么类型？

编写程序：

上机运行结果为：

3．36 块砖 36 人搬，男搬 4 女搬 3，小孩 2 人搬 1 砖。要求一次全搬完，问男、女、小孩各若干（人）？

算法提示：设 x、y、z 表示男、女、小孩的人数，则有不定方程：

$$\begin{cases} x+y+z=36 \\ 4x+3y+z/2=36 \end{cases}$$

用穷举法，对 x、y、z 所有可能的组合测试出满足条件的解。

x、y、z 的取值范围如下：

x：1～8，步长 1；

y：1～11，步长 1；

z：2～36，步长 2。

对 x、y、z 所有可能的组合：8×11×（36/2）重复测试条件：

4*x+3*y+z/2==36 &&x+y+z==36

是否成立，若成立则打印出 x、y、z 的值。

编写程序：

上机运行结果有几组解？男、女、小孩各多少人？

4．打印 ASCII 码值为 40～80 的 ASCII 码值对照表。

注意打印格式，如何在一行中同时打印若干列？

编写程序：

观察上机输出结果。

输出结果为：

实验 8 循环结构程序设计（续）

一、目的要求

掌握循环结构程序设计的方法。

二、实验内容

1．把 1 张 100 元的人民币兑换成 5 元、2 元和 1 元的纸币（每种都要有）共 50 张，问有哪几种兑换方案？

算法提示：可参考百钱百鸡问题，本题与之类似。

编写程序：

2．韩信点兵问题：有兵一队，若 5 人排成一行，则末行一人；6 人排成一行，则末行 5 人；7 人排成一行，则末行 4 人；11 人排成一行，则末行 10 人，问最少有多少兵？

算法提示：用兵数作循环变量进行循环测试，若满足所说的条件则输出兵数并用 break 退出循环，否则兵数加 1 继续循环。

编写程序：

3．求 100～300 间的所有素数。

算法提示：可参考第 5 章的例题，采用一个 for 循环，将例题中的多数语句作为 for 的循环体。

编写程序：

实验 9 选择、循环结构程序设计

一、目的要求

1．掌握 switch 语句的语法规则、执行流程；进一步掌握选择结构程序设计的方法。

2．进一步掌握循环结构程序设计的方法。

二、实验内容

思考问题：用 else if 语句和 switch 语句都能处理同一个问题，从程序的可读性上讲，哪一种更好？

1．给出一个百分制成绩，要求输出成绩等级 A、B、C、D、E。90 分以上（含 90 分）为 A；80 分以上、90 分以下（含 80 分、不含 90 分）为 B；70 分以上、80 分以下（含

70 分、不含 80 分）为 C；60 分以上、70 分以下（含 60 分、不含 70 分）为 D；60 分以下（不含 60 分）为 E（使用 switch 语句）。

算法提示：

（1）定义百分制成绩（整型变量）score。

（2）提示输入"Please enter score:"。

（3）读入 score。

（4）构造 switch 表达式。

（5）将 switch 表达式的值与 case 常量匹配，打印相应等级。

编写程序：

测试结果为：

score	打印等级	score	打印等级
65		89	
54		92	
77		100	

2．请用 switch 语句求一笔定期存款的到期利息：输入存款数、存款年数，输出到期利息。设存款利率为 1 年期 2%，2 年期 2.5%，3 年期 2.8%，5 年期 3%。利息计算公式为 a=p×r×n，设：a 为到期利息，p 为存款数，n 为年数，r 为利率（使用 switch 语句）。

算法提示：

（1）定义实型变量 a、p、r，整型变量 n。

（2）提示输入"Please enter p，n:"。

（3）读入 p、n。

（4）构造 switch 表达式。

（5）将 switch 表达式的值 n 与 case 常量匹配，得到存款利率 r。

（6）根据 p、n、r 计算利息 a=p*r*n。

（7）输出 2 位小数的结果。

编写程序：

测试结果为：

p	n	a
1000	1	
1000	2	
1000	3	
1000	5	

3．计算多项式前 n 项的值：s=a+aa+aaa+aaaa+…整数 a、n 由键盘输入（0<a≤9，0<n≤9）。

算法提示：该多项式迭代公式为：term=term*10+a，sum=sum+term。

请思考：哪些变量需要初始化？变量应采用什么类型？

请画出流程图：

编写程序：

输入 a=2，n=4 时上机运行结果为：

输入 a=5，n=6 时上机运行结果为：

输入 a=1，n=8 时上机运行结果为：

实验 10　一　维　数　组

一、目的要求

1．掌握一维数组的基本概念，定义一维数组和初始化一维数组的方法。

2．掌握一维数组的基本操作，如输入/输出、引用数组元素等。

3．掌握与数组有关的算法，例如找最大或最小值、排序、数列首尾颠倒等。

二、实验内容

思考问题：如何定义一维数组？如何初始化一维数组？int a[10]；定义了几个数组元素？各数组元素如何表示（引用）。

1．某整数数组 a 具有 8 个数组元素，用冒泡法对这些元素从小到大进行排序。8 个数组元素用 scanf 函数输入。

输入为：

运行结果为：

2．将一个数列首尾颠倒。设该数列为 1，3，6，7，9，11，15。要求按 15，11，9，7，6，3，1 的顺序存放并输出。

算法提示：先找到数组的中点位置，然后依次将首尾元素交换。

编写程序：

实验 11　二　维　数　组

一、目的要求

1．掌握二维数组的基本概念，定义二维数组和初始化二维数组的方法。

2．掌握二维数组的基本操作：引用数组元素、行（列）求和，整个数组的输入/输出等。

二、实验内容

思考问题：说出二维数组的存储结构。二维数组的输入/输出采用什么方法？

1．求一个 5×6 矩阵的所有靠外侧的元素之和，元素均为整数。

编写程序：

输入数据：

运行结果为：

2．分别求一个 4×4 矩阵的一条对角线上的元素之和与另一条对角线上的元素之和的乘积。

编写程序：

输入数据：

运行结果为：

3．打印杨辉三角形前 10 行。

```
1
1  1
1  2  1
1  3  3  1
1  4  6  4  1
1  5  10  10  5  1
…
```

算法提示：N-S 图如图 13.1 所示。

编写程序：

运行程序。

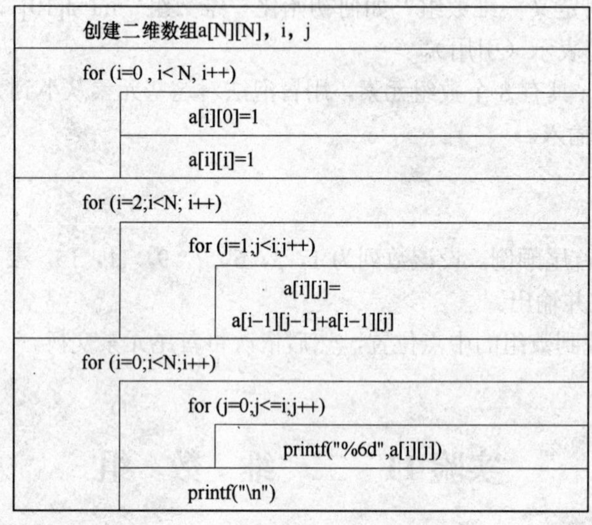

图 13.1　打印杨辉三角形的 N-S 图

实验 12　字符数组和字符串

一、目的要求

1．掌握字符数组的基本概念，定义字符数组和初始化字符数组的方法。

2．掌握字符数组和字符串的关系，用字符串初始化字符数组的方法。

3．了解常用字符串处理函数的使用方法。

二、实验内容

思考问题：字符串的结构是怎样的？字符数组可以用字符串来初始化，这时要注意什么？设 char word[10]= "China"，那么 strlen（word）=? sizeof（word）=?（sizeof 函数求表达式和类型的字节数）常用的字符串处理函数有哪些？

1．输出钻石图形，用字符串初始化二维字符数组编写程序。上机验证。

```
  *
 * *
*   *
 * *
  *
```

提示：用 char a[][5]={{' ',' ','*'},{' ','*',' ','*'},{'*',' ',' ',' ','*'},{' ','*',' ','*'},{' ',' ','*'}};初始化。

编写程序：

运行程序。

2．输出下面几何图形。

```
*****
 *****
  *****
   *****
    *****
```

编写程序：

运行程序。

3．将字符数组 a 中下标为单号（1，3，5，…）的元素值赋给另一个字符数组 b，然后输出 a 和 b 的内容。

编写程序：

输入字符串 a：

输出字符串：

a=
b=

4．输入一行字符，统计其中有多少个单词。比如，输入“I　am　a　boy”，有 4 个单词。

算法提示：令 num 为单词数目（初值为 0），word=0 表示字符为空格，word=1 表示字符不是空格，word 初值为 0。

如果当前字符是空格，令 word=0，否则如果当前字符不是空格，而 word=0，说明出现新单词，令 num+=1，word=1。

（1）创建字符数组 char string[81]。

（2）初始化 num=0，word=0。

（3）输入一行字符 string。

（4）重复执行以下操作，直到遇到空字符。

如果 string[i] =空格，令 word=0；

否则如果 word=0，令 word=1，num++。

（5）输出 num。

编写程序：

输入一行字符：

统计结果：

num=

实验 13　函　数　（一）

一、目的要求

1．掌握函数、函数参数的基本概念。

2．定义和调用用户自定义函数的语法规则。

3．掌握函数声明的概念及函数声明的时机。

二、实验内容

思考问题：调用库函数时应在程序开头添加什么命令？什么是 void 函数？void 函数与有返回值函数的调用格式有什么不同？形参、实参的对应有什么规定？

1．根据下列公式，编写一个函数 fun(float x)，并编写一个主函数调用它。要求在主函数中输入已知值和输出结果。

$$y=\begin{cases}x^2-6x+1 & x<0\\ x^3+2x-5 & x\geqslant 0\end{cases}$$

编写程序：

运行结果为：

2．编写一个函数 prt(char c,int n)，重复输出给定的字符 c（这里的 c 是@），输出 n 次。在主函数中调用该函数，输出如下的直角三角形。

```
@
@@
@@@
@@@@
@@@@@
@@@@@@
```

函数 prt(char c,int n)完成输出一行的功能，是一个 void 函数，有两个形参。

编写程序：

运行程序。

实验 14　函　数　（二）

一、目的要求

1．了解或掌握函数的嵌套调用规则。

2．了解或掌握函数的递归适合用于解决什么问题及其使用方法。

3．掌握数组元素作函数实参、数组名作函数参数的优缺点。

二、实验内容

思考问题：递归算法是利用函数处理问题的技术。递归函数每一次调用都保存了形参和变量的值；然后通过逐次返回上一次调用，实现回代过程，从而解决原始问题。

1．用函数的嵌套编写程序计算$\sum_{i=0}^{n} i!$的值，n 为大于等于 0 的整数。

编写程序：

输入 n=6，输出结果是：

2．用递归方法求 n 阶勒让德多项式的值，递归公式如下：

$$p_n(x)=\begin{cases}1 & n=0\\ x & n=1\\ ((2n-1)x-p_{n-1}(x)-(n-1)p_{n-2}(x))/n & n\geqslant 1\end{cases}$$

编写程序：

输入 x=3，n=5，输出结果为：

3．数组元素作函数实参，求数组 5 个元素（实数）的立方和。

编写程序：

输入为：

运行结果为：

4．数组名作函数实参，求数组 5 个元素（实数）的立方和。

编写程序：

输入为：

运行结果为：

实验 15 函 数 （三）

一、目的要求

1．了解或掌握局部变量、全局变量的作用域和使用场合。

2．了解或掌握 auto、register、extern 和 static 变量的生存期和使用场合。

3．掌握#define 命令的用法。

4．掌握使用宏的方法。

二、实验内容

思考问题：尽量不使用全局变量的原因是什么？带参的宏在定义时需注意什么问题？

1．分析下面程序的运行结果，为什么会出现这种结果？

```
#include "stdio.h"
void fun(int i,int j);
main()
{
    int i,j,x,y,n,g;
    i=2,j=3,g=x=5,y=9,n=7;
    fun(n,6);
    printf("g=%d;i=%d;j=%d\n",g,i,j);
    printf("x=%d;y=%d\n",x,y);
```

```
    fun(n,6);
}

void fun(int i,int j)
{
    int x,y,g;
    g=8;x=7;y=2;
    printf("g=%d;i=%d;j=%d\n",g,i,j);
    printf("x=%d;y=%d\n",x,y);
    x=8,y=6;
}
```

运行结果为：

分析：

2．分析下面程序的运行结果，为什么会出现这种结果。

```
#include "stdio.h"
void incx(void);
void incy(void);
main()
{
    incx();
    incy();
    incx();
    incy();
    incx();
    incy();
}

void incx(void)
{
    int x=0;
    printf("x=%d\t",++x);
}

void incy(void)
{
    static int y=0;
    printf("\ny=%d\n",++y);
}
```

运行结果为：

分析：

3．分析下面程序的运行结果，为什么会出现这种结果？

```
#include "stdio.h"
#define MAX 3
int a[MAX];
void fun1(void);
void fun2(b[ ]);
```

```
main()
{
    fun1();
    fun2(a);
    printf("\n");
}

void fun1(void)
{
    int   k,t=0;
    for (k=0;k<MAX;k++,t++)     a[k]=t+t;
}

void fun2(b[])
{
    int k;
    for(k=0;k< MAX;k++)     printf("%d",b[k]);
}
```

运行结果为：

分析：

4．定义一个带参的宏，求两个整数（例如 97 和 62）相除所得的余数。并编写 main 函数，输入这两个整数，输出结果。

编写程序：

运行结果为：

5．定义一个宏，将大写字母变成小写字母。并编写 main 函数，输入大写字母，输出由该宏转换成的小写字母。

编写程序：

输入大写字母 A：

输出结果为：

实验 16　指　针　(一)

一、目的要求

1．掌握指针的基本概念。

2．掌握指针变量的定义和初始化。

二、实验内容

思考问题：在 int a=2,*p;*p=2;中，两个*的作用有什么不同？

1．两个指针变量各自指向一个整型变量，请使这两个指针变量交换指向。

编写程序：

运行结果为：

2．两个指针变量各自指向一个整型变量，请交换这两个指针变量所指向的变量的值。

编写程序：

运行结果为：

3．有 3 个整型变量 i、j、k。请编写程序，设置 3 个指针变量 p1、p2、p3，分别指向 i、j、k。然后通过指针变量使 i、j、k 这 3 个变量的值顺序交换，即原来 i 的值赋给 j，原来 j 的值赋给 k，原来 k 的值赋给 i。i、j、k 的原值由键盘输入，要求输出 i、j、k 的原值和新值。

提示：可参考［例 9.3］。

编写程序：

运行结果为：

4．从键盘输入 3 个整数给整型变量 i、j、k，要求设置 3 个指针变量 p1、p2、p3 分别指向 i、j、k，通过比较使 p1 指向 3 个数的最大者，p2 指向次大者，p3 指向最小者，然后由从大到小的顺序输出 3 个数。

提示：*p1 与*p2 比较，若*p1<*p2，则*p1 与*p2 交换；*p1 与*p3 比较，若*p1<*p3，则*p1 与*p3 交换；*p2 与*p3 比较，若*p2<*p3，则*p2 与*p3 交换。经过这 3 次比较，即可使*p1 最大，*p2 次之，*p3 最小。

编写程序：

运行结果为：

实验 17　指　针　（二）

一、目的要求

1．掌握用指针作函数参数的编程方法。

2．掌握使用指向函数的指针的使用方法。

3．掌握返回指针值的函数（函数的返回值是指针）。

二、实验内容

思考问题：使用指针有什么优越性？

1．练习指针作为函数参数。使用指针，定义一个函数，能够将 main 函数传递过来的 3 个整型数据按从小到大的顺序排好序；在 main 函数中输出排序的正确结果。

提示：可参考［例 9.4］。

编写程序：

运行结果为：

2．练习指向函数的指针。编写一个函数，求 3 个实数的最小者；在 main 函数中定义指向函数的指针变量调用它。

提示：可参考［例 9.6］。

编写程序：

运行结果为：

3．练习返回指针值的函数。编写一个函数，求某班级学生的某门课的最高分（整数）、最低分（整数）、平均分（实数，保留 2 位小数）和成绩优秀（大于等于 90 分）的学生的平均分（实数，保留 2 位小数）。要求学生的成绩在 main 函数中输入，所求结果也在 main

函数中输出。用返回指针的函数实现。

提示：可参考［例 9.11］。

编写程序：

输入：

运行结果为：

实验 18　指　针　（三）

一、目的要求

1．掌握指针与数组的关系，通过指针访问数组。

2．掌握使用指针数组来处理字符串数组。

3．掌握指向字符串的指针。

4．练习使用带参的 main 函数。

二、实验内容

思考问题：用下标法和指针法访问数组元素时，各有哪些表示方法？

1. 分别用下标法、指针法（指针变量 p）访问数组 a[10]={–2,–10,0,–1,7,99,–35,43,61,–8}，用这两种方法输出数组各元素的值，每种方法输出的 10 个元素在一行上。

编写程序：

下标法：

指针变量法：

运行结果为：

2．练习指针数组。有 3 个字符串"China"、"America"、"France"，请按字母顺序（A、C、F）的逆顺序（F、C、A）输出这 3 个字符串。（要求用指针数组指向这 3 个字符串。）

编写程序：

运行结果为：

3. 练习指针与字符串。在一行字符串中删除指定的字符。例如，在“I study C Language”中删去字符“C”。

编写程序：

运行结果为：

4．练习［例 9.26］和［例 9.27］。

实验 19　结 构 体 与 链 表

一、目的要求

1．掌握结构体类型、结构体变量的定义和引用。

2．了解或掌握链表的概念，对链表进行操作。

二、实验内容

思考问题：结构体应用于什么场合？

1．某班有 10 位学生，每位学生的数据包括学号、姓名、性别、3 门课成绩，计算平均分，输出一张成绩单。

格式如下：

姓名　性别　英语　数学　语文　平均分

编写程序：

运行结果为：

2．对候选人得票的统计程序。设有 3 个候选人，每次输入一个得票的候选人名字（设有 10 个投票人），最后输出各候选人得票结果。要求用结构体类型实现。

编写程序：

运行结果为：

3．将一个链表按逆序排列，即将链头当链尾，链尾当链头。

编写程序：

运行结果为：

实验 20　共用体与枚举

一、目的要求

1．了解或掌握共用体类型、共用体变量的定义和引用。

2．了解或掌握枚举类型、枚举变量的定义和引用。

二、实验内容

思考问题：共用体占用内存的字节数由什么决定？

1．将 4 个字节拼成 long 型数，这 4 个字符为'a'、'b'、'c'、'd'。编写函数，把由这 4 个字符连续组成的 4 个字节内容作为一个 long int 数输出（用共用体类型）。

编写程序：

运行结果为：

2．口袋中有红、黄、蓝、白、黑 5 种颜色的球若干个，每次从口袋中取出 3 个。问得到 3 种不同色球的可能取法，打印每种组合的 3 种颜色（用枚举类型）。

编写程序：

运行结果为：

实验 21　位　操　作

一、目的要求

1．了解或掌握按位运算的概念和方法，学会使用位运算符。

2．了解或掌握通过位运算实现对某些位的操作。

3．了解位段的概念及使用。

二、实验内容

思考问题：清零和保留某一位用什么位运算实现？什么位运算可以将一个数据的某位

翻转？

1．用位运算方法实现将一个整数 i 的高字节和低字节输出。

编写程序：

运行结果为：

2．设计一个函数，给出一个数的原码，能得到该数的补码（要考虑该数是正数还是负数）。

编写程序：

运行结果为：

3．编写函数，实现左右循环移位。函数名为 move，调用方法为：

```
move(value,n)
```

其中 value 为要循环位移的数，n 为位移的位数。如 n<0 表示左移，当 n= –3，则要左移 3 位；n>0 为右移，当 n=4 则要右移 4 位。

编写程序：

运行结果为：

实验 22　文　　件

一、目的要求

1．掌握文件以及缓冲文件系统的有关概念。

2．掌握使用文件打开、关闭、读/写等函数。

二、实验内容

思考问题：二进制数据的存储形式和 ASCII 码的存储形式有什么不同？对一个文件操作后为什么要关闭？

1．从键盘输入一个字符串，把它输出到磁盘文件 file1.dat 中。

编写程序：

2．有 5 个学生，每个学生的信息包括学号、姓名、3 门课成绩。要求从键盘输入以上数据，计算出平均成绩，将原有数据和平均成绩输出到 stud.dat 文件中。

编写程序：

附录 A

ASCII 字符编码一览表

ASCII	字符	控制字符	ASCII	字符	控制字符	ASCII	字符	控制字符	ASCII	字符	控制字符	ASCII	字符	控制字符
000	null	NUL	023	↨	ETB	046	。		069	E		092	\	
001	☺	SOH	024	↑	CAN	047	/		070	F		093	]	
002	☻	STX	025	↓	EM	048	0		071	G		094	^	
003	♥	ETX	026	→	SUB	049	1		072	H		095	_	
004	♦	EOT	027	←	ESC	050	2		073	I		096	`	
005	♣	ENQ	028	∟	FS	051	3		074	J		097	a	
006	♠	ACK	029	↔	GS	052	4		075	K		098	b	
007	beep	BEL	030	▲	RS	053	5		076	L		099	c	
008	backspace	BS	031	▼	US	054	6		077	M		100	d	
009	tab	HT	032	(space)		055	7		078	N		101	e	
010	换行	LF	033	!		056	8		079	O		102	f	
011	♂	VT	034	"		057	9		080	P		103	g	
012	♀	FF	035	#		058	:		081	Q		104	h	
013	回车	CR	036	$		059	;		082	R		105	i	
014	♫	SO	037	%		060	<		083	S		106	j	
015	☼	SI	038	&		061	=		084	T		107	k	
016	►	DLE	039	'		062	>		085	U		108	l	
017	◄	DC1	040	(		063	?		086	V		109	m	
018	↕	DC2	041	)		064	@		087	W		110	n	
019	‼	DC3	042	*		065	A		088	X		111	o	
020	¶	DC4	043	+		066	B		089	Y		112	p	
021	§	NAK	044	,		067	C		090	Z		113	q	
022	▬	SYN	045	−		068	D		091	[		114	r	

续表

ASCII	字符	控制字符	ASCII	字符	控制字符	ASCII	字符	控制字符	ASCII	字符	控制字符	ASCII	字符	控制字符
115	s		144	É		173	¡		202	╩		231	τ	
116	t		145	æ		174	«		203	╦		232	Φ	
117	u		146	Æ		175	»		204	╠		233	Θ	
118	v		147	ô		176	░		205	═		234	Ω	
119	w		148	ö		177	▒		206	╬		235	δ	
120	x		149	ò		178	▓		207	╧		236	∞	
121	y		150	û		179	│		208	╨		237	ø	
122	z		151	ù		180	┤		209	╤		238	ε	
123	{		152	ÿ		181	╡		210	╥		239	∩	
124	¦		153	ö		182	╢		211	╙		240	≡	
125	}		154	Ü		183	╖		212	╘		241	±	
126	~		155	¢		184	╕		213	╒		242	⩾	
127	⌂		156	£		185	╣		214	╓		243	⩽	
128	Ç		157	¥		186	║		215	╫		244	⌠	
129	Ü		158	Pt		187	╗		216	╪		245	⌡	
130	é		159	*f*		188	╝		217	┘		246	÷	
131	â		160	á		189	╜		218	┌		247	≈	
132	ä		161	í		190	╛		219	█		248	°	
133	à		162	ó		191	┐		220	▄		249	•	
134	å		163	ú		192	└		221	▌		250	·	
135	ç		164	ñ		193	┴		222	▐		251	√	
136	ê		165	Ñ		194	┬		223	▀		252	π	
137	ë		166	ª		195	├		224	α		253	²	
138	è		167	º		196	─		225	β		254	■	
139	ï		168	¿		197	┼		226	Γ		255	空格	
140	î		169	⌐		198	╞		227	Π				
141	ì		170	¬		199	╟		228	Σ				
142	Ä		171	½		200	╚		229	σ				
143	Å		172	¼		201	╔		230	μ				

说明：

（1）000～127 是标准的，128～255 是扩展的。

（2）控制字符通常用于控制和通信。

（3）007 为响铃（beep），011 为起始位置（home），012 为换页（form feed），032 为空格（space），255 为空格（blank 'FF'）。

（4）ASCII 的 032 之后，无控制字符。

附录 B

C 语言的关键字及其用途

C 语言的关键字共计 32 个。

用途	关键字	说　　明
数据类型	char	一个字节长的字符值
	short	短整数
	int	整数
	unsigned	无符号类型，最高位不作符号位
	long	长整数
	float	单精度实数
	double	双精度实数
	struct	用于定义结构体的关键字
	union	用于定义共用体的关键字
	void	空类型，用它定义的对象不具有任何值
	enum	定义枚举类型的关键字
	signed	有符号类型，最高位作符号位
	const	表明这个量在程序执行过程中不可变
	volatile	表明这个量在程序执行过程中可被隐含的改变
存储类别	typedef	用于定义同义数据类型
	auto	自动变量
	register	寄存器类型
	static	静态变量
	extern	外部变量声明
流程控制	break	退出最内层的循环或 switch 语句
	case	switch 语句中的情况选择
	continue	跳到下一轮循环

续表

用途	关键字	说　明
流程控制	default	switch 语句中其余情况标号
	do	在 do…while 循环中的循环起始标记
	else	if 语句中的另一种选择
	for	带有初值、测试和增量的一种循环
	goto	转移到标号指定的地方
	if	语句的条件执行
	return	返回到调用函数
	switch	从所有列出的动作中做出选择
	while	在 while 和 do…while 循环中语句的条件执行
运算符	sizeof	计算表达式和类型的字节数

附录 C

C 运算符的优先级别和结合方向

C 语言的运算符的优先级共计 15 种，运算符共计 34 种。

优先级	类型	运算符	名　称	结合方向	举　例
1		()	圆括号	自左至右	(a+b)*c
		[ ]	下标		score[3]
		->	指向成员		pt->name
		.	成员		stu.num
2	单目	!	逻辑非	自右至左	!a
		～	按位反		～0
		++	自增		i++,++i
		--	自减		j--,--j
		-	负		-x
		（类型）	强制类型转换		(double)x
		*	指针		i=*p
		&	取地址		p=&i
		sizeof	长度		sizeof(int)
3	算术（双目）	*	乘	自左至右	a*b
		/	除		a/b
		%	求余		7%3
4	算术（双目）	+	加	自左至右	a+b
		-	减		a-b
5	位运算（双目）	<<	左移	自左至右	a<<2
		>>	右移		a>>2
6	关系（双目）	>	大于	自左至右	if(x>y)
		>=	大于等于		if (x>=0)

续表

<table>
<tr><th>优先级</th><th>类型</th><th>运算符</th><th>名　称</th><th>结合方向</th><th>举　例</th></tr>
<tr><td rowspan="2">6</td><td rowspan="2">关系（双目）</td><td><</td><td>小于</td><td rowspan="2">自左至右</td><td>for(i=0;i<n;i++)</td></tr>
<tr><td><=</td><td>小于等于</td><td>for(i=0;i<=n;i++)</td></tr>
<tr><td rowspan="2">7</td><td rowspan="2">关系（双目）</td><td>==</td><td>等于</td><td rowspan="2">自左至右</td><td>if (x==y)</td></tr>
<tr><td>!=</td><td>不等于</td><td>while (i!=0)</td></tr>
<tr><td>8</td><td>按位（双目）</td><td>&</td><td>按位与</td><td>自左至右</td><td>0377&a</td></tr>
<tr><td>9</td><td>按位（双目）</td><td>∧</td><td>按位异或</td><td>自左至右</td><td>～2∧a</td></tr>
<tr><td>10</td><td>按位（双目）</td><td>|</td><td>按位或</td><td>自左至右</td><td>～0|a</td></tr>
<tr><td>11</td><td>逻辑（双目）</td><td>&&</td><td>逻辑与</td><td>自左至右</td><td>if((x>y)&&(a>b))</td></tr>
<tr><td>12</td><td>逻辑（双目）</td><td>||</td><td>逻辑或</td><td>自左至右</td><td>if((a>0)||(a<5))</td></tr>
<tr><td>13</td><td>条件（三目）</td><td>?:</td><td>则，否则</td><td>自右至左</td><td>max=(x>y)?a:b</td></tr>
<tr><td>14</td><td>赋值（双目）</td><td>= += -=
*= /= %=
>>= <<=
&= ∧= |=</td><td>赋值或算术赋值</td><td>自右至左</td><td>a=b
a+=b(即 a=a+b)
a%=b(即 a=a%b)</td></tr>
<tr><td>15</td><td>顺序</td><td>,</td><td>逗号（顺序求值）</td><td>自左至右</td><td>for(sum=0,i=0;i<n;i++,sum+=i)</td></tr>
</table>

说明：

当一个表达式中出现两个或两个以上的优先级相同的运算符时，优先次序（先执行哪一个运算符）由结合方向决定。

例如表达式 x/y*z，从表中可知式中的运算符/和*的优先级相同（都是 3 级），由于表中指明/和*的结合方向为自左至右，因此先执行左边的/，进行 x/y 的运算，然后再执行右边的*，进行乘以 z 的运算，即(x/y)*z。数学上理解为：x/y*z 中有乘有除，乘和除优先级相同，按从左到右的顺序执行，先除后乘，相当于(x/y)*z。

再例如表达式*++p，从表中可知式中的运算符*和++的优先级相同（都是 2 级），由于表中指明*和++的结合方向为自右至左，因此先执行右边的++，进行++p 的运算，然后再执行左边的*，进行*的运算，即*(++p)。数学上理解为：*++p 中有*、有++，*和++优先级相同，按从右到左的顺序执行，先++，后*，相当于*(++p)。

结合方向只用于表达式中出现两个或两个以上的优先级相同的运算符的情况。

附录 D C 语言库函数

1．数学函数

使用数学函数时，应该在该源文件中使用以下命令行：

#include "math.h"或#include <math.h>

函数名	函数原型	功　　能	返回值	说　　明
abs	int abs(int x);	求整数 x 的绝对值	计算结果	
acos	double acos(double x);	计算 $\cos^{-1}(x)$的值	计算结果	x 应在−1 到 1 范围内
asin	double asin(double x);	计算 $\sin^{-1}(x)$的值	计算结果	x 应在−1 到 1 范围内
atan	double atan(double x);	计算 $\tan^{-1}(x)$的值	计算结果	
atan2	double atan2(double x,double y);	求 $\tan^{-1}(x/y)$值	计算结果	
cos	double cos(double x);	计算 cos(x)的值	计算结果	x 的单位为弧度
cosh	double cosh(double x);	计算 x 的双曲余弦 cosh(x)的值	计算结果	
exp	double exp(double x);	求 e^x 的值	计算结果	
fabs	double fabs(double x);	求 x 的绝对值	计算结果	
floor	double floor(double x);	求出不大于 x 的最大整数	该整数的双精度实数	
fmod	double fmod(double x,double y);	求整除 x/y 的余数	返回余数的双精度数	
frexp	double frexp(double val,int *eptr);	把双精度 val 分解为数字部分（尾数）x 和以 2 为底的指数 n，即 $val=x*2^n$，n 存放在 eptr 指向的变量中	返回数字部分 x 0.5≤x＜1	
log	double log(double x);	求 lnx	计算结果	
log10	double log10(double x);	求 $\log_{10}x$	计算结果	
modf	double modf(double val,double *iptr);	把双精度数 val 分解为整数部分和小数部分，把整数部分存到 iptr 指向的单元	val 的小数部分	
pow	double pow(double x,double y);	计算 x^y 的值	计算结果	

续表

函数名	函数原型	功　能	返回值	说　明
sin	double sin(double x);	计算 sinx 的值	计算结果	x 单位为弧度
sinh	double sinh(double x);	计算 x 的双曲正弦函数 sinh(x)	计算结果	
sqrt	double sqrt(double x);	计算 x 的算术平方根 $\sqrt{x}$	计算结果	x 应≥0
tan	double tan(double x);	计算 tan(x)的值	计算结果	x 单位为弧度
tanh	double tanh(double x);	计算 x 的双曲正切函数 tanh(x)的值	计算结果	

2．字符函数

ANSI C 标准要求在使用字符函数时需包含头文件“ctype.h”。

函数名	函数原型	功　能	返回值
isalnum	int isalnum(int ch);	检查 ch 是否是字母或数字	是，返回 1；否，返回 0
isalpha	int isalpha(int ch);	检查 ch 是否是字母	是，返回 1；否，返回 0
iscntrl	int iscntrl (int ch);	检查 ch 是否是控制字符（其 ASCII 码在 0 和 0x1F 之间）	是，返回 1；否，返回 0
isdigit	int isdigit(int ch);	检查 ch 是否是数字（0～9）	是，返回 1；否，返回 0
isgraph	int isgraph(int ch);	检查 ch 是否是可打印字符（其 ASCII 码在 0x21 和 0x7E 之间），不包括空格	是，返回 1；否，返回 0
islower	int islower(int ch);	检查 ch 是否是小写字母（a～z）	是，返回 1；否，返回 0
isprint	int isprint(int ch);	检查 ch 是否是可打印字符（包括空格），其 ASCII 码在 0x20 和 0x7E 之间	是，返回 1；否，返回 0
ispunct	int ispunct(int ch);	检查 ch 是否是标点符号（不包括空格），即除字母、数字、空格以外的所有可打印字符	是，返回 1；否，返回 0
isspace	int isspace(int ch);	检查 ch 是否是空格、跳格符（制表符）或换行符	是，返回 1；否，返回 0
isupper	int isupper(int ch);	检查 ch 是否是大写字母（A～Z）	是，返回 1；否，返回 0
isxdigit	int isxdigit(int ch);	检查 ch 是否是一个十六进制数学字符（即 0～9，或 A～F，或 a～f）	是，返回 1；否，返回 0
tolower	int tolower(int ch);	将 ch 字符转换为小写字母	返回 ch 所代表的字符的小写字母
toupper	int toupper(int ch);	将 ch 字符转换为大写字母	与 ch 相应的大写字母

3．字符串函数

在使用字符串函数时要包含头文件“string.h”。

函数名	函数原型	功　能	返　回　值
strcat	char *strcat(char *str1,char *str2);	把字符串 str2 接到 str1 后面，str1 最后面的'\0'被取消	str1
strchr	char *strchr(char *str,int ch);	找出 str 指向的字符串中第一次出现字符 ch 的位置	返回指向该位置的指针，如找不到，返回空指针
strcmp	int strcmp(char *str1,char *str2);	比较两个字符串 str1 和 str2	str1<str2，返回负数； str1=str2，返回 0； str1>str2，返回正数
strcpy	char *strcpy(char *str1,char *str2);	把 str2 指向的字符串拷贝到 str1 中去	返回 str1
strlen	unsigned int strlen(char *str);	统计字符串 str 中字符的个数（不包括终止符'\0'）	返回字符个数
strstr	char *strstr(char *str1,char *str2);	找出 str2 在 str1 字符串中第一次出现的位置（不包括 str2 的串结束符）	返回该位置的指针，如找不到，返回空指针

4. 输入/输出函数

凡用以下的输入/输出函数，要包含头文件“stdio.h”。

函数名	函数原型	功　能	返回值	说　明
clearerr	void clearerr(FILE *fp);	使 fp 所指文件的错误，标志和文件结束标志置 0	无	
close	int close(int fp);	关闭文件	关闭成功返回 0；不成功，返回–1	非 ANSI 标准
creat	int creat(char *filename,int mode);	以 mode 所指定的方式建立文件	成功则返回正数；否则，返回–1	非 ANSI 标准
eof	int eof(int fd);	检查文件是否结束	遇文件结束返回 1；否则返回 0	非 ANSI 标准
fclose	int fclose(FILE *fp);	关闭 fp 所指的文件；释放文件缓冲区	有错则返回非 0；否则，返回 0	
feof	int feof(FILE *fp);	检查文件是否结束	遇文件结束符返回非零值；否则，返回 0	
fgetc	int fgetc(FILE *fp);	从 fp 所指定的文件中取得下一个字符	返回所得到的字符，若读入出错返回 EOF	
fgets	char*fgets(char *buf,int n,FILE *fp);	从 fp 所指向的文件读取一个长度为 n–1 的字符串，存入起始地址为 buf 的空间	返回地址 buf，如遇文件结束或出错，返回 NULL	
fopen	FILE *fopen(char *filename,char *mode);	以 mode 指定的方式打开名为 filename 的文件	成功，返回一个文件指针（信息区的起始地址）；否则返回 0	
fprintf	int fprintf(FILE *fp,char *format,args,…);	把 args 的值以 format 指定的格式输出到 fp 所指定的文件中	实际输出的字符数	
fputc	int fputc(char ch,FILE *fp);	将字符 ch 输出到 fp 所指向的文件中	成功，则返回该字符；否则返回 EOF	
fputs	int fputs(char *str,FILE *fp);	将 str 指向的字符串输出到 fp 所指定的文件中	返回 0，若出错返回非 0	
fread	int fread(char *pt,unsigned size,unsigned n,FILE *fp);	从 fp 所指定的文件中读取长度为 size 的 n 个数据项，存到 pt 所指向的内存区	返回所读的数据项个数，如果遇到文件结束或出错返回 0	

续表

函数名	函数原型	功　能	返回值	说　明
fscanf	int fscanf(FILE *fp,char format,args,…);	从 fp 指定的文件中按 format 给定的格式将输入数据送到 args 所指的内存单元（args 是指针）	已输入的数据个数	
fseek	int fseek(FILE *fp,long offset,int base);	将 fp 所指向的文件的位置指针移到以 base 所指的位置为基准、以 offset 为位移量的位置	返回当前位置，否则返回–1	
ftell	long ftell(FILE *fp);	返回 fp 所指向的文件中的读/写位置	返回 fp 所指向的文件中的读写位置	
fwrite	intfwrite(char *ptr,unsigned size,unsigned n,FILE *fp);	把 ptr 所指向的 n×size 个字节输出到 fp 所指的文件中	写到 fp 文件中的数据项的个数	
getc	int getc(FILE *fp);	从 fp 所指向的文件中读入一个字符	返回所读的字符，若文件出错或结束，返回 EOF	
getchar	int getchar();	从标准输入设备读取下一个字符	所读字符。若文件结束或出错，则返回–1	
gets	char gets(char *str);	从标准输入设备读取一个字符串，并把它们放入 str 所指向的字符数组中	成功，返回 str 的值；否则，返回 NULL	
getw	int getw(FILE *fp);	从 fp 所指向的文件读取下一个字（整数）	输入的整数。如文件结束或出错，返回–1	非 ANSI 标准
open	int open(char *filename,int mode);	以 mode 指出的方式打开已存在的名为 filename 的文件	返回文件号（正数）。如打开失败，返回–1	非 ANSI 标准
printf	int printf(char *format,args,…);	按 format 指向的格式字符串所规定的格式，将输出表列 args 的值输出到标准输出设备	输出字符的个数，若出错，返回负数	format 可以是一个字符串，或字符数组的起始地址
putc	int putc(int ch,FILE *fp);	把一个字符 ch 输出到 fp 所指的文件中	输出的字符 ch，若出错，返回 EOF	
putchar	int putchar(char ch);	把字符 ch 输出到标准输出设备	输出的字符 ch，若出错，返回 EOF	
puts	int puts(char *str);	把 str 指向的字符串输出到标准输出设备，将'\0'转换为回车换行	返回换行符，若失败，返回 EOF	
putw	int putw(int w,FILE *fp);	将一个整数 w（即一个字）写到 fp 指向的文件中	返回输出的整数，若出错，返回 EOF	非 ANSI 标准
read	int read(int fd,char *buf,unsigned count);	从文件号 fd 所指的文件中读 count 个字节到由 buf 指示的缓冲区中	返回真正读入的字节个数，如遇到文件结束返回 0，出错返回–1	非 ANSI 标准
rename	int rename(char *oldname,char *newname);	把由 oldname 所指的文件名，改为由 newname 所指的文件名	成功返回 0，失败返回–1	
rewind	void rewind(FILE *fp);	将 fp 指示的文件中的位置指针置于文件开头位置，并清除文件结束标志和错误标志	无	

续表

函数名	函数原型	功　能	返回值	说　明
scanf	int scanf (char *format,args,…);	从标准输入设备按 format 指向的格式字符串规定的格式，输入数据给 args 所指向的单元	读入并赋给 args 的数据个数，遇文件结束返回 EOF，出错返回 0	args 为指针
write	int write(int fd,char *buf,unsigned count);	从 buf 指示的缓冲区输出 count 个字符到 fd 所标志的文件中	返回实际输出的字节数，如出错返回–1	非 ANSI 标准

5. 动态存储分配函数

ANSI 标准建议设 4 个有关的动态存储分配的函数，即 calloc、malloc、free、realloc。实际上，许多 C 编译系统实现时，往往增加了一些其他函数。ANSI 标准建议在 stdlib.h 头文件中包含有关的信息，但许多 C 编译要求用 malloc.h 而不是 stdlib.h。读者在使用时应查阅有关手册。

ANSI 标准要求动态分配系统返回 void 指针。void 指针具有一般性，它不规定指向任何具体的类型的数据。但目前绝大多数 C 编译所提供的这类函数都返回 char 指针。无论是以上两种情况的哪一种，都需要用强制类型转换的方法把 char 指针转换成所需要的类型。

函数名	函数原型	功　能	返　回　值
calloc	void *calloc(unsigned n,unsign size);	分配 n 个数据项的内存连续空间，每个数据项的大小为 size	分配内存单元的起始地址，如不成功，返回 0
free	void free(void *p);	释放 p 所指的内存区	无
malloc	void *malloc(unsigned size);	分配 size 字节的存储区	所分配的内存区地址，如内存不够，返回 0
realloc	void *realloc(void *p,unsigned size);	将 p 所指出的已分配的内存区的大小改为 size，size 可以比原来分配的空间大或小	返回指向该内存区的指针

6. 其他函数

使用以下函数，要包含头文件“stdlib.h”。

函数名	函数原型	功　能	返　回　值
abs	int abs(int num);	计算整数 num 的绝对值	返回 num 的绝对值
atof	double atof(char *str);	把 str 指向的 ASCII 字符串转换成一个 double 型数值	返回双精度的结果
atoi	int atoi(char *str);	把 str 指向的字符串转换成整数	返回整数结果
atol	long atol(char *str);	将字符串转换成一个长整型值	返回长整数结果
exit	void exit(int status);	使程序立即正常地终止，status 的值传给调用过程	无
labs	long labs(long num);	计算 num 的绝对值	返回长整数 num 的绝对值
rand	int rand();	产生一个伪随机数	返回一个 0 到 RAND_MAX 之间的一个整数，RAND_MAX 是在头文件中定义的随机数最大可能值，Turbo

续表

函数名	函数原型	功　能	返　回　值
rand	int rand();	产生一个伪随机数	C2.0 和 VC++ 6.0 的 RAND_ MAX 为 32767
srand	void scrand(unsigned int seed)	初始化随机数发生器（产生 rand 函数用的随机数种子）	无

附录E

转义字符及含义

字符形式	含　义	ASCII码
\n	换行，移动到下一行开头	10
\r	回车，移动到本行开头（但不换行）	13
\b	退格	8
\a	响铃	7
\t	水平制表，跳到下一个tab位置	9
\'	单引号字符	39
\"	双引号字符	34
\\	反斜杠字符“\”	92
\ddd	1～3位八进制数所代表的字符	
\xhh	1～2位十六进制数所代表的字符	

这里，转义字符的意思是将反斜杠（\）后面的字符转换成另外的意义。例如'\n'中的“n”不代表字母n而作为换行符。

使用'\ddd'和'\xhh'表示方法可以表示字符集里的任一字符，包括某些难以输入和显示的控制字符。如用'\376'（376是八进制，对应的十进制为254）代表ASCII码中的图形符号“■”。

需要注意的是，上面介绍的由“\”开头的转义字符，仅代表一个字符，而不代表多个字符，它仅代表相应系统中的一个编码值。

附录 F

printf 函数的附加格式说明字符（修饰符）

字　符	说　明
字母 l	用于长整型整数，可加在类型字符 d、i、o、x、u 前面
m（代表一个正整数）	数据输出的最小宽度，右对齐方式，空出的左端补空格
n（代表一个正整数）	对实数，输出 n 位小数；对字符串，从左端截取 n 个字符输出
-	输出的数字或字符在域内向左靠
#	加在格式字符 o、x 前面，使系统输出八进制的前缀 0 和十六进制的前缀 0x
数字 0	输出数值时在左面不使用的空位置补 0

对于附加格式说明字符（修饰符），重点说明下面几种情况。

（1）%md 表示输出十进制整数的最小宽度为 m 位，即输出字段的宽度至少占 m 列，右对齐，数据少于 m 位则在左端补空格（或 0）使之达到 m 位；数据超过 m 位则 m 不起作用，按数据的实际位数输出，以保证数据的正确性。数据前要补 0，则在 m 前面加个 0。

例如：若 k=18，p=31689，则

```
printf("%6d",k);        输出结果为:␣␣␣␣18
printf("%06d",k);       输出结果为:000018
printf("%4d",p);        输出结果为:31689
```

类似地还有%mc、%mo、%mu、%ms 等。

（2）字母 l。在输出 d、i、o、u、x 等整型数据时，在前面加上字母 l 表示输出的是一个长整型数。

例如，输出数据时，字母 l 在 Turbo C2.0 中的应用：

```
#include "stdio.h"
main()
{
    long  a=245978;
    printf("a=%ld,a=%d\n",a,a);
}
```

运行结果为：

```
a=245978,a=-16166
```

在 Turbo C2.0 中前一个数据是正确的，后一个数据是错误的。因为 245 978 已经超出整型数据的范围–32 767～32 768，必须要用长整型数据格式输出。

当然，在 Visual C++6.0 中输出的结果都是 245978。

（3）%m.nf 表示输出数据为小数形式，m 为总宽度（包括小数点），n 为小数部分的位数。小数长度不够则补 0，小数部分超过 n 位，则 n+1 位向 n 位四舍五入；整个数据小于 m 位左补空格，超过 m 位，则 m 不起作用，按数据的实际位数输出。

例如：若 x=123.45，y=123.456，z= –123.45，则

```
printf("x=%10.4f",x);          输出结果为:x=␣␣123.4500
printf("y=%10.2f",y);          输出结果为:y=␣␣␣␣123.46
printf("z=%4.2f",z);           输出结果为:z=-123.45
```

（4）%m.ns 表示输出数据为字符串形式，m 是总宽度，但当实际位数超过时，多余者将被删除，n 表示只取字符串中左端的 n 位，n<m 时，左边补空格；n>m 时，m 自动取 n 值，保证 n 位字段的正常输出。例如：

```
printf("%7.3s","12345");       输出结果为:␣␣␣␣123
printf("%5.7s","12345678");    输出结果为:1234567
```

不过，在程序中用的较多的形式还是%s，使用该格式输出时，按实际内容输出。例如：

```
printf("%s","12345");          输出结果为 12345
printf("%s","12345678");       输出结果为 12345678
```

（5）–表示左对齐格式，若没有则为右对齐格式。例如：

```
printf("%-5d",12);             输出结果为 12␣␣␣
printf("%-5s","1243");         输出结果为 1243␣
printf("%-7.3s","12345" );     输出结果为 123␣␣␣␣
printf("%-5.7s","12345678");   输出结果为 1234567
printf("%-5.7s","123456");     输出结果为 123456␣
printf("%-10.2f",123.456);     输出结果为 123.46␣␣␣␣
```

附录G

scanf 函数的附加格式说明字符（修饰符）

字　符	说　明
字母 l	用于输入长整型数据（可用%ld，%lo，%lx，%lu）以及 double 型数据（可用%lf 或%le）
h	用于输入短整型数据（可用%hd，%ho，%hx）
域宽 m（代表一个正整数）	指定输入数据所占的宽度（列数）
*	表示本输入项在读入后不赋给相应的变量

说明：

对于附加格式说明字符（修饰符），重点说明下面 3 种情况。

（1）输入长整型数据和 double 型数据时，在%和格式字符之间加 l，如%ld、%lf 等。

（2）用%md 使输入十进制整数的宽度为 m 位，但不可以用%m.nf 对实型数指定小数位的宽度。

（3）一个格式说明中出现%*md 或%*mf 时，表示读入该类型的 m 位数据不赋给某个变量（相当于跳过该数据）。

参 考 文 献

[1] 教育部高等学校非计算机专业计算机基础课程教学指导分委员会．关于进一步加强高等学校计算机基础教学的意见暨计算机基础课程教学基本要求．2006.

[2] 中国高等院校计算机基础教育改革课题教研组．中国高等院校计算机基础教育课程体系 2008［M］. 北京：清华大学出版社，2008.

[3] 谭浩强．C 程序设计（第三版）［M］. 北京：清华大学出版社，2005.

[4] 姜庆娜，姜玉波，杜忠友，等．C 语言程序设计教程［M］. 北京：中国计划出版社，2007.

[5] 杜忠友，刘浩，叶曙光，等．C 语言及程序设计［M］. 北京：中国铁道出版社，2008.

[6] 刘浩，杜忠友．C 语言程序设计［M］. 济南：山东大学出版社，2000.

[7] 徐士良．C 语言程序设计教程［M］. 北京：人民邮电出版社，2006.

[8] 李丽娟．C 语言程序设计教程［M］. 北京：人民邮电出版社，2006.

[9] 刘克成，张凌晓，邵艳玲．C 语言程序设计［M］. 北京：中国铁道出版社，2006.

[10] GARY J. BRONSON．A First Book of ANSI C［M］. 北京：电子工业出版社，2006.

[11] BRIAN W.KERNIGHAN．The C Programming Language［M］. 北京：清华大学出版社，2001.

[12] 田淑清，等．二级教程：C 语言程序设计［M］. 北京：高等教育出版社，2003.

[13] 杨旭，等．C 语言程序设计案例教程［M］. 北京：人民邮电出版社，2005.

[14] 杨路明，等．C 语言程序设计 ［M］. 北京：北京邮电大学出版社，2005.

[15] 楼永坚，吴鹏，徐恩友．C 语言程序设计［M］. 北京：人民邮电出版社，2006.

[16] 王煜，王苗，吴玉霞，等．C 语言程序设计［M］. 北京：中国铁道出版社，2005.

[17] 金林樵，陈伟芳，陈超祥，等．C 程序设计实例教程［M］. 北京：机械工业出版社，2010.

[18] 谭浩强．C 程序设计（第四版）［M］. 北京：清华大学出版社，2010.

[19] 谭浩强．C 程序设计（第四版）学习辅导［M］. 北京：清华大学出版社，2010.

[20] 周立功，等．C 程序设计高级教程［M］. 北京：北京航空航天大学出版社，2013.

[21] 尹宝林，等．C 程序设计导引［M］. 北京：机械工业出版社，2013.